JN225280

GHS分類演習［改訂版］

－GHS分類ができる人材育成へ－

GHS分類演習研究会　編

濵田高志　奈良志ほり　中村るりこ　角田博代　城内博　著

化学工業日報社

はじめに

国連勧告「化学品の分類および表示に関する世界調和システム（GHS）」が2003年に発行された。それを受けて2006年にはわが国で労働安全衛生法が改正され、部分的ではあったもののGHSが導入された。その後、2012年には労働安全衛生規則や化学物質排出把握管理促進法関連省令等が改正され、危険性・有害性を持つすべての物質および混合物がGHSの分類および表示（ラベル、安全データシート（SDS））の対象となった。

さらに2016年6月には労働安全衛生法の改正により危険性・有害性のある640物質（現在この物質数は増加している）に対してリスクアセスメントが義務付けられた。640以外の物質および混合物のリスクアセスメントは従来通り努力義務になっている。リスクアセスメントのための基本情報である危険性・有害性はGHSに基づいたものが推奨されている。

職場で扱う物質および混合物の危険性・有害性を調査し、評価して対策を立て、労働者の健康を守ること、さらに製品のもつ危険性・有害性について責任をもって分類し、ラベルや安全データシート（SDS）で情報を伝えることは、事業者の責務となっている。

さて物質および混合物の危険性・有害性に関する分類基準はGHSによって世界的に統一（調和）されたものの、実際の分類作業は簡単ではない。既存物質で従来からよく使用されてきたものについては危険性・有害性に関するデータが比較的よくそろっており、GHSに基づいた分類結果も入手可能であるが、混合物である製品については供給者（事業者）自らが分類しなければならない。また同一物質の危険性・有害性に関するデータを使用しても分類者によってその危険性・有害性の区分が異なる場合もある。

GHSに基づいた物質および混合物の危険性および有害性に関する分類方法の理解は、そのニーズが高まっているにもかかわらず、高度な専門性を必要とすることもあり進んでいない。そこでGHSに基づいた分類について、演習を通してよりよく理解してもらうための本を企画し、出版することにした。

本書が、物質および混合物の危険性・有害性に対する人びとの理解を深くし、より適切な危険性・有害性の情報伝達につながり、最終的にはそれらの安全な管理および使用に少しでも役に立てばうれしい限りである。

平成31年1月吉日

GHS分類演習研究会
濵田高志　奈良志ほり　中村るりこ　角田博代　城内博

改訂版発行の経緯

本書初版が出版されたのは2019年1月であり、GHS改訂7版に準拠していた。
その後、日本産業規格（JIS）（分類：JIS Z 7252、表示：JIS Z 7253）の改正版が2019年5月に発行されたが、これはGHS改訂6版に対応していた。

2019年6月にはGHS改訂8版（英語）も出版され、第2部「第2.3章エアゾール」は「第2.3章エアゾールおよび加圧下化学品」になり、「2.3.2加圧下化学品」が新たに加えられ、第3部第3.2章皮膚腐食性/刺激性の大幅な修正が行われ、さらに附属書11の中に粉じん爆発に関する手引きが追加された。

このような状況を鑑み、本書における分類判定基準および「附属書1分類および表示」のまとめはGHS改訂8版に基づいたものにし、附属書11「A 11.2粉じん爆発」の手引きも収載した。また改正JISにも対応し「表1.2.2分類により危険性・有害性が該当しない場合」から「分類対象外」を削除した。演習問題等の解答も改正JISに対応したものに修正し、演習問題の追加も行った。加圧下化学品ではGHS改訂8版における判定基準による演習も紹介した。

そのほかGHS分類に係る情報の追加も行い、内容の充実を図った。具体的には、GHSの一般原則である「第1.3章危険有害な物質および混合物の分類」からの抜粋、物理的危険性に関する「表1.2.1.2.3分類の対象とは判断されないケース」、「表1.2.1.2.4区分に該当しないと判断できるケース」および「モントリオール議定書に追加された18物質（キガリ改正）」を収載するとともに、四つのコラム「鈍性化爆発物に関する燃焼速度試験」、「吸入毒性についての単位」、「ばく露時間の換算」、「水生環境有害性に関する急性毒性データの大小、毒性の強弱、感受性の高低」を追加した。

第6部分類ソフトによる混合物の分類は「混合物分類判定システムver.4」を用いて分類を行い、画像もそれに従って変更した。
その他必要に応じてデータの更新、編集上の修正等も行った。

令和元年10月吉日

GHS分類演習研究会
濵田高志　奈良志ほり　中村るりこ　角田博代　城内博

『GHS 分類演習［改訂版］』の正誤表

14 頁　1.3.2.4.1 項の上から 3 行目

（誤）…ものがある（例えば駆除剤）ことは…

（正）…ものがある（例えば農薬）ことは…

21 頁　2.1.2.1 項の上から 2 行目

（誤）…により、次の六等級のいずれかに…

（正）…により、次の 6 区分のいずれかに…

59 頁　「UNRTDG 分類との比較」の項の固体鈍性化爆発物

UN3364 と UN3367 の間に、UN3365、UN3366 を追加

61 頁 上から 2 つ目の表（「硝酸バリウムは固体なので…」の直下の表）

（誤）

1 爆発物	×

（正）

1 爆発物	

※正しくは「×」がつかない

上から 3 つ目の表（「有機過酸化物には該当しない」の直下の表）

（誤）

10 自然発火性固体	×

（正）

10 自然発火性固体	

※正しくは「×」がつかない

68 頁　コラム内の図

（誤）

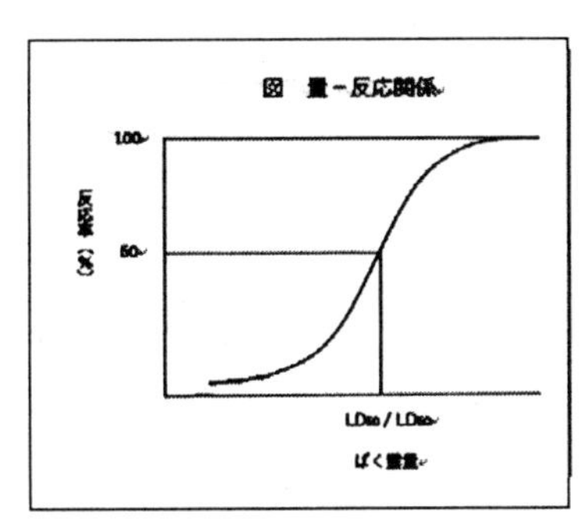

（正）

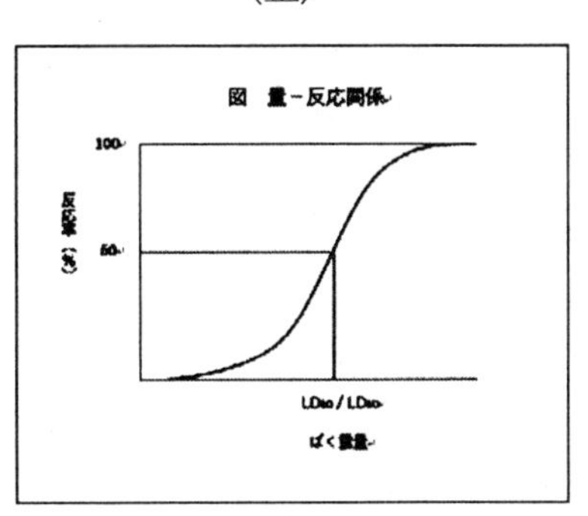

※正しくは、曲線がX軸と接触する

103 頁 図 3.5.1 の区分 2 の説明

（誤）（b）*in vivo* 変異原性試験の…その他の *in vivo* 体細胞遺伝毒性試験

（正）（b）*in vitro* 変異原性試験の…その他の *in vivo* 体細胞遺伝毒性試験

109 頁 3.6.3.3 項の 注記１の上から２行目

(誤) …製品の SDS に関する情報を要求する。

(正) …製品の SDS に情報の記載を要求することになろう。

3.6.3.3 項の 注記１の上から３行目

(誤) (任意) …となる。一部所管官庁は…

(正) (任意) …となろう。一部所管官庁は…

114 頁 注記３の上から２行目

(誤) …表示は任意である。

(正) …表示は任意となろう。

120〜121 頁 小項目削除、および番号の変更

「3.8.3.3.2 希釈」の項を削除

「3.8.3.4.2」の項を削除

「3.8.3.4.3」の項を削除

「3.8.3.4.4」 → 「3.8.3.4.2」に修正

「3.8.3.4.5」 → 「3.8.3.4.3」に修正

「3.8.3.4.6」 → 「3.8.3.4.4」に修正

121 頁 3.8.3.4.6 (修正後の 3.8.3.4.4) 項の上から１行目

(誤) …混合物の「関連する成分」とは…

(正) …混合物の「考慮すべき成分」とは…

131 頁 3.10.3.3.1 項

(誤) 混合物の「関連する成分」は…

(正) 混合物の「考慮すべき成分」は…

167 頁 ページ下方の表：成分２の急性毒性データ「甲殻類」

(誤) EC_{50} : >220 mg/l

(正) EC_{50} : 220 mg/l

215 頁 【水反応可燃性物質および混合物の練習問題】〈解答〉の４行目

(誤) 可燃性ガスの発生が１０ l/kg/hr を超えていることから…

(正) 可燃性ガスの発生が １ l/kg/hr を超えていることから…

目　次

【コラム】

第１部　GHSによる分類の原則

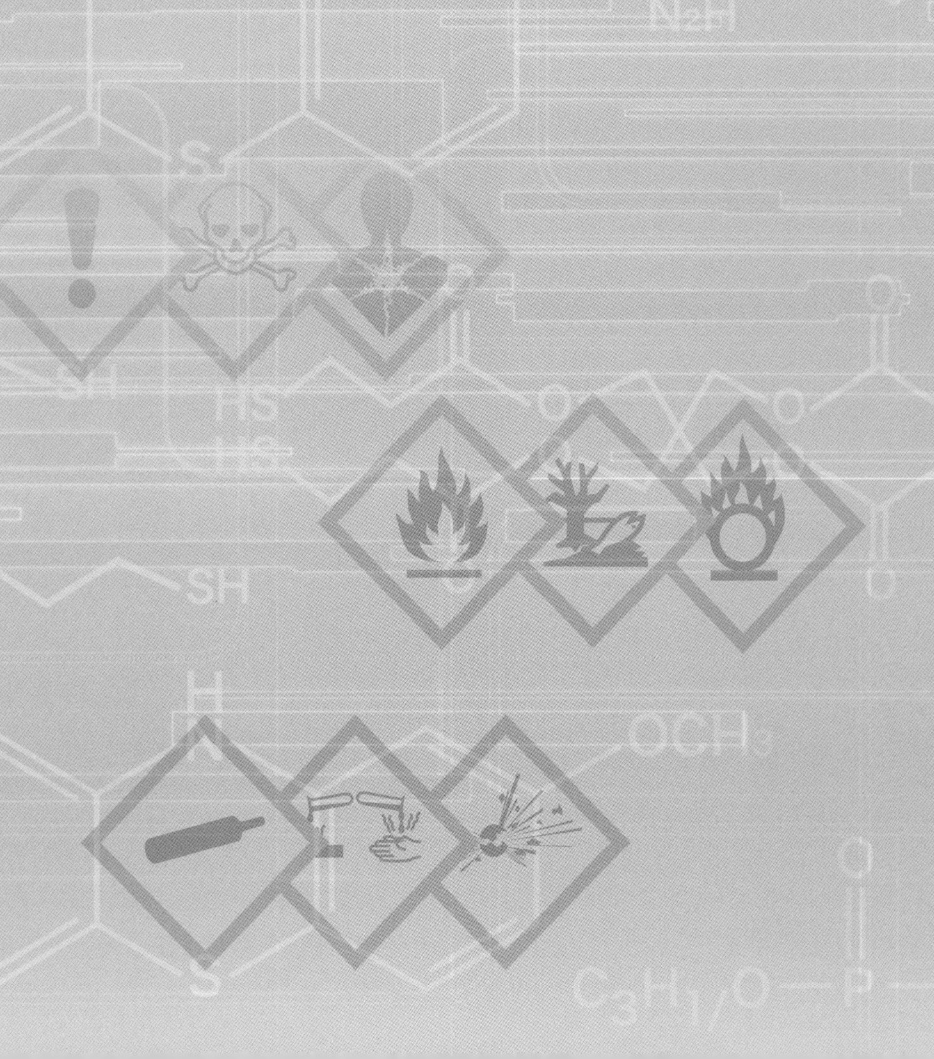

第1.1章　本書の目的

事業者は化学品（物質および混合物）の危険性・有害性について分類し、その結果をラベルや安全データシート（Safety Data Sheet：SDS）に記載することが法令で求められている。これは製品の品質はもとより、その危険性・有害性情報についても責任を持たなければならないという事を意味する。この化学品の危険性・有害性に関する分類および表示は、基本的に国際連合の勧告である「化学品の分類および表示に関する世界調和システム（Globally Harmonized System of Classification and Labelling of Chemicals：GHS)」に基づいて行われる。日本ではGHSは日本産業規格（JIS）（分類：JIS Z 7252、表示：JIS Z 7253）として制定されている。

GHSに基づいた分類作業は簡単ではない。化学品の各危険性・有害性のクラス（種類）に関する情報収集、得られた情報についての評価さらに判定基準に照らし合わせた区分の決定等、かなり専門的な知識が要求される。事業者は分類結果、すなわち製品のラベルやSDSに記載される危険性・有害性情報について責任を持たなければならないが、すべての危険性・有害性クラスについて熟知している専門家を雇用することは一般的には困難である。程度の差はあるものの、分類に関して外部に委託したり専門家の意見を聞いたりする必要があると思われる。しかし製品に関する責任は事業者にあり、事業者は危険性・有害性が適当に分類され情報提供が適切に行われていることを確認しなければならない。この確認作業はGHSの分類についてある程度の訓練を受けた者であれば可能である。この分類演習書は簡単な分類作業ができ、このような確認作業もできるような人材の育成を目的として作成された。つまり「GHSの判定基準が理解でき、ある程度の分類ができる」人材である。

本書では、GHSの判定基準を理解するために、まず単一物質の各危険性および有害性クラスの分類について一段階ずつ進むようにした。危険性・有害性クラスの定義や判定基準を各章のはじめに掲載し、その概略を理解してから分類演習に進むような構成にした。もちろん分類演習に取り組みながら判定基準を理解する方法で進んでもよい。次に混合物についても各危険性または有害性クラスについてそれぞれ分類作業を進めるような例題をあげた。ここまでで分類判定基準のおおよそは理解できるであろう。判定基準に慣れたところで、混合物の持つすべての危険性・有害性についての演習に進む。物質の政府分類結果〔独立行政法人製品評価技術基盤機構（NITE）のホームページで公表〕を用いて行う混合物の分類は、この段階を終えた時点である程度可能になるであろう。

最後に経済産業省で開発した混合物分類ソフトウェアの使用方法について説明した。このソフトウェアは非常に便利であるが、正しく利用するためにはGHSの判定基準を理解しておく必要がある。ここまでの演習で、ソフトウェアを正しく使用するための訓練は終了したともいえる。

分類の例題は、あるデータ源から引用しているが、演習用に多少改変した。本書の目的は分類の判定基準を理解することであり、GHSの判定基準そのものあるいはNITEのウェブで公表されている分類結果の疑義には触れない。したがってすでに事業所等で分類作業に携わり、これらの疑義に対する回答を期待している人には本書はお薦めしない。

本書における分類演習の順序

- 物質の各危険性・有害性に関する分類演習
- 混合物の各危険性・有害性に関する分類演習
- 実際の製品モデルの該当する危険性・有害性の分類演習

● 経済産業省混合物分類判定システムの使用による分類

本書の第2部「物理化学的危険性に関する分類判定基準と分類例」、第3部「健康に対する有害性に関する分類判定基準と分類例」および第4部「環境に対する有害性に関する分類判定基準と分類例」の章および節番号はGHS文書（改訂8版）のそれと同じにした。これはGHS文書を参照する際にできるだけ混乱を少なくするためである。
なお、本書で引用した物性定数は一例である。

第1.2章　物質の分類

1.2.1　一般原則

1.2.1.1　分類を考慮すべき物質

労働安全衛生法および労働安全衛生規則では、GHSで定義された危険性・有害性（環境有害性を除く）を持つすべての物質または混合物は適切に分類され、表示されなければならない、とされている。これは物質あるいは混合物の危険性・有害性の有無や程度はGHSの判定基準に照ら

【コラム】

危険性、有害性、クラス： GHSで使用される化学品に関する“Hazard”（ハザード）を危険性・有害性、あるいは危険有害性と訳している。この中には物理化学的危険性（爆発性、可燃性など）、健康有害性（急性毒性、発がん性など）さらに環境有害性（水生環境有害性など）が含まれている。これらのハザードの種類を“Class”（クラス）としている。クラスという言葉は、もともと危険物輸送に関する勧告（UNRTDG）で使用されていたものであったが、GHSでも使用することになった。

【コラム】

ハザードとリスク： ハザードとリスクの概念の相違は理解しておく必要がある。ハザードは化学品が持っている潜在的な危険性・有害性であり、リスクは危害の可能性である。急性毒性（経口）の半数致死量（mg/kg）やヒトでの発がんの証拠はハザード情報の例であり、許容濃度やばく露限界値などはリスク管理のための指標である。
GHSではハザードに基づいて分類、表示することを原則としている。ただし消費者製品の発がん性等についてはリスクに基づいて表示（ラベル）してもよいとされている（GHS文書1.4.10 .5.5.2）。これは特に発がん性物質として分類されているエタノール（アルコール飲料）が広く消毒剤としても使用されており、その使用範囲（経皮吸収）においては発がん性を考慮する必要はないと考えられることから始まった例外規定である。この考え方の詳細については独立行政法人製品評価技術基盤機構（NITE）が「消費者製品のリスク評価手法のガイダンス」を公表している。

し合わせないと決定できないということである。GHSの危険性（物理化学的危険性）および有害性（健康、環境）クラスの定義および判定基準はそれぞれ第2部、第3部、第4部の分類演習の前に示した。

1.2.1.2　物理化学的危険性に関する分類の一般原則

GHSの物理化学的危険性に関する定義および判定基準は「危険物輸送に関する勧告（UNRTDG）」（オレンジブック）を参考にしている。これらの物理化学的危険性クラスおよび区分は**表 1.2.1.2.1** に示したとおりである。

表 1.2.1.2.1　物理化学的危険性クラスおよび区分

危険性クラス	区分 / タイプ / グループ						
爆発物	不安定爆発物	区分 1.1	区分 1.2	区分 1.3	区分 1.4	区分 1.5	区分 1.6
可燃性ガス	1A[a]	1B	2☆				
エアゾール	1	2	3				
加圧下化学品	1	2	3				
酸化性ガス	1						
高圧ガス	圧縮	液化	深冷液化	溶解			
引火性液体	1	2	3	4☆			
可燃性固体	1	2					
自己反応性物質および混合物	タイプ A	タイプ B	タイプ C	タイプ D	タイプ E	タイプ F	タイプ G☆
自然発火性液体	1						
自然発火性固体	1						
自己発熱性物質および混合物	1	2					
水反応可燃性物質および混合物	1	2	3				
酸化性液体	1	2	3				
有機過酸化物	タイプ A	タイプ B	タイプ C	タイプ D	タイプ E	タイプ F	タイプ G
金属腐食性物質および混合物	1						
鈍性化爆発物	1	2	3	4			

[a]　これはさらに、可燃性ガス、自然発火性ガス、化学的に不安定なガス A、B に分かれる。
☆　UNRTDG では非危険物とされる。

【コラム】

区分、タイプ、グループ：　物質や混合物の有害性はGHSのそれぞれのクラスの判定基準に基づいて分類され、該当する区分（Category）が割り当てられる。物理化学的危険性に関する割り当ては、自己反応性物質および混合物、有機過酸化物ではタイプ（Type）、その他の危険性は区分（Category）が使用されている。物理化学的危険性の判定基準および割り当てはUNRTDGから借用したためこのようになった。グループ（Group）はGHSで高圧ガスの種類に使用している用語である。

一般に分類の対象となる物質または混合物が「危険物輸送に関する勧告（UNRTDG）」（オレンジブック）の3.2章（危険物リスト）（約3,000物質）に品名としてあれば、該当する「クラスおよび区分」をそのまま使用することができる。ここに掲載されておらず、また他にデータが入手できない物質または混合物は基本的に試験をしなければならない。とはいっても物質または混合物に関してすべての物理化学的危険性について試験をする必要はない。**表1.2.1.2.2**に示したように物質または混合物の状態および化学構造式によってある程度の仕分けが可能である。

物理化学的危険性についての分類は基本的に試験結果により行うことになっているが、「可燃性ガス」、「エアゾールおよび加圧下化学品」、「酸化性ガス」あるいは「引火性液体」では、計算により推定する方法もある。

GHSでは分類が必要でも、UNRTDGでは輸送が禁止されているすなわち分類区分がない危険物（不安定火薬類等）もある。これはGHSが作業場での安全な取り扱いのために、またUNRTDGは安全な輸送を目的として包装等級を決定するために分類を行うという違いに由来している。

表1.2.1.2.2　物理的、化学的状態および化学構造による分類項目の選別

項目	ガス	液体	固体	該当する可能性のある化学構造
爆発物	×	○	○	分子内に爆発性に関連する原子団を含んでいる
可燃性ガス	○	×	×	
エアゾール	○	○	○	
加圧下化学品	○	○	○	
酸化性ガス	○	×	×	
高圧ガス	○	×	×	
引火性液体	×	○	×	
可燃性固体	×	×	○	
自己反応性物質および混合物	×	○	○	分子内に爆発性または自己反応性に関連する原子団を含んでいる
自然発火性液体	×	○	×	
自然発火性固体	×	×	○	
自己発熱性物質および混合物	×	△	○	
水反応可燃性物質および混合物	×	○	○	金属または半金属（Si, Ge, As, Sb, Biなど）を含んでいる
酸化性液体	×	○	×	酸素、フッ素または塩素を含み、かつこれらの元素に、炭素、水素以外の元素と化学結合しているものがある有機化合物、並びに酸素なしハロゲンを含む無機化合物
酸化性個体	×	×	○	
有機過酸化物	×	○	○	-O-O-構造を有する有機化合物、ただし活性酸素量（%）が国連GHS改訂7版2.15.2.1（a）（b）に該当するものを除く
金属腐食性物質および混合物	△	○	△	
鈍性化爆発物	×	○	○	分子内に爆発性に関連する原子団を含んでいる

○：分類を検討　　×：分類は不要　　△：条件によっては分類を検討
〔政府向けGHS分類ガイダンス（平成25年度改訂版Ver.1.1）18頁より抜粋、一部改変〕

化学構造や製品の状態等によっては、分類の対象とは判断されないケースがある。

表 1.2.1.2.3　分類の対象とは判断されないケース

物理化学的危険性	化学構造や製品の状態等
爆発物	爆発性に関する原子団を持っていない
エアゾール	エアゾール製品でない
加圧下化学品	加圧下化学品でない
自己反応性物質および混合物	爆発物に分類されている
	爆発性に関する原子団、自己反応性に関する原子団を持っていない
自己発熱性物質および混合物	自然発火性に分類されている
水反応可燃性物質および混合物	金属および半金属（B, Si, P, Ge, As, Se, Sn, Sb, Te, Bi, Po, At）を含んでいない
酸化性液体	酸素・フッ素・塩素を含まないか、含んでいても炭素・水素以外の元素と結合していない
酸化性固体	酸素・フッ素・塩素を含まないか、含んでいても炭素・水素以外の元素と結合していない
有機過酸化物	爆発物に分類されている
	－O－O－構造を持たないか、持っていても無機化合物
鈍性化爆発物	爆発物に分類されている

また、条件や物性等によっては、試験をせずとも「区分に該当しない」と判断できるケースもある。

表 1.2.1.2.4「区分に該当しない」と判断できるケース

物理化学的危険性	条件または物性等
爆発物	酸素収支又は発熱分解エネルギーが基準値から外れている（GHS 文書 2.1.4.2.2 参照）
	鈍性化爆発物になっている
可燃性ガス（自然発火性ガス、化学的に不安定なガスを含む）	不燃性
高圧ガス	ゲージ圧が基準値未満の製品
引火性液体	不燃性
可燃性固体	不燃性
自己反応性物質および混合物	自己加速分解温度（SADT）又は発熱分解エネルギーが基準値から外れている（GHS 文書 2.8.4.2 参照）
自然発火性液体	不燃性
	常温の空気と接触しても自然発火しないことがわかっている
	UNRTDG 分類がクラス 3
自然発火性固体	不燃性
	常温の空気と接触しても自然発火しないことがわかっている
自己発熱性物質および混合物	不燃性
水反応可燃性物質および混合物	水と反応しないことがわかっている
	水に溶解して安定な混合物となることがわかっている
酸化性液体	還元性物質
酸化性固体	還元性物質
有機過酸化物	活性酸素量が基準値から外れている（GHS 文書 2.15.2.1 参照）
金属腐食性物質および混合物	鋼及びアルミニウムが容器として使用できるとわかっている
鈍性化爆発物	発熱分解エネルギーが基準値から外れている（GHS 文書 2.17.2.1(c) 参照）

1.2.1.3　健康有害性に関する分類

健康有害性に関するGHSの分類は利用可能なデータに基づいて行うことを原則としている。GHSの分類のために新たにデータを採取する必要はない。しかし新規物質に関するデータの採取等が法令で定められているものについては、法令が優先する。例えば労働安全衛生法で定められている新規化学物質に対する変異原性試験などである。

健康に対する有害性クラスおよび区分は**表1.2.1.3**に示したとおりである。この表における区分はGHS文書に基づいたものであり、日本産業規格（JIS Z 7252）では異なる。JISでは急性毒性区分5、皮膚腐食性／刺激性区分3、誤えん有害性区分2は分類の対象とされていない。

健康有害性に関するデータには、ヒトでの障害例、疫学研究結果、動物試験結果、構造活性相関による推定などがある。

表1.2.1.3　健康有害性クラスおよび区分

有害性クラス	区分				
急性毒性（経口、経皮、吸入）	1	2	3	4	5
皮膚腐食性／刺激性	1A	1B	1C	2	3
眼に対する重篤な損傷性／眼刺激性	1	2A	2B		
呼吸器感作性または皮膚感作性	1	1A	1B		
生殖細胞変異原性	1A	1B	2		
発がん性	1A	1B	2		
生殖毒性	1A	1B	2	授乳影響	
特定標的臓器毒性（単回ばく露）	1	2	3		
特定標的臓器毒性（反復ばく露）	1	2			
誤えん有害性	1	2			

1.2.1.4　環境有害性に関する分類

環境有害性に関するGHSの分類は利用可能なデータに基づいて行うことを原則としている。GHSの分類のために新たにデータを採取する必要はない。しかし新規物質に関するデータの採取等が法令で定められているものについては、法令が優先する。

環境に対する有害性クラスおよび区分は**表1.2.1.4**に示したとおりである。

表1.2.1.4　環境に対する有害性クラスおよび区分

有害性クラス	区分			
水生環境有害性　短期（急性）	1	2	3	
水生環境有害性　長期（慢性）	1	2	3	4
オゾン層への有害性	1			

水生環境有害性に関する試験データは藻類、甲殻類、魚類によるものが用いられる。

慢性データが入手できない場合には急性データと急速分解性、生物蓄積性から推定する方法もある。

1.2.2　分類結果の評価（分類できない、区分に該当しない）

分類作業では、物質または混合物がGHSの危険性・有害性クラスおよび区分に該当するかどうかが決定されるが、該当しない場合の語句がJIS Z 7252では**表1.2.2**のように使い分けられている。

GHSで「区分に該当しない」と判定されたものは、GHSの判定基準に当てはまらないということであり、危険性あるいは有害性が全くないということではない。以前は「区分外」という用語が使用されていたが、この中にはさまざまな意味（表1.2.2の語句）が含まれていたり、また安全であると誤解されたりする可能性もあり、今後は使用しないことにした。

表1.2.2　分類により危険性・有害性が該当しない場合

語句	説明	GHSでの英語表現
分類できない	・各種の情報源および自社保有データ等を検索した結果、GHS分類の判断を行うためのデータが全くない場合 ・GHS分類を行うための十分な情報が得られなかった場合	Classification not possible
区分に該当しない	・GHS分類を行うのに十分な情報が得られており、分類を行った結果、着目した危険有害性のいずれの区分にも該当しない場合（JISでは採用していない国連GHS急性毒性区分5に該当することを示すデータがあり、区分1～4には該当しない場合なども含む） ・GHS分類の手順で用いられる物理的状態あるいは化学構造が該当しないため、当該区分での分類の対象となっていない場合 ・発がん性など証拠の確からしさで分類する危険有害性クラスにおいて、専門家による総合的な判断から当該毒性を有さないと判断される場合や、得られた証拠が区分に分類するには不十分な場合 ・データがない、又は不十分で分類できない場合、判定論理においては分類できないと記されている場合もあるが、このような場合も含まれる場合がある	Not classified、No classification

第 1.3 章　混合物の分類（有害性クラスの分類例）

1.3.1　混合物の分類

GHSでは混合物の分類方法に関して、推奨している次のような優先順位がある（GHS文書1.3.2.3 分類基準　参照）。

①混合物そのものの試験データがある場合、それを用いる

②つなぎの原則を用いる〔これには基本的に類似の混合物の試験データが必要であり、さらに各々の方法（例えば希釈）の条件を満たす必要がある〕

③既知の成分に関する試験データを用いて分類する方法(加算、カットオフ値／濃度限界など)

すなわち混合物としての試験データがない場合には、つなぎの原則あるいは成分の有害性データから混合物の有害性を推定しなければならない。

また「多くの場合、生殖細胞変異原性、発がん性および生殖毒性に関しては、混合物全体として信頼すべきデータは期待できないので、カットオフ値／濃度限界を用いて、個々の成分に関し

て入手できる情報に基づいて分類される。混合物全体としてのデータが各章で記述されているように決定的である場合には、混合物の分類はそのデータに基づいてケースバイケースで修正されてもよい。」(GHS文書1.3.2.3.2) とされている。

なお混合物も有害性クラスおよび区分は物質と同様 (表1.2.1.2.1、表1.2.1.3、表1.2.1.4) である。

1.3.1.1　つなぎの原則

当該混合物の健康に対する有害性および／または環境に対する有害性を分類するには、個々の成分およびその類似の試験された混合物に関する十分なデータがある場合は、これらのデータを使用して、①～⑥および**表1.3.1.1**のつなぎの原則によって分類する。ただし、表1.3.1.1が示した有害性に限定し、適用する。これによって、分類プロセスに動物試験等を追加する必要がなく、混合物の有害性判定のために入手したデータを可能な限り最大限に用いることができる。

①希釈

試験した混合物が、急性毒性、皮膚腐食性および皮膚刺激性、眼に対する重篤な損傷性または眼刺激性、特定標的臓器毒性（単回ばく露、反復ばく露）または水生環境有害性を持つ化学品の場合、該当する有害性の最も低い成分に比べて同等以下の有害性分類に属する物質で希釈され、その物質が他の成分の該当する有害性に影響を与えないことが予想されれば、新しい希釈された混合物は､試験された元の混合物と同等として分類してもよいとされている。試験された混合物が、呼吸器感作性もしくは皮膚感作性、生殖細胞変異原性、発がん性、生殖毒性または誤えん有害性を持つ化学品の場合、該当する有害性がなく、また他の成分の該当する有害性に影響を与えないと予想される希釈剤で希釈される場合、新しい希釈された混合物は、元の試験された混合物と同等として分類してもよいとされている。

表1.3.1.1　つなぎの原則を適用できる有害性クラス

有害性	希釈	製造バッチ	有害性の高い混合物の濃縮	一つの有害性区分の中での内挿	本質的に類似した混合物	エアゾール
急性毒性	●	●	●	●	●	●
皮膚腐食性／刺激性	●	●	●	●	●	●
眼に対する重篤な損傷性／眼刺激性	●	●	●	●	●	●
呼吸器感作性または皮膚感作性	●	●	●	●	●	●
生殖細胞変異原性	●	●			●	
発がん性	●	●			●	
生殖毒性	●	●			●	
特定標的臓器毒性（単回ばく露）	●	●	●	●	●	●
特定標的臓器毒性（反復ばく露）	●	●	●	●	●	●
誤えん有害性	●	●	●	●	●	
水生環境有害性	●	●	●	●	●	

②製造バッチ

試験した製造バッチの混合物の有害性は、同じ製造業者によってまたはその管理下で生産した同じ製品の試験されていない別のバッチの有害性と本質的に同等とみなすことができるとされている。ただし、試験されていないバッチ間の有害性が変化するような有意の変動があるとみられる理由がある場合は、新しく分類することが望ましい。

③有害性の高い混合物の濃縮

試験した混合物が、健康有害性あるいは水生環境有害性の区分1または細区分1Aに分類され、区分1または細区分1Aに分類された成分の濃度が増加する場合は、試験されていない新しい混合物は、追加試験なしで区分1または細区分1Aに分類してもよいとされている。

④一つの危険有害性区分の中での内挿

三つの混合物（混合物A、混合物Bおよび混合物C）が同じ成分を持ち、混合物Aおよび混合物Bが試験されて同じ有害性区分にあり、試験されていない混合物Cと同じ毒性学的活性成分を持ち、毒性学的活性成分の濃度が、混合物Aと混合物Bとの中間にある場合は、混合物Cは、混合物Aおよび混合物Bと同じ有害性区分に分類することができるとされている。

⑤本質的に類似した混合物

a) 二つの混合物を次のように仮定する。

(i) A+B

(ii) C+B

b) 成分Bの濃度は、両方の混合物で本質的に同じである。

c) 混合物 (i) の成分Aの濃度は、混合物 (ii) の成分Cの濃度に等しい。

d) 成分Aおよび成分Cの有害性に関するデータが利用でき、実質的に同等である。

すなわち成分Aおよび成分Cが同じ有害性区分に属し、かつ、成分Bの有害性には影響を与えることはないと判断される。

混合物 (i) または混合物 (ii) がすでに試験データによって分類されている場合は、他方の混合物は同じ有害性区分に分類してもよいとされている。

⑥エアゾール

エアゾール形態の混合物は、添加した噴霧剤が噴霧時に混合物の有害性に影響しないという条件下では、有害性について試験した非エアゾール形態の混合物と同じ有害性区分に分類してもよいとされている。ただし、急性毒性または特定標的臓器毒性(単回ばく露、反復ばく露)を持つ成分を含む混合物の場合、経口および経皮毒性について試験された非エアゾール形態の混合物と同じ有害性区分に分類してよいが、エアゾール化された混合物の吸入毒性に関する分類は、個別に分類することが望ましい。

1.3.1.2　カットオフ値／濃度限界または計算による分類

有害性に関してはカットオフ値／濃度限界または計算により混合物の分類を行う方法もある。これらの種類とそれを適用できる有害性クラスを**表 1.3.1.2** に示した。

・単純にカットオフ値／濃度限界を採用

混合物中において分類のためのカットオフ値／濃度限界を超える濃度を持つすべての成分を考慮する（例えば、発がん性区分1の成分を0.1％以上含む混合物は発がん性区分1と分類する）。

・加算式による計算

混合物中の各成分の急性毒性およびその％濃度を用いて混合物の毒性を計算する。
式の例：（詳細は第3部3.1.3.6を参照）

$$\frac{100}{\mathrm{ATE_{mix}}} = \sum_{n} \frac{\mathrm{C}_i}{\mathrm{ATE}_i}$$

水生環境への有害性：（詳細は第4部4.1.3.5を参照）

$$\frac{\sum \mathrm{C}_i}{\mathrm{L(E)C}_{50m}} = \sum_{n} \frac{\mathrm{C}_i}{\mathrm{L(E)C}_{50i}}$$

・成分加算（加成方式）による計算
混合物中において分類のためのカットオフ値／濃度限界を超える濃度を持つすべての成分の和を考慮する。
例）　皮膚区分2
Σ（10x（Σ %Skin Cat 1））+ Σ %Skin Cat 2　≥10%

表1.3.1.2　カットオフ値／濃度限界または計算方法を適用できる有害性クラス

有害性クラス	計算方法		
	単純カットオフ	加算式	成分加算
急性毒性		●	
皮膚腐食性／刺激性	●[1]		●
眼に対する重篤な損傷性／眼刺激性	●[1]		●
呼吸器感作性または皮膚感作性	●		
生殖細胞変異原性	●		
発がん性	●		
生殖毒性	●		
特定標的臓器毒性（単回ばく露）	●		●（区分3）[2]
特定標的臓器毒性（反復ばく露）	●		
誤えん有害性			●[3]
水生環境有害性		●	●[4]
オゾン層への有害性	●		

1　成分加算ができない場合に適用
2　専門家判断を必要とする
3　混合物の動粘性率に関係する
4　毒性乗率を考慮する

1.3.1.3　分類および表示におけるカットオフ値／濃度限界の違い

さて、混合物の分類ではさらにやっかいな約束ごとがある。選択可能方式（Building Block Approach）の説明のなかで、分類のためのカットオフ値／濃度限界は変更してはならないとしている〔GHS文書1.1.3.1.5.4(b)(i)参照〕。一方、第3部（健康に対する有害性に関する分類判定基準を参照）における「発がん性」、「生殖毒性」、「特定標的臓器毒性（単回ばく露）」、「特定標的臓器毒性（反復ばく露）」のためのカットオフ値／濃度限界の表（表3.6.1、表3.7.1、表3.8.2、表3.9.3）では、ある区分のカットオフ値／濃度限界が2段になっている。つまり前述の原則と矛盾している。GHSではこの2段になっているカットオフ値／濃度限界は、現状の各国の法令におけるSDS

とラベルにおけるカットオフ値／濃度限界の違いを反映しており、将来的にはこれらの調和が望ましいとしている。

実際には、大きなカットオフ値／濃度限界（例えば、発がん性区分2は1.0%、生殖毒性区分1A、1Bは0.3%、区分2は3.0%、標的臓器毒性区分1は10%など）は欧州、小さな値（例えば、発がん性区分2は0.1%、生殖毒性区分1A、1Bは0.1%、標的臓器毒性区分1は1.0%など）は米国で採用されている。日本のJISでは欧州と同様の大きな値を採用している。これらの相違が分類結果にどのように反映されるかは第3部以降の混合物に関する分類演習で説明している。

また労働安全衛生法におけるSDSでは0.1%または1%を、またラベルでは0.1、0.3および1.0を採用している。

そしてSDSに関しては、有害性に関する各章で定められているカットオフ値／濃度限界の一番小さな値、すなわち**表1.3.1.3**（GHS文書では表1.5.1）にしたがった値で作成するべきであるとしている。

以上のカットオフ値／濃度限界の違いは実際の分類および表示を行うものにとっては大きな悩みのたねであり、有害性の情報伝達における意味からは深刻な影響が出る可能性を含んでいる。分類においてどのようなことが起きるかは分類演習の例で示した。

表1.3.1.3　健康および環境の各危険有害性クラスに対するカットオフ値／濃度限界

危険有害性クラス	カットオフ値
急性毒性	1.0%以上
皮膚腐食性／刺激性	1.0%以上
眼に対する重篤な損傷性／眼刺激性	1.0%以上
呼吸器感作性または皮膚感作性	0.1%以上
生殖細胞変異原性：区分1	0.1%以上
生殖細胞変異原性：区分2	1.0%以上
発がん性	0.1%以上
生殖毒性	0.1%以上
特定標的臓器毒性（単回ばく露）	1.0%以上
特定標的臓器毒性（反復ばく露）	1.0%以上
誤えん有害性（区分1）	1.0%以上
誤えん有害性（区分2）	1.0%以上
水生環境有害性	1.0%以上

【コラム】

選択可能方式（Building Block Approach）：　選択可能方式は各国、各機関の法令の実情を考慮し、GHSの危険性・有害性クラスのすべてを必ずしも取り入れなくてもよいとするものである。例えば日本の労働安全衛生法で環境有害性を除外していてもよいとする、などである。一方、化管法（SDS）の対象となる物質では環境有害性を包含している。現状では一部の物質に限られるものの、日本の法令全体としてはGHSのすべての危険性・有害性を対象としているといえる。

GHSの分類には一般原則があり、GHS文書第1部に記載されている。以下に重要事項を抜粋した（GHS改訂8版からの抜粋、節番号はGHS文書のままとした）。

1.3.2　GHSに関する一般事項

1.3.2.4　利用可能なデータ、試験方法および試験データの質

1.3.2.4.1　GHS自体では、物質や混合物の試験は要求されていない。つまりどの危険有害性クラスについてもGHSのために試験データを取る必要はない。既存の規制システムの中にもデータの取得を要求するものがある（例えば駆除剤）ことはよく知られているが、この要求はGHSとは直接関係はない。混合物の分類のための判定基準では、混合物そのもの／または類似の混合物／または混合物の成分のデータを利用することが可能である。

1.3.2.4.2　物質や混合物の分類は、判定基準および判定基準の基礎となる試験の信頼性の両方に依存している。分類が特定の試験の合否によって決定される例(例えば、易生分解性試験)もあり、また、量−反応曲線および試験中の所見から解釈を行う例もある。いずれの場合も、試験条件を標準化して、所定の物質について再現性のある結果が得られ、標準化された試験から、懸念される危険有害性クラスを決定するための「有効な」データが得られるようにする必要がある。この意味では、有効性の検証は、特定の目的を達成するための信頼性および妥当性を確立する過程である。

1.3.2.4.3　危険有害性を特定するための、国際的に認められた科学的原則にしたがって実施される試験は、健康および環境に対する有害性の特定に利用できる。健康および環境に対する有害性を特定するためのGHS判定基準は、中立的な評価方法であり、既存システムで既に参照されている国際的手順および判定基準にしたがって有効性が確認され、相互に受け入れ可能なデータが得られている限り、そのような方法も受け入れる。物理化学的危険性を決定する試験方法は、一般的により明確であり、GHSにおいても具体的に記述されている。

1.3.2.4.4　既に分類されている化学品

IOMC-CG-HCCSにより策定された一般原則の一つによれば、化学品を調和されたシステムにしたがって分類する際には、試験の重複および試験動物の不必要な使用を避けるために、化学品分類のための既存システムにより得られている試験データを受け入れるべきであるとしている。この原則には、GHSにおける判定基準が既存システムの判定基準と異なっているような状況では重要な意味がある。ずっと以前の試験で得た既存データの質を決定することが困難な状況もある。そのような場合には専門家の判断が必要となる。

1.3.2.4.6　動物愛護

実験動物の愛護は懸案事項である。この倫理的問題には、ストレスや痛みの緩和だけでなく、国によっては試験動物の使用および消費も含まれる。可能で適切であるならば、生きた動物を必要としない試験および実験が、生きて感覚を持つ実験動物を用いる試験よりも望ましい。そのために、ある有害性については、動物を用いない観察／測定が分類システムの中に含まれている。さらに、動物数を少なくした、または痛みを軽減させた動物試験代替法が国際的に受け入れられており、それらが優先されるべきである。

1.3.2.4.7　ヒトより得られた証拠

分類を目的として化学品のヒトの健康に対する有害性評価を行う際は、ヒトに対する化学品の作用に関する信頼できる疫学的データおよび経験（例：職業に関するデータ、事故のデータベースからのデータ）を考慮するべきである。有害性の特定のためだけにヒトで試験することは、一般に認められない。

1.3.2.4.8　専門家の判断

混合物の分類にあたっては、ヒトの健康と環境を保護するためにできるだけ多くの混合物について既存の情報を確実に使用できるように、多くの領域で専門家の判断の活用も必要であろう。また、特に証拠の重み付けが必要な場合には、物質の有害性分類でのデータの解釈に専門家の判断を要するであろう。

1.3.2.4.9　証拠の重み付け

1.3.2.4.9.1　危険有害性クラスによっては、データが判定基準を満たした場合に直ちに分類されるものもある。また､証拠の総合的な重み付けにより物質または混合物が分類される場合もある。これは、有効なin vitro試験の結果や、関連する動物データ、疫学的調査や臨床研究、記録の確かな症例報告および所見等のヒトでの経験など、毒性の決定に関するあらゆる利用可能な情報をすべて考慮するということである。

1.3.2.4.9.2　データの質および一貫性は重要である。作用部位および作用機序や作用形態についての研究結果と同様に、調査物質に関連した物質または混合物の評価も加えるべきである。陽性結果と陰性結果の両方を組み合わせて証拠の重み付けを実施する。

1.3.2.4.9.3　ヒトのデータでも、動物のデータでも、各章に示されている判定基準と一致する陽性の作用は、分類を裏付けるものであろう。二つの情報源から証拠が得られ、その知見が矛盾している場合には、分類の問題を解決するために、それらの情報源から得られる証拠の質および信頼性を評価しなければならない。一般的に、質および信頼性に優れたヒトのデータは、他のデータより優先される。ただし、適切に計画され実施された疫学的調査であっても、対象数が少ないために、比較的まれなしかし重要な影響を検出できないとか、あるいは潜在的交絡要因を推定できないということもありうる。適切に実施された動物試験から陽性の結果が得られたならば、ヒトで陽性の経験が得られていなくとも、その結果を否定しなくともよいが、むしろ予測される影響の発生率および潜在的交絡要因の影響に関する、ヒトおよび動物における両方のデータの頑健性および質についての評価が求められる。

1.3.2.4.9.4　ばく露経路、作用機序に関する情報および代謝に関する研究は、ある影響がヒトに現れるかどうかを決定する際に有用である。そのような情報からヒトへの適用について疑問が生じたときは、低い方の分類が適当な場合もある。作用形態または作用機序がヒトに該当しないことが明らかであるならば、その物質または混合物はその影響について有害であると分類をするべきでない。

1.3.2.4.9.5　陽性結果と陰性結果の両方を組み合わせて証拠の重み付けを実施する。しかし、優れた科学的原則にしたがって行われており、統計学的および生物学的に有意な結果が得られているならば、一つの陽性結果を示す研究からでも危険有害性の分類は可能であろう。

1.3.3　混合物の分類のための特別に留意すべき事項

1.3.3.1　定義

1.3.3.1.1　混合物を分類する規定の理解を確実にするためには、用語の定義が必要である。これらの定義は、分類と表示に向けて製品の危険有害性を評価または決定する目的のためのものであり、インベントリー報告などの他の状況で適用するためのものではない。定義の意図は、次のことを確実にすることである。

(a) GHSの対象範囲内のすべての製品がそれらの危険有害性を決定するために評価され、そして該当するGHS判定基準にしたがって分類されること。および

(b) 評価は、実際の製品、すなわち安定した製品に基づくこと。もし製造中に反応が起こり、新しい生成物が生ずる場合には、GHSを適用するため、その生成物に対して新たに危険有害性についての評価および分類を行わなければならない。

1.3.3.1.2　物質、混合物、合金について、次の定義(working definitions)が採用された（GHSで用いられる他の定義および略語については第1.2章参照）。

物質：自然状態にあるか、または任意の製造過程において得られる化学元素およびその化合物をいう。製品の安定性を保つ上で必要な添加物や用いられる工程に由来する不純物を含むが、当該物質の安定性に影響せず、またその組成を変化させることなく分離することが可能な溶媒は除く。

混合物：複数の物質で構成される反応を起こさない混合物または溶液をいう。

合金：機械的手段で容易に分離できないように結合した二つ以上の元素からなる巨視的にみて均質な金属体をいう。合金は、GHSによる分類では混合物とみなされる。

1.3.3.1.3　GHSで物質および混合物の分類を一貫して行うためは、これらの定義を用いるべきである。また、不純物、添加物、または物質もしくは混合物の成分が特定されてその各々が分類され、ある危険有害性クラスについてカットオフ値／濃度限界を超える場合は、これらも分類の際に考慮に入れるべきである。

1.3.3.1.4　実際には、物質によっては、大気中の気体、例えば、酸素、二酸化炭素、水蒸気などとゆっくり反応して、異なる物質を形成するものがあるかもしれず、また、混合物の他の成分と極めてゆっくり反応して、異なる物質を形成するものがあるかもしれないし、あるいは自己重合して、オリゴマーやポリマーを形成するものがあるかもしれない。しかし、このような反応によって生成する物質の濃度は、一般的に十分低いと考えられるので、混合物の危険有害性分類に影響しない。

1.3.3.2　カットオフ値／濃度限界の使用

1.3.3.2.1　未試験の混合物を成分の危険有害性に基づいて分類する場合、GHSでは、ある危険有害性クラスについて、混合物の分類された成分に対して統一的なカットオフ値または濃度限界が使用される。採用されたカットオフ値／濃度限界でほとんどの混合物について危険有害性が適切

に特定されるが、カットオフ値/濃度限界以下の濃度でもその成分が特定可能な危険有害性を呈する場合がある。また、カットオフ値/濃度限界が、その成分が危険有害性を示さないと予想される濃度よりも、かなり低い場合もある。

1.3.3.2.2　通常、GHSで採用されたカットオフ値/濃度限界は、どの管轄分野、部門でも一様に適用するべきである。しかし、分類する者が、ある成分が統一的なカットオフ値/濃度限界以下でも危険有害性を有することが明白であるという情報を持つ場合には、その成分を含む混合物はその情報にしたがって分類するべきである。

1.3.3.2.3　ある成分が統一的なGHSのカットオフ値/濃度限界以上の濃度で存在していても、危険有害性が顕在化しないという明確なデータが示される場合がある。この場合、混合物は、そのデータにしたがって分類できる。データにより、ある成分が単独で存在する場合よりも、混合物中でより危険有害性が増すという可能性が除外されるべきである。さらに、混合物は、その決定に影響を与える他の成分を含んでいるべきではない。

1.3.3.2.4　統一的なGHSのカットオフ値/濃度限界以外の値を利用する理由を示した書類は保管し、後で要求があった場合に審理に利用できるようにするべきである。

1.3.3.3　相乗または拮抗作用

GHSの要求事項にしたがって評価を行う場合、評価者は、混合物成分間の潜在的相乗作用についてのあらゆる情報を考慮に入れなければならない。拮抗作用に基づいて混合物の分類をより低位の区分に下げることは、その決定が十分なデータによって裏付けされる場合に限る。

第２部　物理化学的危険性に関する分類判定基準と分類例

GHSの物理化学的危険性の分類判定基準は当初国連危険物輸送勧告・モデル規則（UNRTDG: United Nations Recommendations on the Transport of Dangerous Goods）と同様のものを採用した。現在、GHSでは、労働環境での取り扱いを勘案し、爆発物（不安定爆発物）、自己反応性物質および混合物（タイプA）、有機過酸化物（タイプA）の一部および鈍性化爆発物などUNRTDGと異なる区分及びクラスを採用している。しかし基本的にはGHSの物理化学的危険性に関する試験方法や判定基準はUNRTDGからのものであり、物質や混合物の分類に当たってもUNRTDGの分類結果を活用することを勧める。

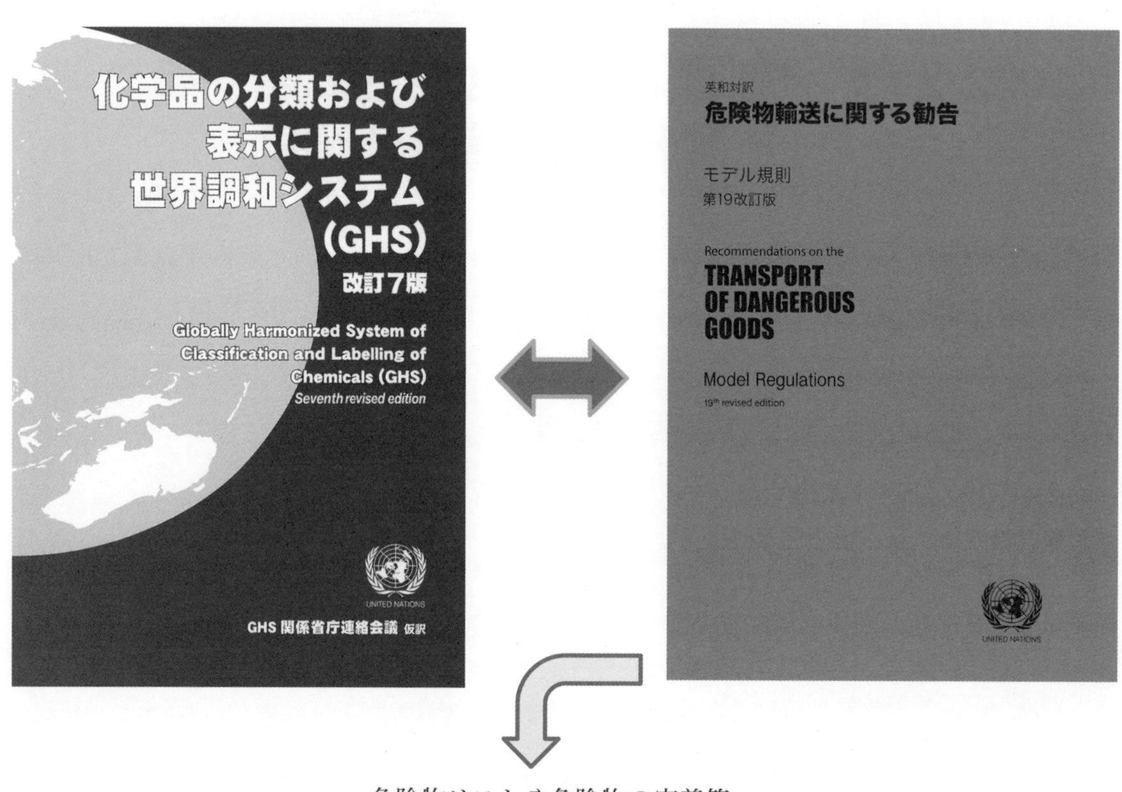

危険物リストや危険物の定義等

国連番号	品名及び内容	クラス又は区分	副次危険	UN容器等級	特別規定	少量危険物危険物及び適用除外危険物		小型容器及びIBCs		ポータブルタンク及びバルクコンテナ	
								包装要件	特別包装規定	要件	特別要件
(1)	(2)	(3)	(4)	(5)	(6)	(7a)	(7b)	(8)	(9)	(10)	(11)
-	3.1.2	2.0	2.0	2.0.1.3	3.3	3.4	3.5	4.1.4	4.1.4	4.2.5/4.3.2	4.2.5
2956	5-ターシャリーブチル-2,4,6-トリニトロメタキシレン（ムスクキシレン）	4.1		III	132 133	5kg	E0	P409			
2965	三フッ化ホウ素とジメチルエーテルの錯化合物	4.3	3 8	I		0	E0	P401		T10	TP2 TP7 TP13
2966	チオグリコール	6.1		II		100ml	E4	P001 IBC02	T7 TP2		
2967	スルファミド酸	8		III		5kg	E1	P002 IBC08 LP02	B3	T1	TP33

第 2.1 章　爆発物

2.1.1　定義および一般事項

2.1.1.1　*爆発性物質（または混合物）*とは、それ自体の化学反応により、周囲環境に損害を及ぼすような温度および圧力ならびに速度でガスを発生する能力のある固体物質または液体物質（または物質の混合物）をいう。火工品に使用される物質はたとえガスを発生しない場合でも爆発性物質とされる。

*火工品に使用される物質（または混合物）*とは、非爆発性で持続性の発熱化学反応により、熱、光、音、ガスまたは煙もしくはこれらの組み合わせの効果を生じるよう作られた物質または物質の混合物をいう。

*爆発性物品*とは、爆発性物質または爆発性混合物を一種類以上含む物品をいう。

*火工品*とは、火工品に使用される物質または混合物を一種類以上含む物品をいう。

2.1.1.2　次のものが爆発物に分類される。

(a)　爆発性物質および爆発性混合物、

(b)　爆発性物品、ただし不注意または偶発的な発火もしくは起爆によって、飛散、火炎、発煙、発熱または大音響のいずれかによって装置の外側に対し何ら影響を及ぼさない程度の量またはそのような特性の爆発性物質または混合物を含む装置を除く、および

(c)　上記（a）および（b）以外の物質、混合物および物品であって、実質的な爆発または火工品効果を目的として製造されたもの。

2.1.2　分類基準

2.1.2.1　このクラスに分類される物質、混合物および物品（不安定爆発物に分類されるものを除く）は、それぞれが有する危険性の度合により、次の六等級のいずれかに割り当てられる。

(a)　区分 1.1　大量爆発の危険性を持つ物質、混合物および物品（大量爆発とは、ほとんど全量がほぼ瞬時に影響が及ぶような爆発をいう）。

(b)　区分 1.2　大量爆発の危険性はないが、飛散の危険性を有する物質、混合物および物品。

(c)　区分 1.3　大量爆発の危険性はないが、火災の危険性を有し、かつ、弱い爆風の危険性またはわずかな飛散の危険性のいずれか、もしくはその両方を持っている物質、混合物および物品。

(i)　その燃焼により大量の輻射熱を放出するもの、または

(ii)　弱い爆風または飛散のいずれかもしくは両方の効果を発生しながら次々に燃焼するもの。

(d)　区分 1.4　高い危険性の認められない物質、混合物および物品、すなわち、発火または起爆した場合にもわずかな危険性しか示さない物質、混合物および物品。その影響はほとんどが包装内に限られ、ある程度以上の大きさと飛散距離を持つ破片の飛散は想定されないというものである。外部火災

により包装物のほとんどすべての内容物がほぼ瞬時に爆発を起こさないものでなければならない。

(e)　区分 1.5　大量爆発の危険性を有するが、非常に鈍感な物質。すなわち、大量爆発の危険性を持っているが、非常に鈍感で、通常の条件では、発火・起爆の確率あるいは燃焼から爆轟に転移する確率が極めて小さい物質および混合物。

(f)　区分 1.6　大量爆発の危険性を有しない極めて鈍感な物品。すなわち、主として極めて鈍感な物質または混合物を含む物品で、偶発的な起爆または伝播の確率をほとんど無視できるようなものである。

2.1.2.2　爆発物（不安定爆発物に分類されるものを除く）は、次表にしたがい*危険物輸送に関する国連勧告、試験方法及び判定基準のマニュアル*の第Ⅰ部にある試験シリーズ2～8に基づいて、上記の六種類の等級のいずれかに分類される。

表2.1.1　爆発物の判定基準

区分	判定基準
不安定[a]爆発物または区分1.1～区分1.6の爆発物	区分1.1～区分1.6の爆発物について、以下の試験は実施が必要とされる核となる試験シリーズである。 爆発性：　国連 試験シリーズ2（*危険物輸送に関する国連勧告、試験方法及び判定基準のマニュアル*の第12項）による。 意図的な爆発物[b]は国連 試験シリーズ2の対象でない。 感　度：　国連 試験シリーズ3（*危険物輸送に関する国連勧告、試験方法及び判定基準のマニュアル*の第13項）による。 熱安定性：国連 試験3（c）（*危険物輸送に関する国連勧告、試験方法及び判定基準のマニュアル*の第13.6.1項）による。 正しい等級の決定にはさらに試験が必要である。

[a] *不安定爆発物とは、熱的に不安定である、または通常の取り扱いまたは使用に対して鋭敏すぎる爆発物をいう。特別の注意が必要である。*

[b] *これには、実質的な爆発または火工品効果を目的として製造された物質、混合物および物品が含まれる。*

***注記1**：包装物とされた爆発性物質または混合物および物品は、区分 1.1 から区分 1.6に分類することができるが、規制の目的によっては、さらに隔離区分Aから隔離区分Sに細分類して技術要件を区別する（危険物輸送に関する国連勧告・モデル規則第2.1章参照）。*

***注記2**：ある種の爆発性物質および混合物は、水もしくはアルコールで湿性とするか、その他の物質で希釈するかまたは水もしくは他の液体に溶解または懸濁して、その爆発性を抑制あるいは減じている。これらは、鈍性化爆発物として分類する候補としてよいし（2.17章参照）、または規制の目的（例：輸送）によっては、爆発性物質および混合物とは別のもの（鈍性化爆発物）として扱うことができる、1.3.2.4.5.2参照。*

***注記3**：固体物質または混合物の分類試験では、当該物質または混合物は提供された形態で試験を実施するべきである。例えば、供給または輸送が目的で、同じ物質が、試験したときとは異なった物理的形態で、かつ、分類試験の実施を著しく変える可能性が高いと考えられる形態で提供される場合には、その物質もまたその新たな形態で試験しなければならない。*

UNRTDG分類との比較

国連番号がわかっている場合は、オレンジブックを参照し、クラス1に該当するならGHSの爆発物として分類する。爆発性が疑われる場合で、国連番号がわからない場合は、試験を実施する。

混合物は基本的に試験を行い、その結果に基づいて分類する。

不安定爆発物はUNRTDGでは輸送禁止であり分類対象外であるが、GHSでは労働現場での取り扱いも対象となることから分類対象となっている。

爆発物のGHS分類とUNRTDG分類の比較

GHS	UNRTDG
不安定爆発物	輸送禁止とされている爆発性物質であるため、国連危険物輸送の番号は付されていない。
区分1.1	クラス1　区分1.1
区分1.2	クラス1　区分1.2
区分1.3	クラス1　区分1.3
区分1.4	クラス1　区分1.4
区分1.5	クラス1　区分1.5
区分1.6	クラス1　区分1.6

爆発物の分類演習

【ピクリン酸（トリニトロフェノール）】

CAS RN：88-89-1、国連番号：0154（乾性または湿性、30質量%未満の水を含有するもの）

分子式：ニトロ基（$-NO_2$）を有する

構造式：

OH

O_2N　NO_2

NO_2

データ：

物理化学的性状：無色・無臭の固体、融点122～123℃、自然発火温度300℃

オレンジブックのリストでは“クラスまたは区分”の項に“1.1D”と記載されている。

判定根拠：UNRTDGで区分1.1である。

分類結果：爆発物　区分1.1

【コラム】

爆発性に関する反応原子団：　危険物輸送に関する勧告　試験方法及び判定基準のマニュアル表A6.1に有機物質で爆発性を有する化学基の例が示されている。

C-C不飽和結合：　アセチレン、アセチリド、1,2-ジエン

C-金属原子、N-金属原子：　グリニャール試薬、有機リチウム化合物

隣接窒素原子：　アジド、脂肪族アゾ化合物、ジアゾニウム塩、ヒドラジン、スルホニルヒドラジド

隣接酸素原子：　過酸化物、オゾン化合物

N-O：　ヒドロキシルアミン、硝酸エステル、硝酸塩類、ニトロ化合物、窒素酸化物、1,2-オキサゾール

N-ハロゲン：　クロラミン、フルオラミン

O-ハロゲン：　塩素酸塩、過塩素酸塩、ヨードシル化合物

【コラム】

融点：　固体が液体になる温度、これが観察温度（常温）より高ければ固体であり、低ければ液体である。

沸点：　液体が沸騰しはじめる温度、これが観察温度（常温）より高ければ液体であり、低ければ気体である。

**【コラム】**

物理化学的危険性に関する試験：　物理化学的危険性についての試験は、「危険物輸送に関する勧告－試験方法及び判定基準のマニュアル－」に記載されている方法による。

第2.2章　可燃性ガス

2.2.1　定義

2.2.1.1　*可燃性ガス*とは、標準気圧101.3kPaで20℃において、空気との混合気が燃焼範囲を有するガスをいう。

2.2.1.2　*自然発火性ガス*とは、54 ℃ 以下の空気中で自然発火しやすいような可燃性ガスをいう。

2.2.1.3　*化学的に不安定なガス*とは、空気や酸素がない状態でも爆発的に反応しうる可燃性ガスをいう。

表2.2.1　可燃性ガスの判定基準

<table>
<tr><th colspan="3">区分</th><th>判定基準</th></tr>
<tr><td rowspan="4">1A</td><td colspan="2">可燃性ガス</td><td>標準気圧101.3kPaで20℃において以下の性状を有するガス；
(a)　空気中の容積で13%以下の混合気が可燃性であるもの、
または
(b)　燃焼（爆発）下限界に関係なく空気との混合気の燃焼範囲（爆発範囲）が12%以上のもの
区分1Bの判定基準に合致した場合を除く</td></tr>
<tr><td colspan="2">自然発火性ガス</td><td>54℃以下の空気中で自然発火する可燃性ガス</td></tr>
<tr><td rowspan="2">化学的に不安定なガス</td><td>A</td><td>標準気圧101.3kPaで20℃において化学的に不安定である可燃性ガス</td></tr>
<tr><td>B</td><td>気圧101.3kPa超および／または20℃超において化学的に不安定である可燃性ガス</td></tr>
<tr><td>1B</td><td colspan="2">可燃性ガス</td><td>区分1Aの可燃性ガスの判定基準を満たし、自然発火性ガスでも化学的に不安定なガスでもなく、少なくとも以下のどちらかの条件を満たすもの：
(a) 燃焼下限が空気中の容積で6%を超える；または
(b) 基本的な燃焼速度が10cm/s未満；</td></tr>
<tr><td>2</td><td colspan="2">可燃性ガス</td><td>区分1Aまたは1B以外のガスで、標準気圧101.3kPa、20℃においてガスであり、空気との混合気が燃焼範囲を有するもの</td></tr>
</table>

***注記1**：アンモニアおよび臭化メチルは、規制目的によっては特殊例とみなされる。*
***注記2**：エアゾールは可燃性ガスと分類すべきではない、第2.3章参照。*
***注記3**：区分1Bに分類するための十分なデータがない場合には、区分1Aの判定基準を満たす可燃性ガスは自動的に区分1Aとする。*
***注記4**：自然発火性ガスの自然発火は常に直ちに起こるとは限らず、遅れることもある。*
***注記5**：可燃性ガスの混合物で、自然発火性に関するデータがなく、1%を超える（容量）自然発火性成分を含む場合には自然発火性ガスに分類するべきである。*

2.2.2　分類基準

2.2.2.1　可燃性ガスは、**表2.2.1**にしたがって区分1A、1Bまたは2のいずれかに分類される。自然発火性および／または化学的に不安定な可燃性ガスは、常に区分1Aに分類される。

UNRTDG分類との比較

国連番号がわかっている場合は、危険物輸送に関する勧告（オレンジブック）を参照し、クラス2区分2.1に該当する場合は、エアゾール・加圧下化学品等（その他除外対象あり）を除き、GHSの可燃性ガスとして分類する。可燃性を疑われるガスで国連番号がわからない場合は、標準気圧101.3kPa で20℃におけるデータを用いた判定基準にしたがうか、あるいは試験を実施する。試験は、可燃性は ISO 10156（2017）、自然発火性は IEC 60079-1 ed.1.0（2010）又は DIN 51794、不安定性は*危険物輸送に関する国連勧告 試験方法及び判定基準のマニュアル*の第Ⅲ部第35.4項で規定されている。

可燃性ガスのGHS分類とUNRTDG分類の比較

<table>
<tr><th colspan="3">GHS区分</th><th>UNRTDG</th></tr>
<tr><td rowspan="4">1A</td><td colspan="2">可燃性ガス</td><td>クラス2　区分2.1</td></tr>
<tr><td colspan="2">自然発火性ガス</td><td rowspan="3">輸送禁止ガスなので国連番号は付されていない。
安定化して輸送可能な場合は国連番号がつく。
その場合、クラス2 区分2.1または区分2.3（2.1）である。</td></tr>
<tr><td rowspan="2">化学的に不安定なガス</td><td>A</td></tr>
<tr><td>B</td></tr>
<tr><td>1B</td><td colspan="2">可燃性ガス</td><td>クラス2　区分2.1または区分2.3（2.1）</td></tr>
<tr><td>2</td><td colspan="2">可燃性ガス</td><td>区分2..1には該当しない</td></tr>
</table>

自然発火性ガス、化学的に不安定なガスは輸送禁止物質でありUNRTDGでは分類対象外であるが、GHSでは労働現場での取り扱いも対象となることから分類対象となっている。

ただしUNRTDGでは化学的に不安定なガスであっても、混合ガスの種類および充填圧力等の条件により、輸送可能となる濃度限界を定めているものがある。

UNRTDG分類が区分2.1であれば、GHS可燃性ガス区分1と分類できるが、自然発火性ガス、化学的に不安定なガスにも該当するかどうかは判断できない。また、UNRTDG分類で区分2.2とされている製品には、GHSの可燃性ガス区分2に該当するものもあるので、注意が必要である。

化学的に不安定なガスの例

純ガスに関する情報					それを含む混合ガスに関する情報
化学名	分子式	CAS RN	国連番号	分類	特定濃度限界
アセチレン	C_2H_2	74-86-2	1001 3374	区分A	混合ガスの種類および充填圧力により異なる（表35.2参照） 例；窒素200barに対してアセチレン3.0モル％
ブロモトリフルオロエチレン	C_2BrF_3	598-73-2	2419	区分B	8.4モル％（LEL）
1,2-ブタジエン	C_4H_6	590-19-2	1010	区分に該当しない	
1,3-ブタジエン	C_4H_6	106-99-0	1010	区分に該当しない	

1-ブチン	C_4H_6	107-00-6	2452	区分B	アセチレンに対する特別濃度限界を適用してもよい（表35.2参照）他の混合ガスに対して：7分圧1bar（絶対圧）
1,1,2-トリフルオロ-2-クロロエテン	C_2ClF_3	79-38-9	1082	区分B	4.6モル％（LEL）
エチレンオキサイド	C_2H_4O	75-21-8	1040	区分A	希ガスを含む混合ガスに対して15モル％、他の混合ガスに対して30モル％
ビニル（メチル）エーテル	C_3H_6O	107-25-5	1087	区分B	3モル％
アレン	C_3H_4	463-49-0	2200	区分B	アセチレンに対する特別濃度限界を適用してもよい（表35.2参照）他の混合ガスに対して：7分圧1bar（絶対圧）
2-プロピン	C_3H_4	74-99-7	3161	区分B	アセチレンに対する特別濃度限界を適用してもよい（表35.2参照）他の混合ガスに対して：7分圧1bar（絶対圧）
テトラフルオロエチレン	C_3F_4	116-14-3	1081	区分B	10.5モル％（LEL）
1,1,2-トリフルオロエチレン	C_2HF_3	359-11-5	1954	区分B	10.5モル％（LEL）
臭化ビニル	C_2H_3Br	593-60-2	1085	区分B	5.6モル％（LEL）
塩化ビニル	C_2H_3Cl	75-01-4	1086	区分B	3.8モル％（LEL）
フッ化ビニル	C_2H_3F	75-02-5	1860	区分B	3モル％

〔危険物輸送に関する国連勧告 試験方法及び判定基準のマニュアル第6版35頁（2015）、表35.1〕

可燃性ガスの分類演習

【プロパン】

CAS RN：74-98-6、国連番号：1978

分子式：C_3H_8

構造式：$H_3C—CH_2—CH_3$

データ：

物理化学的性状：無色・無臭のガス、融点－189.7℃、沸点－42℃、引火点－104℃、爆発範囲 2.1～9.5vol％、蒸気密度（空気1）1.6

オレンジブックのリストでは“クラスまたは区分”の項に“2.1”と記載されている。

判定根拠：UNRTDGで区分2.1である。爆発範囲上限が9.5vol％（13％以下）である。

分類結果：可燃性ガス　区分1A

【ジフルオロメタン】

CAS RN：75-10-5、国連番号：3252

分子式：CH_2F_2

構造式：F＼CH_2／F

データ：
物理化学的性状：無色・無臭の気体、融点－136.8℃、沸点－51.6℃、燃焼下限界 13.8 vol%、燃焼上限界 29.9vol%、燃焼速度 6.7cm/s
オレンジブックのリストでは“クラスまたは区分”の項に“2.1”と記載されている。
判定根拠：UNRDGで区分2.1である。燃焼範囲は16.1vol%（＞12%）であり、区分1Aの判定基準を満たす。さらに、燃焼下限が6vol%を超え、燃焼速度が10cm/s 未満であることから区分1Bに分類される。
分類結果：可燃性ガス　区分1B

【可燃性ガスの練習問題】
あるガスの試験データは次のとおりである。GHSの判定基準にしたがって分類しなさい。
試験結果：
　沸点：－42℃
　燃焼範囲：空気中2.2～11vol% (20℃、101.3 kPa)
<解答は213頁>

【コラム】

標準状態： 通常、化学の教科書では0℃、1気圧をいうが、GHSの分類においては常温(20℃)、常圧（1気圧:101.3 kPa）をさす場合が多い。

【コラム】

CAS RN： 米国化学会が発行する化学品に固有の番号で、これにより化学品名を検索できる。2018年現在1億種以上の物質が登録されている。
国連番号： 危険物輸送に関する勧告の中で、輸送上の危険性や有害性のある化学品に付与された番号。同勧告の物質一覧から当該番号により化学品名、危険性・有害性、梱包条件等がわかる。

可燃性ガスに関する混合物の分類は、一般には試験結果により分類するが、計算により分類する方法もあり、GHS文書では以下のように紹介されている。

2.2.5　例：ISO 10156：2017にしたがった計算による可燃性ガス混合物の分類

公式

$$\sum_{i}^{n} \frac{V_i\%}{T_{ci}}$$

ここで：

V_i% ＝ 相当する可燃性ガスの含量

Tci ＝ 混合物が空気中ではまだ可燃性とならない窒素中の可燃性ガス最大濃度

i ＝ 混合物のi番目のガス

n ＝ 混合物中のn番目のガス

K_i ＝ 不活性ガス対窒素に関する等価係数

ガス混合物に窒素以外の不活性希釈ガスが含まれる場合、この希釈ガスの体積はその不活性ガスの等価係数（K_i）を用いて補正し窒素の等価体積とする。

判定基準

$$\sum_{i}^{n} \frac{V_i\,\%}{T_{ci}} \geq 1$$

ガス混合物

この例においては、次式のガス混合物を用いる。

2%（H_2）+ 6%（CH_4）+ 27%（Ar）+ 65%（He）

計算

1. 窒素に対するこれら不活性ガスの各等価係数（Ki）を確認する。
   K_i（Ar）=0.55
   K_i（He）=0.9

2. 不活性ガスのK_i値を用いて窒素をバランスガスとして等価の混合物を計算する。
   2%（H_2）+6%（CH_4）+［27%×0.55+65%×0.9］（N_2）=2%（H_2）+6%（CH_4）+73.35%（N_2）
   =81.35%

3. 含量合計を補正して100%とする。
   (100/81.35) ×［2%（H_2）+6%（CH_4）+73.35%（N_2）］=2.46%（H_2）+7.37%（CH_4）+90.17%（N_2）

4. これらの可燃性ガスのT_{ci}係数を確かめる。
   $T_{ci}H_2$ = 5.5%
   $T_{ci}CH_4$ = 8.7%

5. 次式を用いて等価の混合物の可燃性を計算する。

$$\sum_{i}^{n} \frac{V_i\,\%}{T_{ci}} = 2.46 / 5.5 + 7.37 / 8.7 = 1.29$$

1.29>1であり、したがってこの混合物は可燃性である。

【コラム】

引火性および可燃性：　燃える物に対して「引火性」と「可燃性」が使用されている。法令ではそれぞれ定義があるが、「引火性」のほうが「可燃性」よりもより燃えやすいものに使われているように思われる。これらは英語ではそれぞれ "flammable" と "combustible" が対応するようである。GHSでは以前 "flammable" と "combustible" が使用されていたが、現在は "flammable" に統一されている。邦訳のGHSではガスおよび固体では「可燃性」を、液体では「引火性」と「可燃性」を使用している

【コラム】

気体の比重（空気 1）：　空気に対する相対的な重さを表す。ある気体が環境空気中で下方に溜まりやすいか上方に溜まりやすいかの目安になる。同じ温度・圧力であれば同体積に含まれる気体分子の数は同じなので、ある気体の空気に対する比重は空気の平均分子量に対するその気体の分子量の割合となる。空気の分子量は28.8（$N_2 \times 0.8 + O_2 \times 0.2 = 28 \times 0.8 + 32 \times 0.2 = 28.8$）である。例えば二酸化炭素の分子量は44（$C + O_2 = 12 + 32 = 44$）なので、比重は1.53（$44 \div 28 = 1.528$）となる。

第 2.3 章　エアゾールおよび加圧下化学品

この章には、エアゾールおよび加圧下化学品に関する分類判定基準、危険性情報要素、判定論理および手引きを含む。これらは類似の危険性を示すが、エアゾールおよび加圧下化学品は別の危険性クラスであり、異なる節で扱われる。危険性は似ておりその分類は可燃特性および燃焼熱に基づいているが、2種類の容器の許容圧力、容量および構造にしたがって異なる節で取り扱われる。物質および混合物は、2.3.1にしたがってエアゾールとして、あるいは2.3.2にしたがって加圧下化学品として、それぞれ分類される。

2.3.1　エアゾール

2.3.1.1　定義

エアゾール、すなわちエアゾール噴霧器とは、圧縮ガス、液化ガスまたは溶解ガス（液状、ペースト状または粉末を含む場合もある）を内蔵する金属製、ガラス製またはプラスチック製の再充填不能な容器に、内容物をガス中に浮遊する固体もしくは液体の粒子として、または液体中またはガス中に泡状、ペースト状もしくは粉状として噴霧する噴射装置を取り付けたものをいう。

2.3.1.2　分類基準

2.3.1.2.1　エアゾールは、**表 2.3.1** にしたがって以下の条件により、この危険性クラスの三つの区分のうちの一つに分類される：

– 燃焼特性；
– 燃焼熱；および

－　可能であれば、試験方法及び判定基準のマニュアル31.4、31.5および31.6にしたがって実施する着火距離試験、密閉空間発火試験および泡状エアゾールの可燃性試験の結果

次のGHS判定基準にしたがった可燃性に分類される成分（質量）を1％を超えて含むエアゾールの分類は、区分1あるいは2とするべきである。

GHS判定基準：

－　可燃性ガス（第2.2章参照）

－　引火性液体（第2.6章参照）

－　可燃性固体（第2.7章参照）

または燃焼熱量が少なくとも20kJ/gであるエアゾール。

表2.3.1　エアゾールの判定基準

区分	判定基準
1	(1)　85％以上(質量)の可燃性成分を含有し、かつ30kJ/g以上の燃焼熱を有するすべてのエアゾール； (2)　着火距離試験で着火距離が75cm以上のスプレーを出すすべてのエアゾール；または (3)　泡の可燃性試験の結果が以下のような、泡を出すすべてのエアゾール： (a)　炎の高さが20cm以上かつ炎持続時間が2秒以上；または (b)　炎の高さが4cm以上かつ炎持続時間が7秒以上
2	(1)　着火距離試験の結果が区分1の判定基準には該当せず、以下の条件を満たすスプレーを出すすべてのエアゾール (a)　燃焼熱が20kJ/g以上； (b)　燃焼熱が20kJ/g未満で着火距離が15cm以上；または (c)　燃焼熱が20kJ/g未満で着火距離が15cm未満かつ以下の密閉空間発火試験結果： －　時間等量が300s/m³以下；または －　爆燃密度が300g/m³以下；または (2)　泡状エアゾール可燃性試験の結果が区分1の判定基準には該当せず、炎の高さが4cm以上かつ炎持続時間が2秒以上のすべてのエアゾール
3	(1)　1％以下（質量）の可燃性成分を有し、かつ燃焼熱が20kJ/g未満のすべてのエアゾール；または (2)　1％超（質量）の可燃性成分を有するかまたは燃焼熱が20kJ/g以上であるが、着火距離試験、密閉空間発火試験または泡状エアゾール可燃性試験の結果が区分1または区分2の判定基準に該当しないすべてのエアゾール

***注記1：**可燃性／引火性成分には自然発火性物質、自己発熱性物質または水反応性物質は含まない。なぜならば、これらの物質はエアゾール内容物として用いられることはないためである。*

***注記2：**本章で可燃性／引火性の分類の手順を踏まない、1％超の可燃性／引火性成分を含むまたは燃焼熱が少なくとも20kJ/gのエアゾールは、区分1に分類するべきである。*

***注記3：**エアゾールを、追加的に第2.2章（可燃性ガス）、2.3.2（加圧下化学品）、第2.5章（高圧ガス）、第2.6章（引火性液体）あるいは第2.7章（可燃性固体）とすることはない。しかしエアゾールはその中身によって他の危険有害性クラスになり、それらのラベル要素が必要になるであろう。*

UNRTDG分類との比較

国連番号が1950であれば、GHSエアゾールとして分類する。UNRTDGが区分2.1の場合、それだけではGHSエアゾールの区分1か区分2かは判別できない。

エアゾールの引火性の有無がわからない場合、または区分1か区分2を明確にしたい場合は、GHS文書の判定論理2.3.1(a)～(c)に基づいて判断する。試験は、*危険物輸送に関する国連勧告、試験方法及び判定基準の*マニュアルの第Ⅲ部第31.4～31.5項で規定されている。

エアゾールのGHS分類とUNRTDG分類の比較

<table>
<tr><th>GHS</th><th colspan="2">UNRTDG</th></tr>
<tr><td>区分1</td><td rowspan="3">エアゾールの国連番号はUN1950でクラス2（ガス）となっている。</td><td rowspan="2">UN1950（2.1）</td></tr>
<tr><td>区分2</td></tr>
<tr><td>区分3</td><td>UN1950（2.2）</td></tr>
</table>

混合物を調合したエアゾールに対しては、化学燃焼熱は、次式に示す各成分の重み付け燃焼熱の合計である。

$$Hc_{(product)} = \sum_{i}^{n} [w_i \% \times \Delta Hc(i)]$$

ここで

ΔHc　=　化学燃焼熱（kJ/g）

$w_i\%$　=　当該製品を構成する成分 i の重量百分率

$\Delta Hc(i)$　=　当該製品を構成する成分 i の燃焼熱（kJ/g）

エアゾールの分類演習

以下の製品は、すべてGHSのエアゾールの定義を満たすものとする。

【仮想製品ア】

データ：

二酸化炭素	25%	（非引火性　ΔHc=0kJ/g）
エタノール	1%	（引火性　ΔHc=29.7kJ/g）
その他	74%	（非引火性　ΔHc=0kJ/g）

判定根拠：

- このエアゾールの燃焼熱は $0.25\times0 + 0.01\times29.7 + 0.74\times0 = 0.297$kJ/g
- 引火性成分が1%以下、かつ、燃焼熱が20kJ/g未満

分類結果：エアゾール　区分3

【仮想製品イ－噴射式エアゾール】

データ：

ブタン／プロパン	60%	（引火性　ΔHc=49.8kJ/g）
その他	40%	（非引火性　ΔHc=0kJ/g）

着火試験：75cm以上では着火しない。15cm以上では着火する。

判定根拠：

- 引火性成分の含有量が1%以下でも85%以上でもないので、成分構成から判定することはできない。試験結果から判定する。
- 噴射式エアゾールなので、泡状エアゾールの判定基準は用いない。
- このエアゾールの燃焼熱は $0.6\times49.8 + 0.4\times0 = 29.88$kJ/g
- 75cm以上では着火せず、燃焼熱は20kJ/g以上、15cm以上で着火する。

分類結果：エアゾール　区分2

【仮想製品ウ】

データ：

非引火性ガス　30%　(非引火性　⊿Hc=0kJ/g)

その他　70%　(引火性　⊿Hc 不明)

着火試験：実施していない、もしくは、試験結果が入手できない。

判定根拠：

・引火性成分の含有量が1%以下でも85%以上でもないので、成分構成からは判定できない。

・分類の手順を踏んでおらず、引火性成分が1%を超えている。

分類結果：エアゾール　区分1

【コラム】

GHSにおけるエアゾールの定義：「内容物をガス中に浮遊…」「液体中またはガス中に泡状、ペースト状もしくは粉状として…」と記述されているとおり、ガスと内容物が同一場所に封入されている製品を指す。近年、二重構造容器のエアゾールが登場しているが、これはGHSのエアゾールに該当しない。ガスと内容物が分離されており、GHSのエアゾールの定義と合致しないためである。したがって、二重構造容器のエアゾールは、エアゾールとして分類せず、*ガスと内容物をそれぞれ分類する。*

なお、二重構造容器のエアゾールは、高圧ガス保安法においても、表示に〈二重構造容器につき捨て方注意〉と記載することになっており、通常のエアゾールと区別されている。

2.3.2　加圧下化学品

2.3.2.1　定義

*加圧下化学品*とは、エアゾール噴霧器ではなく、かつ高圧ガスとは分類されない、高圧容器中で20℃において200kPa以上（ゲージ圧）の圧力でガスにより加圧された液体または固体（例えばペーストまたは粉体）をいう。

***注記**：加圧下化学品は一般に質量で50%以上の液体または固体を含むが、50%以上のガスを含む混合物は一般に高圧ガスと考えられる。*

2.3.2.2　分類基準

2.3.2.2.1　加圧下化学品は、可燃性 / 引火性成分の量およびそれらの燃焼熱によって、表2.3.2にしたがって、このクラスの三つの区分のうちの一つに分類される（2.3.2.4.1参照）。

2.3.2.2.2　可燃性成分とは以下のGHSの判定基準にしたがって可燃性と分類された成分のことである、すなわち：

－　可燃性ガス（第2.2章参照）；

－　引火性液体（第2.6章参照）；

－　可燃性固体（第2.7章参照）。

表 2.3.3　加圧下化学品の判定基準

区分	判定基準
1	以下のようなすべての加圧下化学品： (a)　85% 以上（質量）の可燃性／引火性成分を含み； かつ (b)　燃焼熱が 20kJ/g 以上
2	以下のようなすべての加圧下化学品： (a)　1% 超（質量）の可燃性／引火性成分を含み； かつ (b)　燃焼熱が 20kJ/g 未満； または： (a)　85% 未満（質量）の可燃性／引火性成分を含み； かつ (b)　燃焼熱が 20kJ/g 以上
3	以下のようなすべての加圧下化学品： (a)　1% 以下（質量）の可燃性／引火性成分を含み； かつ (b)　燃焼熱が 20kJ/g 未満

***注記 1**：加圧下化学品の可燃性成分には、自然発火性、自己発熱性または水反応性の物質や混合物は含まれない。それらの成分は危険物輸送に関する国連勧告モデル規則により加圧下化学品として認められていないからである。*

***注記 2**：加圧下化学品が追加的に 2.3.1（エアゾール）、第 2.2 章（可燃性ガス）、第 2.5 章（高圧ガス）、第 2.6 章（引火性液体）および第 2.7 章（可燃性固体）の範疇で分類されることはない。しかし成分により、ラベル要素も含め、加圧下化学品が他の危険有害性クラスの範疇に分類されることはありうる。*

2.3.2.3　危険有害性情報の伝達

表示要件に関する通則および細則は、*危険有害性に関する情報の伝達：表示*（第 1.4 章）に定められている。附属書 1 に分類と表示に関する概要表を示す。附属書 3 には、所管官庁が許可した場合に使用可能な注意書きおよび注意絵表示の例を示す。

表 2.3.4　加圧下化学品のラベル要素

	区分 1	区分 2	区分 3
シンボル	炎 ガスボンベ	炎 ガスボンベ	*ガスボンベ*
注意喚起語	危険	警告	*警告*
危険有害性情報	極めて可燃性の高い 加圧下化学品： 熱すると爆発のおそれ	可燃性の加圧下化学品： 熱すると爆発のおそれ	加圧下化学品： 熱すると爆発のおそれ

2.3.3　燃焼熱に関する手引き

2.3.3.1　混合物においては、製品の燃焼熱は以下のようにそれぞれの成分に対して重み付けした燃焼熱の合計である：

$$\Delta \mathrm{Hc}（製品）= \sum_{i}^{n} [\mathrm{w}(i)\% \ \mathrm{x} \ \Delta \mathrm{Hc}(i)]$$

ここで：

Δ Hc（製品）＝ 製品の燃焼熱（kJ/g）
Δ Hc(i) ＝ 製品を構成する成分 i の燃焼熱（kJ/g）
w(i)% ＝ 製品を構成する成分 i の質量百分率
n ＝ 製品の成分数

燃焼熱は、グラム当たりのキロジュール（kJ/g）で与えられ、文献報告値、計算値または試験（ASTM D 240 および NFPA 30B）による測定値でもよい。試験的に測定された燃焼熱は、燃焼効率が普通 100％以下（典型的な燃焼効率は 95％である）なので、通常対応する理論的な燃焼熱とは異なることに注意が必要である。

UNRTDG 分類との比較

国連番号が 3500 ～ 3505 であれば、GHS の加圧下化学品として分類する。 ただし、UNRTDG における加圧下化学品は、“ 組織物のどれか一つが可燃性／引火性物質ならば、可燃性／引火性区分 2.1 とする ” と定義されており、GHS における加圧下化学品の可燃性／引火性の定義は一致していない。GHS の分類を実施する際は、UNRTDG の区分 2.1 または区分 2.2 の情報は参考程度とし、GHS の判定基準にしたがって区分を判定する。

加圧下化学品の分類演習

加圧下化学品の例

ある加圧下化学品の情報は次の通り。

データ：UN3350（区分 2.2）。可燃性 / 引火性成分を含んでいない。

判定根拠：

可燃性／引火性成分が含まれないので、燃焼熱も 20kJ/g 未満であり、区分 1、区分 2 に該当しない。

分類結果：加圧下化学品　区分 3

第 2.4 章　酸化性ガス

2.4.1　定義

*酸化性ガス*とは、一般的には酸素を供給することにより、空気以上に他の物質の燃焼を引き起こす、または燃焼を助けるガスをいう。

注記：*「空気以上に他の物質の燃焼を引き起こすガス」とは、ISO 10156：2017 により定められる方法によって測定された 23.5％以上の酸化能力を持つ純粋ガスあるいは混合ガスをいう。*

2.4.2　分類基準

酸化性ガスは、次表にしたがってこのクラスにおける単一の区分に分類される。

表 2.4.1　酸化性ガスの判定基準

区分	判定基準
1	一般的には酸素を供給することにより、空気以上に他の物質の燃焼を引き起こす、または燃焼を助けるガス

UNRTDG 分類との比較

国連番号がわかっている場合は、危険物輸送に関する勧告（オレンジブック）を参照し、クラス2区分2.2（5.1）または区分2.3（5.1）に該当する場合は、GHSの酸化性ガスとして分類する。酸化性が疑われるガスで国連番号がわからない場合は、ISO 10156：2017「ガスおよびガス混合物-シリンダー放出弁の選択のための着火及び酸化能力の決定」に記載された試験または計算方法を実施する。

酸化性ガスの GHS 分類と UNRTDG 分類の比較

GHS	UNRTDG（注：（　）内は副次危険）
区分1	クラス2　区分2.2　非可燃・非毒性ガス（区分5.1酸化性物質）
	クラス2　区分2.3　毒性ガス（区分5.1酸化性物質）

酸化性ガスの分類演習

【亜酸化窒素（一酸化二窒素）】

CAS RN：10024-97-2、国連番号：1070

分子式：N_2O

構造式：　$N{\equiv}\overset{+}{N}{-}O^{-} \longleftrightarrow {}^{-}N{=}\overset{+}{N}{=}O$

<u>データ</u>：

物理化学的性状：無色・特徴的な臭気のガス、融点－90.8℃、沸点－88.5℃、引火点データなし、爆発範囲 データなし、蒸気密度（空気1）1.53

オレンジブックのリストでは“クラスまたは区分”の項に“2.2”、“副次危険”の項に“5.1”と記載されている。

<u>判定根拠</u>：UNRTDGで副次危険に5.1がついている。

<u>分類結果</u>：酸化性ガス　区分1

計算による分類（GHS 文書 2.4.4.2）

混合物に関する酸化性ガスの分類は計算による方法も可能であり、GHS文書では下記のように紹介されている。

ISO-10156：2017にしたがった計算による酸化性ガス混合物分類の例

ISO-10156に記載されている分類方法では、ガス混合物の酸化力が0.235（23.5%）を超える場合にガス混合物は空気よりもより酸化力が高いとみなされるべきである、という判定基準を採用している。

酸化力 (oxidizing power：OP) は以下のように計算される：

$$OP = \frac{\sum_{i=1}^{n} X_i C_i}{\sum_{i=1}^{n} X_i + \sum_{k=1}^{p} K_k B_k}$$

ここで、

X_i ＝ 混合物中 i 番目の酸化性ガスのモル分率
C_i ＝ 混合物中 i 番目の酸化性ガス酸素等量係数
K_k ＝ 窒素と比較した非活性ガス k の当量係数
B_k ＝ 混合物中 k 番目の非活性ガスのモル分率
n ＝ 混合物中の酸化性ガスの総数
p ＝ 混合物中の非活性ガスの総数

混合物例：9% (O_2) + 16% (N_2O) + 75% (He)

計算手順

ステップ1：
当該混合物中の酸化性ガスの酸素当量（C_i）係数および非可燃性、非酸化性ガスの窒素当量係数 (K_k) を確認する。

C_i (N_2O) = 0.6 (亜酸化窒素)
C_i (O_2) = 1 (酸素)
K_k (He) = 0.9 (ヘリウム)

ステップ2：
ガス混合物の酸化力を計算する

$$OP = \frac{\sum_{i=1}^{n} X_i C_i}{\sum_{i=1}^{n} X_i + \sum_{k=1}^{p} K_k B_k} = \frac{0.09 \times 1 + 0.16 \times 0.6}{0.09 + 0.16 + 0.75 \times 0.9} = 0.201 \qquad 20.1 < 23.5$$

したがって混合物は酸化性ガスとはみなされない。

第 2.5 章　高圧ガス

2.5.1　定義

*高圧ガス*とは、20℃、200kPa（ゲージ圧）以上の圧力の下で容器に充填されているガスまたは

液化または深冷液化されているガスをいう。

高圧ガスには、圧縮ガス；液化ガス；溶解ガス；深冷液化ガスが含まれる。

2.5.2　分類基準

2.5.2.1　高圧ガスは、充填された時の物理的状態によって、次表の四つのグループのいずれかに分類される。

表 2.5.1　高圧ガスの判定基準

グループ	判定基準
圧縮ガス	加圧して容器に充填した時に、−50℃で完全にガス状であるガス；臨界温度−50℃以下のすべてのガスを含む
液化ガス	加圧して容器に充填した時に−50℃を超える温度において部分的に液体であるガス。次の二つに分けられる。 (a)　高圧液化ガス：臨界温度が−50℃と +65℃の間にあるガス； および (b)　低圧液化ガス：臨界温度が +65℃を超えるガス
深冷液化ガス	容器に充填したガスが低温のために部分的に液体であるガス
溶解ガス	加圧して容器に充填したガスが液相溶媒に溶解しているガス

臨界温度とは、その温度を超えると圧縮の程度に関係なく純粋ガスが液化されない温度をいう。

***注記**：エアゾールおよび加圧下化学品は高圧ガスとして分類するべきではない。第2.3章参照。*

UNRTDG 分類との比較

高圧ガスボンベに封入されていることを前提とする。国連番号がわかっている場合は、危険物輸送に関する勧告（オレンジブック）を参照し、クラス 2 に該当する場合は、GHS の高圧ガスとして分類する。(ただし、高圧ガスボンベに封入されていないガス(エアゾール、ガスライターなど)はクラス 2 であっても、GHS の高圧ガスに該当しない。）グループ分けは、品名から判断するか、ガスの臨界温度のデータから判断する。高圧ガスボンベに封入されたガスで国連番号がわからない場合は、ガスの成分や臨界温度、容器のゲージ圧を調べ、判断する。

高圧ガスの GHS 分類と UNRTDG 分類の比較

GHS（グループ）	UNRTDG
圧縮ガス	国連危険物輸送（UNRTDG）の分類クラス 2 のうち圧縮ガス、液化ガス、深冷液化ガス、溶解ガスの定義は GHS と一致している
液化ガス	
深冷液化ガス	
溶解ガス	

高圧ガスの分類演習

あるガスの試験データは次のとおりである。GHS の判定基準にしたがって分類しなさい。

<u>データ</u>：

20℃、101.3 kPa において当該物質は完全にガス状

20℃での充填時蒸気圧（ゲージ圧）：290kPa

臨界温度：75.3℃

判定根拠：

・当該物質はゲージ圧が200kPa以上であり、高圧ガスである。

・臨界温度が65℃を超えている。

分類結果：（低圧）液化ガス

【高圧ガスの練習問題】

酸素：　CAS RN：7782-44-7、国連番号：1072（圧縮されているもの）
国連番号：1073（深冷液化されているもの）

分子式：O_2

構造式：O═O

データ：

物理化学的性状：無臭・無色の気体、沸点－182.96℃、臨界温度－118.95℃

オレンジブックのリストでは“クラスまたは区分”の項に“2.2”、“副次危険”の項に“5.1”と記載されている。品名が参考にできる。

＜解答は213頁＞

第2.6章　引火性液体

2.6.1　定義

*引火性液体*とは、引火点が93℃以下の液体をいう。

2.6.2　分類基準

引火性液体は、次表にしたがってこのクラスにおける四つの区分のいずれかに分類される。

表2.6.1　引火性液体の判定基準

区分	判定基準
1	引火点＜23℃および初留点≦35℃
2	引火点＜23℃および初留点>35℃
3	引火点≧23℃および≦60℃
4	引火点＞60℃および≦93℃

注記1：*引火点が55℃から75℃の範囲内にある軽油類、ディーゼル油および軽加熱油は、規制目的によっては一つの特殊グループとされることがある。*

注記2：*引火点が35℃を超え60℃を超えない液体は、危険物輸送に関する国連勧告、試験方法及び判定基準のマニュアルの燃焼持続試験L.2において否の結果が得られている場合は、規制目的（輸送など）によっては引火性液体とされないことがある。*

注記3：*ペイント、エナメル、ラッカー、ワニス、接着剤、つや出し剤等の粘性の引火性液体は、規制目的（輸送など）によっては一つの特殊グループとされることがある。この分類またはこれらの液体を非引火性とすることは、関連法規または所管官庁により決定することができる。*

注記4：*エアゾールは引火性液体と分類すべきではない、第2.3章参照。*

UNRTDG分類との比較

引火点および初留点のデータを基に、判定基準により分類する。国連番号がわかっている場合、危険物輸送に関する勧告（オレンジブック）を参照し、クラス3に該当すれば、GHSの引火性液体として分類する。しかし、国連番号がない場合でもGHSの引火性液体に該当するケースや、容器等級が原則通りではないケースがあるので、注意が必要である。

引火性液体GHS分類とUNRTDG分類の比較

GHS	UNRTDG
区分1	クラス3　容器等級I
区分2	クラス3　容器等級II
区分3	クラス3　容器等級III
区分4	クラス3には該当しない

引火性液体の分類演習

【2-メチルブタン（イソペンタン）】

CAS RN：78-78-4、国連番号：1265

分子式：C_5H_{12}

H_3C
構造式：　$CH-CH_2CH_3$
H_3C

<u>データ</u>：

物理化学的性状：無色・特徴的な臭気の液体、融点−159.9℃、沸点27.8℃、引火点 <−51℃、爆発範囲 1.4～7.6 vol%、蒸気密度（空気1）2.5

<u>判定根拠</u>：引火点（<−51℃）および初留点（沸点を代用する）（27.8℃）の値から判定。

<u>分類結果</u>：引火性液体　区分1

【引火性液体の練習問題】

ある液体の試験データは次のとおりである。GHSの判定基準にしたがって分類しなさい。

<u>試験結果</u>：

融点：−95℃

常圧での初留点：56℃

引火点：−18℃

＜解答は213頁＞

【コラム】

消防法とGHSの分類： 消防法では火災の原因となる物質を危険物とし、第1類（酸化性固体）、第2類（可燃性固体）、第3類（自然発火性物質及び禁水性物質）、第4類（引火性液体）、第5類（自己反応性物質）、第6類（酸化性液体）に分類している。しかしこれらの分類判定基準はGHSのものとは異なる。

【コラム】

消防法による引火性液体の分類： 下表は消防法による引火性液体の分類基準である。GHSの判定基準（それぞれの物理化学的判定基準を参照）とは異なる。

引火性液体	分類判定基準
特殊引火物	1気圧で発火点が100℃以下又は引火点が－20℃以下で沸点が40℃
第1石油類	1気圧で引火点が21℃未満のもの
第2石油類	1気圧で引火点が21℃以上70℃未満のもの
第3石油類	1気圧、温度20度で液体であって、引火点が70℃以上200℃未満のもの
第4石油類	1気圧、温度20度で液体であって、引火点が200℃以上250℃未満のもの
アルコール類	炭素数3以下の飽和1価アルコール
動植物油類	引火点が250℃未満のもの

第2.7章　可燃性固体

2.7.1　定義

*可燃性固体*とは、易燃性を有する、または摩擦により発火あるいは発火を助長するおそれのある固体をいう。

*易燃性固体*とは、粉末状、顆粒状、またはペースト状の物質で、燃えているマッチ等の発火源と短時間の接触で容易に発火しうる、また、炎が急速に拡散する危険なものをいう。

2.7.2　分類基準

2.7.2.1　粉末状、顆粒状またはペースト状の物質あるいは混合物は、危険物輸送に関する国連勧告、試験方法及び判定基準のマニュアルの第III部、33.2.1項（燃焼速度試験）にしたがって1種以上の試験を実施し、その燃焼時間が45秒未満か、または燃焼速度が2.2mm/秒より速い場合には、易燃性固体として分類される。

2.7.2.2　金属または金属合金の粉末は、発火し、その反応がサンプルの全長（100mm）にわたって10分間以内に拡散する場合、可燃性固体として分類される。

2.7.2.3　摩擦によって火が出る固体は、確定的な判定基準が確立されるまでは、既存のもの（マッチなど）との類推によって、このクラスに分類される。

2.7.2.4　可燃性固体は、*危険物輸送に関する国連勧告、試験方法及び判定基準のマニュアル*の第III部、33.2.1項に示すように、試験方法 N.1を用いて、下記の表にしたがってこのクラスにおける二つの区分のいずれかに分類される。

表2.7.1　可燃性固体の判定基準

区分	判定基準
1	燃焼速度試験： 金属粉末以外の物質または混合物 (a) 火が湿潤部分を超える、および (b) 燃焼時間＜45秒、または燃焼速度＞2.2mm/秒 金属粉末：燃焼時間≦5分
2	燃焼速度試験： 金属粉末以外の物質または混合物 (a) 火が湿潤部分で少なくとも4分間以上止まる、および (b) 燃焼時間＜45秒、または燃焼速度＞2.2mm/秒 金属粉末：燃焼時間＞5分 および 燃焼時間≦10分

***注記1**：固体物質または混合物の分類試験では、当該物質または混合物は提供された形態で試験を実施すること。例えば、供給または輸送が目的で、同じ物質が、試験したときとは異なった物理的形態で、しかも評価試験を著しく変える可能性が高いと考えられる形態で提供されるとすると、そうした物質もまたその新たな形態で試験されなければならない。*

***注記2**：エアゾールは可燃性固体と分類すべきではない、2.3章参照。*

UNRTDG分類との比較

国連番号がわかっている場合は、危険物輸送に関する勧告（オレンジブック）を参照し、クラス4区分4.1容器等級IIまたはIIIに該当する場合は、GHSの可燃性固体として分類する。可燃性が疑われる場合で、国連番号がわからない場合は、試験N.1を実施する。

可燃性固体のGHS分類とUNRTDG分類の比較

GHS	UNRTDG
区分1	クラス4　区分4.1　容器等級II
区分2	クラス4　区分4.1　容器等級III

可燃性固体の分類演習

【ヘキサメチレンテトラミン（1,3,5,7-テトラアザトリシクロ［3.3.1.1（3.7）］デカン）】

CAS RN：100-97-0、国連番号：1328

分子式：$C_6H_{12}N_4$

構造式：

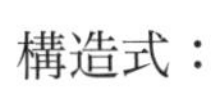

<u>データ</u>：

物理化学的性状：無臭の固体、融点280℃、引火点 250℃、爆発範囲 データなし、比重1.3 g/cm^3

オレンジブックのリストでは“クラスまたは区分”の項に“4.1”、“容器等級”の項に“III”と記載されている。

判定根拠：UNRTDGで区分4.1、容器等級IIIである。
分類結果：可燃性固体　区分2

【可燃性固体の練習問題】
ある固体（有機物）の試験データは次のとおりである。GHSの判定基準にしたがって分類しなさい。
試験結果：
スクリーニング試験：火炎により2分未満で燃焼、陽性
N.1試験結果：
燃焼時間（6回）：44秒、40秒、49秒、45秒、37秒、41秒
湿潤部分で燃焼は停止
＜解答は214頁＞

第2.8章　自己反応性物質および混合物

2.8.1　定義

2.8.1.1　*自己反応性物質または混合物*は、熱的に不安定で、酸素（空気）がなくとも強い発熱分解を起こしやすい液体または固体の物質あるいは混合物である。GHSのもとで、爆発物、有機過酸化物または酸化性物質として分類されている物質および混合物は、この定義から除外される。

2.8.1.2　自己反応性物質または混合物は、実験室の試験において調合物が密封下の加熱で爆轟、急速な爆燃または激しい反応を起こす場合には、爆発性の性状を有するとみなされる。

2.8.2　分類基準

2.8.2.1　自己反応性物質または混合物は、このクラスでの分類を検討すること。ただし下記の場合を除く。

(a)　第2.1章のGHS判定基準にしたがい、爆発物である
(b)　第2.13章または第2.14章の判定基準に基づく酸化性液体または酸化性固体、ただし、5%以上有機可燃性物質を含有する酸化性物質の混合物は注記に規定する手順により自己反応性物質に分類しなければならない
(c)　第2.15章のGHS判定基準にしたがい、有機過酸化物である
(d)　分解熱が300J/gより低い、または
(e)　50kgの輸送物の自己加速分解温度（SADT）が75℃を超えるもの

注記：*酸化性物質の分類の判定基準に適合し、かつ5%以上有機可燃性物質を含有する酸化性物質の混合物であって、上記（a）、（c）、（d）または（e）の基準に適合しないものは自己反応性物質の分類手順に拠らなければならない；*
自己反応性物質タイプBからFの性状（2.8.2.2参照）を有する混合物は、自己反応性物質に分類しなければならない。

2.8.2.2　自己反応性物質および混合物は、下記の原則にしたがって、このクラスにおける「タイプAからG」の7種類の区分のいずれかに分類される。

(a)　包装された状態で爆轟しまたは急速に爆燃し得る自己反応性物質または混合物は**自己反応性物質タイプA**と定義される。

(b)　爆発性を有するが、包装された状態で、爆轟も急速な爆燃もしないが、その包装物内で熱爆発を起こす傾向を有する自己反応性物質または混合物は**自己反応性物質タイプB**として定義される。

(c)　爆発性を有するが、包装された状態で、爆轟も急速な爆燃も熱爆発も起こすことのない自己反応性物質または混合物は**自己反応性物質タイプC**として定義される。

(d)　実験室の試験で以下のような性状の自己反応性物質または混合物は**自己反応性物質タイプD**として定義される。

(i)　爆轟は部分的であり、急速に爆燃することなく、密封下の加熱で激しい反応を起こさない。

(ii)　全く爆轟せず、緩やかに爆燃し、密封下の加熱で激しい反応を起こさない。または

(iii)　全く爆轟も爆燃もせず、密封下の加熱では中程度の反応を起こす。

(e)　実験室の試験で、全く爆轟も爆燃もせず、かつ密封下の加熱で反応が弱いかまたはないと判断される自己反応性物質または混合物は、**自己反応性物質タイプE**として定義される。

(f)　実験室の試験で、空気泡の存在下で全く爆轟せず、また全く爆燃もすることなくかつ、密封下の加熱でも爆発力の試験でも、反応が弱いかまたはないと判断される自己反応性物質または混合物は、**自己反応性物質タイプF**として定義される。

(g)　実験室の試験で、空気泡の存在下で全く爆轟せず、また全く爆燃もすることなく、かつ、密封下の加熱でも爆発力の試験でも反応を起こさない自己反応性物質または混合物は、**自己反応性物質タイプG**として定義される。ただし、熱的に安定である(SADTが50kgの輸送物では60℃から75℃)、および液体混合物の場合には沸点が150℃以上の希釈剤で鈍性化されていることを前提とする。混合物が熱的に安定でない、または沸点が150℃未満の希釈剤で鈍性化されている場合、その混合物は自己反応性物質タイプFとして定義すること。

注記1：*タイプGには危険有害性情報の伝達要素の指定はないが、別の危険性クラスに該当する特性があるかどうか考慮する必要がある。*
注記2：*タイプAからタイプGはすべてのシステムに必要というわけではない。*

2.8.2.3　温度管理基準

自己加速分解温度（SADT）が55℃以下の自己反応性物質は、温度管理が必要である。SADT決定のための試験法並びに管理温度および緊急対応温度の判定は*危険物輸送に関する国連勧告、試験方法及び判定基準のマニュアル*の第II部、28節に規定されている。選択された試験は、包装物の寸法および材質のそれぞれに対する方法ついて実施しなければならない。

UNRTDG分類との比較

国連番号がわかっている場合は、危険物輸送に関する勧告（オレンジブック）を参照し、クラス4区分4.1で自己反応性物質を示す国連番号に該当する場合は、GHSの自己反応性物質として分類する。自己反応性が疑われる場合で、国連番号がわからない場合は、試験を実施する。

自己反応性物質および混合物のGHS分類とUNRTDG分類の比較

GHS	UNRTDG（リストアップされている物質番号）
タイプA	輸送禁止物質なので、国連危険物輸送の番号は付されない
タイプB	クラス4　区分4.1　UN3221、3222、3231、3232
タイプC	クラス4　区分4.1　UN3223、3224、3233、3234
タイプD	クラス4　区分4.1　UN3225、3226、3235、3236
タイプE	クラス4　区分4.1　UN3227、3228、3237、3238
タイプF	クラス4　区分4.1　UN3229、3230、3239、3240
タイプG	クラス4　区分4.1自己反応性物質および混合物には該当しない

自己反応性物質および混合物の分類演習

【4,4'－オキシビスベンゼンスルホニルヒドラジド】

CAS RN：80-51-3、国連番号：3226

分子式：$C_{12}H_{14}N_4O_5S_2$

構造式：

データ：

物理化学的性状：白色・無臭の固体、融点164℃、比重1.52 g/cm^3

オレンジブックのリストでは“自己反応性物質、固体、タイプD”と記載されている。

判定根拠：UNRTDGで自己反応性タイプDである。

分類結果：自己反応性物質　タイプD

【コラム】

自己反応性物質の例：　危険物輸送に関する勧告（オレンジブック）第19版86頁に記載されている例（原子団）

(a) 脂肪族アゾ化合物（-C-N=N-C-）

(b) 有機アジ化物（$-C-N_3$）

(c) ジアゾニウム塩（$-CN_2^+Z^-$）

(d) N-ニトロソ化合物（-N-N=O）

(e) 芳香族スルホニルヒドラジド（$-SO_2-NH-NH_2$）

第2.9章　自然発火性液体

2.9.1　定義

*自然発火性液体*とは、たとえ少量であっても、空気と接触すると5分以内に発火しやすい液体

をいう。

2.9.2　分類基準

自然発火性液体は、*危険物輸送に関する国連勧告、試験方法及び判定基準のマニュアル*の第Ⅲ部、33.3.1.5項の試験N.3により、下記の表にしたがってこのクラスの単一の区分に分類される。

表 2.9.1　自然発火性液体の判定基準

区分	判定基準
1	液体を不活性担体に漬けて空気に接触させると5分以内に発火する、または液体を空気に接触させると5分以内にろ紙を発火させるか、ろ紙を焦がす

UNRTDG 分類との比較

液体で国連番号がわかっている場合は、危険物輸送に関する勧告（オレンジブック）を参照し、クラス4区分4.2容器等級Ⅰ に該当する場合は、GHSの自然発火性液体として分類する。自然発火性が疑われる場合で、国連番号がわからない場合は、試験N.3を実施する。

自然発火性液体の GHS 分類と UNRTDG 分類の比較

GHS	UNRTDG
区分1	クラス4　区分4.2　容器等級Ⅰ

自然発火性液体の分類演習

【ペンタボラン】

CAS RN：19624-22-7、国連番号：1380

分子式：B_5H_9

構造式：

<u>データ</u>：

物理化学的性状：無色・刺激臭のある液体、融点－46.6℃、引火点30℃

オレンジブックのリストでは“クラスまたは区分”の項に“4.2”、“容器等級”の項に“Ⅰ”と記載されている。

<u>**判定根拠**</u>：UNRTDGで区分4.2、容器等級Ⅰである。

<u>**分類結果**</u>：自然発火性液体　区分1

【自然発火性液体の練習問題】

ある液体の試験データは次のとおりである。GHSの判定基準にしたがって分類しなさい。

<u>**N.3 試験結果**</u>：

不活性担体での試験：室温で試料を6回シリカゲル上で5分間空気に接触させたが、一度も発火しなかった。

ろ紙による試験：3回試験を行ったが、一度も発火しなかった。

＜解答は214頁＞

第2.10章　自然発火性固体

2.10.1　定義

*自然発火性固体*とは、たとえ少量であっても、空気と接触すると5分以内に発火しやすい固体をいう。

2.10.2　分類基準

自然発火性固体は、*危険物輸送に関する国連勧告、試験方法及び判定基準のマニュアル*の第III部、33.3.1.4項の試験N.2により、下記の表にしたがって、このクラスの単一の区分に分類される。

表2.10. 1　自然発火性固体の判定基準

区分	判定基準
1	固体が空気と接触すると5分以内に発火する

注記：*固体物質または混合物の分類試験では、当該物質または混合物は実際に提供される形態で試験を実施すること。例えば、供給または輸送が目的で、同じ物質が、試験したときとは異なった物理的形態で、しかも評価試験結果を著しく変える可能性が高いと考えられる形態で提供されるとすると、そうした物質もまたその新たな形態で試験されなければならない。*

UNRTDG分類との比較

固体で国連番号がわかっている場合は、危険物輸送に関する勧告（オレンジブック）を参照し、クラス4区分4.2容器等級Ｉ　に該当する場合は、GHSの自然発火性固体として分類する。自然発火性が疑われる場合で、国連番号がわからない場合は、試験N.2を実施する。

自然発火性固体のGHS分類とUNRTDG分類の比較

GHS	UNRTDG
区分1	クラス4　区分4.2　容器等級Ｉ

自然発火性固体の分類演習

【黄りん】

CAS RN：12185-10-3、国連番号：1381

分子式：P_4

構造式：（P四面体構造図）

<u>データ</u>：

物理化学的性状：白～黄色の透明な結晶性固体、融点44.1℃、沸点280℃、引火点 <20℃

オレンジブックのリストでは“クラスまたは区分”の項に“4.2”、“容器等級”の項に“Ｉ”と記載されている。

<u>**判定根拠**</u>：UNRTDGで区分4.2、容器等級Ｉである。

<u>**分類結果**</u>：自然発火性固体　区分1

【自然発火性固体の練習問題】
ある固体の試験データは次のとおりである。GHSの判定基準にしたがって分類しなさい。
N.2 試験結果：
試料を5回落下させ、5分間空気と接触させた。最初の4回は5分以内には発火しなかった。しかし5回目の落下で粉末は4分45秒後に発火した。
＜解答は214頁＞

第 2.11 章　自己発熱性物質および混合物

2.11.1　定義

*自己発熱性物質または混合物*とは、自然発火性液体または自然発火性固体以外の固体物質または混合物で、空気との接触によりエネルギー供給がなくとも、自己発熱しやすいものをいう。この物質または混合物が自然発火性液体または自然発火性固体と異なるのは、それが大量（キログラム単位）にあり、かつ長期間（数時間または数日間）経過後に限って発火する点にある。
***注記：**物質あるいは混合物の自己発熱は、それらが酸素（空気中）と徐々に反応し発熱する過程である。発熱の速度が熱損失の速度を超えると物質あるいは混合物の温度は上昇し、ある誘導時間を経て、自己発火や燃焼となる。*

2.11.2　分類基準

2.11.2.1　*危険物輸送に関する国連勧告、試験方法及び判定基準のマニュアル*の第III部の33.3.1.6項に示される試験N.4にしたがって試験を行う。

2.11.2.2　自己発熱性物質または混合物は、*危険物輸送に関する国連勧告、試験方法及び判定基準のマニュアル*の第III部の33.3.1.6項に示される試験N.4にしたがって実施された試験で得られた結果が**表2.11.1**の判定基準に適合するならば、このクラスにおける二つの区分のいずれかに分類される。

表2.11.1　自己発熱性物質および混合物の判定基準

区分	判定基準
1	25mm立方体サンプルを用いて140℃における試験で肯定的結果が得られる
2	(a) 100mm立方体のサンプルを用いて140℃で肯定的結果が得られ、および25mm立方体サンプルを用いて140℃で否定的結果が得られ、かつ、当該物質または混合物が3m³より大きい容積パッケージとして包装される、または (b) 100mm立方体のサンプルを用いて140℃で肯定的結果が得られ、および25mm立方体サンプルを用いて140℃で否定的結果が得られ、100mm立方体のサンプルを用いて120℃で肯定的結果が得られ、かつ、当該物質または混合物が450リットルより大きい容積のパッケージとして包装される、または (c) 100mm立方体のサンプルを用いて140℃で肯定的結果が得られ、および25mm立方体サンプルを用いて140℃で否定的結果が得られ、かつ100mm立方体のサンプルを用いて100℃で肯定的結果が得られる

***注記1：**固体物質または混合物の分類試験では、当該物質または混合物は提供された形態で試験を実施すること。例えば、供給または輸送が目的で、同じ物質が、試験したときとは異なった物理的形態で、しかも評価試験結果を著しく変える可能性が高いと考えられる形態で提供されるとすると、そうした物質もまたその新たな形態で試験されなければならない。*

***注記2**：この判断基準は、27m³の立方体サンプルの自己発火温度が50℃である木炭の例をもとにしている。27m³の容積の自然燃焼温度が50℃より高い物質および混合物はこの危険性クラスに指定されるべきでない。容積450リットルの自己発火温度が50℃より高い物質および混合物は、この危険性クラスの区分1に指定すべきでない。*

UNRTDG分類との比較

国連番号がわかっている場合は、危険物輸送に関する勧告（オレンジブック）を参照し、クラス4区分4.2容器等級IIまたはIII に該当する場合は、GHSの自己発熱性化学品として分類する。自然発火性が疑われる場合で、国連番号がわからない場合は、試験を実施する。

自己発熱性物質および混合物のGHS分類とUNRTDG分類の比較

GHS	UNRTDG
区分1	クラス4　区分4.2　容器等級II
区分2	クラス4　区分4.2　容器等級III

自己発熱性物質および混合物の分類演習

【硫化カリウム】

CAS RN：1312-73-8、国連番号：1382

分子式：K_2S

構造式：K—S—K

データ：

物理化学的性状：吸湿性の白色結晶、融点840℃、水によく溶け水溶液は強塩基

オレンジブックのリストでは“クラスまたは区分”の項に“4.2”、“容器等級”の項に“ II ”と記載されている。

判定根拠：UNRTDGで区分4.2、容器等級IIである。

分類結果：自己発熱性物質　区分1

第2.12章　水反応可燃性物質および混合物

2.12.1　定義

*水と接触して可燃性／引火性ガスを発生する物質または混合物*とは、水との相互作用により、自然発火性となるか、または可燃性／引火性ガスを危険となる量発生する固体または液体の物質あるいは混合物をいう。

2.12.2　分類基準

水と接触して可燃性／引火性ガスを発生する物質または混合物は、*危険物輸送に関する国連勧告、試験方法及び判定基準のマニュアル*の第III部、33.4.1.4項の試験N.5により、下記の表にしたがって、このクラスにおける三つの区分のいずれかに分類される。

表2.12.1　水と接触して可燃性／引火性ガスを発生する物質または混合物の判定基準

区分	判定基準
1	大気温度で水と激しく反応し、自然発火性のガスを生じる傾向が全般的に認められる物質または混合物、または大気温度で水と激しく反応し、その際の可燃性／引火性ガスの発生速度は、どの1分間をとっても物質1kgにつき10リットル以上であるような物質または混合物
2	大気温度で水と急速に反応し、可燃性／引火性ガスの最大発生速度が1時間当たり物質1kgにつき20リットル以上であり、かつ区分1に適合しない物質または混合物
3	大気温度では水と穏やかに反応し、可燃性／引火性ガスの最大発生速度が1時間当たり物質1kgにつき1リットルを超えて、かつ区分1や区分2に適合しない物質または混合物

注記1：試験手順のどの段階であっても自然発火する物質または混合物は、水と接触して可燃性／引火性ガスを発生する物質として分類される。
注記2：固体物質または固体混合物を分類する試験では、その物質または混合物が提示されている形態で試験を実施する必要がある。例えば同一化学品でも、供給または輸送のために、試験が実施された形態とは異なる、および分類試験におけるその試験結果を著しく変更する可能性が高いと思われる物理的形態として提示されるような場合、その物質または混合物はその新たな形態でも試験されなければならない。

2.12.3　判定論理および手引き

2.12.3.1　手引き

以下の場合、このクラスへの分類手順を適用する必要はない。

(a)　当該物質または混合物の化学構造に金属または亜金属（metalloids）が含まれていない

(b)　製造または取扱の経験上、当該物質または混合物は水と反応しないことが認められている、例えば当該物質は水を用いて製造されたか、または水で洗浄しているなど、

または

(c)　当該物質または混合物は水に溶解して安定な混合物となることがわかっている

UNRTDG分類との比較

国連番号がわかっている場合は、危険物輸送に関する勧告（オレンジブック）を参照し、クラス4区分4.3に該当する場合は、GHSの水反応可燃性化学品として分類する。水反応性が疑われる場合で、国連番号がわからない場合は、試験N.5を実施する。

水反応可燃性物質および混合物のGHS分類とUNRTDG分類の比較

GHS	UNRTDG
区分1	クラス4　区分4.3　容器等級I
区分2	クラス4　区分4.3　容器等級II
区分3	クラス4　区分4.3　容器等級III

水反応可燃性物質および混合物の分類演習

【リン化カルシウム】

CAS RN：1305-99-3、国連番号：1360

分子式：Ca_3P_2

構造式：

Ca=P
　 |
　Ca
　　P
　　‖
　　Ca

データ：

物理化学的性状：赤～茶色の結晶性粉末または灰色の塊状物、融点1,600℃、水と激しく反応

オレンジブックのリストでは“クラスまたは区分”の項に“4.3”、“容器等級”の項に“Ⅰ”と記載されている。

判定根拠：UNRTDGで区分4.3、容器等級Ⅰである。

分類結果：水反応可燃性物質　区分1

【水反応可燃性物質および混合物の練習問題】

ある物質の試験データは次のとおりである。GHSの判定基準にしたがって分類しなさい。

N.5試験結果：

試料を、室温で7時間、水と接触させた。可燃性ガスの発生は最大で1時間、1kg当たり15リットルであった。このガスは自然発火しなかった。

<解答は215頁>

【コラム】

危険物輸送に関する勧告（UNRTDG）の容器等級とGHS分類：　水反応可燃性物質および混合物、酸化性液体、酸化性固体における分類結果をUNRTDG（オレンジブック）で検索する場合、容器等級（Ⅰ、Ⅱ、Ⅲ）とGHS分類区分（1、2、3）を対応させてもよい。例えば、UNRTDG<酸化性液体 区分5.1、容器等級Ⅱ>はGHSでは<酸化性液体 区分2>とする。引火性液体については、容器等級（Ⅰ、Ⅱ、Ⅲ）とGHS分類区分（1、2、3）が対応できることが多いが、粘性の高い塗料などでは対応しないケースもあるので、注意が必要である。また、爆発物についてはUNRTDGにGHSと同じ等級が、自己反応性物質および混合物、有機過酸化物の分類についてはUNRTDGにGHSと同じタイプが記載されている。

第2.13章　酸化性液体

2.13.1　定義

*酸化性液体*とは、それ自体は必ずしも可燃性を有しないが、一般的には酸素の発生により、他の物質を燃焼させまたは助長するおそれのある液体をいう。

2.13.2　分類基準

酸化性液体は、*危険物輸送に関する国連勧告、試験方法及び判定基準のマニュアル*の第Ⅲ部、34.4.2項の試験O.2により、下記の表にしたがって、このクラスにおける三つの区分のいずれかに分類される。

表 2.13.1　酸化性液体の判定基準

区分	判定基準
1	物質（または混合物）をセルロースとの重量比1：1の混合物として試験した場合に自然発火する、または物質とセルロースの重量比1：1の混合物の平均昇圧時間が、50%過塩素酸とセルロースの重量比1：1の混合物より短い物質または混合物
2	物質（または混合物）をセルロースとの重量比1：1の混合物として試験した場合の平均昇圧時間が、塩素酸ナトリウム40%水溶液とセルロースの重量比1：1の混合物の平均昇圧時間以下である、および区分1の判定基準が適合しない物質または混合物
3	物質（または混合物）をセルロースとの重量比1：1の混合物として試験した場合の平均昇圧時間が、硝酸65%水溶液とセルロースの重量比1：1の混合物の平均昇圧時間以下である、および区分1および2の判定基準が適合しない物質または混合物

UNRTDG分類との比較

液体で国連番号がわかっている場合は、危険物輸送に関する勧告（オレンジブック）を参照し、クラス5区分5.1に該当する場合は、GHSの酸化性液体として分類する。酸化性が疑われる場合で、国連番号がわからない場合は、試験O.2を実施する。

酸化性液体のGHS分類とUNRTDG分類の比較

GHS	UNRTDG
区分1	クラス5　区分5.1　容器等級I
区分2	クラス5　区分5.1　容器等級II
区分3	クラス5　区分5.1　容器等級III

酸化性液体の分類演習

【過酸化水素】

CAS RN：7722-84-1、国連番号：2015（濃度が60質量%を超えるもの）

分子式：H_2O_2

構造式：HO／OH

データ：

物理化学的性状：無色の液体、融点－11℃（90%）、沸点141℃（90%）

オレンジブックのリストでは“クラスまたは区分”の項に“5.1”、“容器等級”の項に“Ｉ”と記載されている。

判定根拠：UNRTDGで区分5.1、容器等級Ｉである。

分類結果：酸化性液体　区分1

【酸化性液体の練習問題】

ある液体の試験データは次のとおりである。GHSの判定基準にしたがって分類しなさい。

O.2試験結果：

試料の液体2.5 gをセルロース2.5 gと混合した。混合物を熱して、圧力が690kPaから2,070kPaに上昇する時間を測定したところ、5回の試行の平均時間は4,210秒であった。

硝酸65%水溶液とセルロースの標準試料の平均昇圧時間の5回平均は4,767秒である。

塩素酸ナトリウム40%水溶液とセルロースの標準試料の平均昇圧時間の5回平均は4,050秒である。

＜解答は215頁＞

酸化性液体に関する混合物の分類に関してGHS文書には以下の記述がある。

2.13.4.2.1　物質または混合物の取り扱いおよび使用の経験からこれらが酸化性であることが認められるような場合、このことはこのクラスへの分類を検討する上で重要な追加要因となる。試験結果と既知の経験に相違がみられるようであったならば、既知の経験を試験結果より優先させること。

2.13.4.2.2　物質または混合物が、その物質または混合物の酸化性を特徴づけていない化学反応によって圧力上昇（高すぎる、または低すぎる）を生じることもある。そのような場合には、その反応の性質を明らかにするために、セルロースの代わりに不活性物質、例えば珪藻土などを用いて*危険物輸送に関する国連勧告、試験方法及び判定基準のマニュアル*の第Ⅲ部、34.4.2項の試験を繰り返して実施する必要があることもある。

第2.14章　酸化性固体

2.14.1　定義

*酸化性固体*とは、それ自体は必ずしも可燃性を有しないが、一般的には酸素の発生により、他の物質を燃焼させまたは助長するおそれのある固体をいう。

2.14.2　分類基準

酸化性固体は、*危険物輸送に関する国連勧告、試験方法および判定基準のマニュアル*の第III部、34.4.1項の試験O.1または第III部、34.4.3項の試験O.3を用いて、下記の表にしたがってこのクラスにおける三つの区分のいずれかに分類される。

表2.14.1　酸化性固体の判定基準

区分	O.1による判定基準	O.3による判定基準
1	サンプルとセルロースの重量比4：1または1：1の混合物として試験した場合、その平均燃焼時間が臭素酸カリウムとセルロースの重量比3：2の混合物の平均燃焼時間より短い物質または混合物	サンプルとセルロースの重量比4：1または1：1の混合物として試験した場合、その平均燃焼速度が過酸化カルシウムとセルロースの重量比3：1の混合物の平均燃焼速度より大きい物質または混合物
2	サンプルとセルロースの重量比4：1または1：1の混合物として試験した場合、その平均燃焼時間が臭素酸カリウムとセルロースの重量比2：3の混合物の平均燃焼時間以下であり、かつ区分1の判断基準が適合しない物質または混合物	サンプルとセルロースの重量比4：1または1：1の混合物として試験した場合、その平均燃焼速度が過酸化カルシウムとセルロースの重量比1：1の混合物の平均燃焼速度以上であり、かつ区分1の判定基準に適合しない物質または混合物
3	サンプルとセルロースの重量比4：1または1：1の混合物として試験した場合、その平均燃焼時間が臭素酸カリウムとセルロースの重量比3：7の混合物の平均燃焼時間以下であり、かつ区分1および2の判断基準に適合しない物質または混合物	サンプルとセルロースの重量比4：1または1：1の混合物として試験した場合、その平均燃焼速度が過酸化カルシウムとセルロースの重量比1：2の混合物の平均燃焼速度以上であり、かつ区分1および2の判断基準に適合しない物質または混合物

***注記1：**一部の酸化性固体はある条件下で爆発危険性を持つことがある（大量に貯蔵しているような場合）。例えば、一部の硝酸アンモニウムは厳しい条件下で爆発する可能性があり、この危険性の評価には「爆発抵抗試験」（IMSBCコード、附属書2、第5節）が使用できるであろう。適切なコメントを安全データシートに記載すべきである。*
***注記2：**固体物質または混合物の分類試験では、当該物質または混合物は提供された形態で試験を実施すること。*

例えば、供給または輸送が目的で、同じ物質が、試験したときとは異なった物理的形態で、しかも評価試験を著しく変える可能性が高いと考えられる形態で提供されるとすると、そうした物質もまたその新たな形態で試験されなければならない。

UNRTDG分類との比較

固体で国連番号がわかっている場合は、危険物輸送に関する勧告（オレンジブック）を参照し、クラス5区分5.1に該当する場合は、GHSの酸化性固体として分類する。酸化性が疑われる場合で、国連番号がわからない場合は、試験O.1または試験O.3を実施する。

酸化性固体のGHS分類とUNRTDG分類の比較

GHS	UNRTDG
区分1	クラス5　区分5.1　容器等級I
区分2	クラス5　区分5.1　容器等級II
区分3	クラス5　区分5.1　容器等級III

酸化性固体の分類演習

【硝酸グアニジン】

CAS RN：506-93-4　国連番号：1467

分子式：$CH_5N_3.HNO_3$

構造式：　$H_2N-C(=NH)-NH_2 \cdot HNO_3$

データ：

白色の結晶または粉末。融点214℃。

オレンジブックのリストでは、“クラスまたは区分”の項に“5.1”、“容器等級”の項に“III”と記載されている。

判定根拠：UNRTDG分類が5.1、容器等級III である。

分類結果：酸化性固体　区分3

混合物に関する酸化性固体の分類に関して、GHSには以下の記述がある。

2.14.4.2.1　物質または混合物の取り扱いおよび使用の経験から、これら物質が酸化性があることが認められるような場合、このことはこのクラスへの分類を検討する上で重要な追加要因となる。試験結果と既知の経験に相違がみられるようであったならば、既知の経験を試験結果より優先させること。

2.14.4.2.2　有機物質または混合物は、以下の場合にはこのクラスへの分類手順を適用する必要はない。

(a)　物質または混合物は、酸素、フッ素または塩素を含まない、または

(b)　物質または混合物は、酸素、フッ素または塩素を含み、これらの元素が炭素または水素にだけ化学結合している。

2.14.4.2.3　無機物質または混合物は、酸素原子またはハロゲン原子を含まないならば、このクラスへの分類手順を適用する必要はない。

第 2.15 章　有機過酸化物

2.15.1　定義

2.15.1.1　有機過酸化物とは、２価の-O-O-構造を有し、１あるいは２個の水素原子が有機ラジカルによって置換されている過酸化水素の誘導体と考えられる、液体または固体有機物質をいう。この用語はまた、有機過酸化物組成物（混合物）も含む。有機過酸化物は熱的に不安定な物質または混合物であり、自己発熱分解を起こすおそれがある。さらに、以下のような特性を一つ以上有する。

(a)　爆発的な分解をしやすい
(b)　急速に燃焼する
(c)　衝撃または摩擦に敏感である
(d)　他の物質と危険な反応をする

2.15.1.2　有機過酸化物は、実験室の試験でその組成物が爆轟したり、急速に爆燃したり、または密封下の加熱で激しい反応を起こす傾向があるときは、爆発性を有するものとみなされる。

2.15.2　分類基準

2.15.2.1　いかなる有機過酸化物でも、以下を除いて、このクラスへの分類を検討すること。

(a)　過酸化水素の含有量が1.0％以下の場合において、有機過酸化物に基づく活性酸素量が1.0％以下のもの。
(b)　過酸化水素の含有量が1.0％を超え7.0％以下である場合において、有機過酸化物に基づく活性酸素量が0.5％以下のもの。

注記：有機過酸化物混合物の活性酸素量（％）は以下の式で求められる。

$$16 \times \sum_{i}^{n} \left(\frac{n_i \times c_i}{m_i} \right)$$

ここで

n_i = 有機過酸化物iの一分子当たりの過酸基（ペルオキソ基）の数
c_i = 有機過酸化物iの濃度（重量％）
m_i = 有機過酸化物iの分子量

2.15.2.2　有機過酸化物は、下記の原則にしたがってこのクラスにおける七つの区分「タイプＡ～G」のいずれかに分類される。

(a)　包装された状態で、爆轟しまたは急速に爆燃し得る有機化酸化物は、**有機過酸化物タイプ A**として定義される。
(b)　爆発性を有するが、包装された状態で爆轟も急速な爆燃もしないが、その包装物内で熱爆発を起こす傾向を有する有機過酸化物は、**有機過酸化物タイプ B**として定義される。

(c) 爆発性を有するが、包装された状態で爆轟も急速な爆燃も熱爆発も起こすことのない有機過酸化物は、**有機過酸化物タイプ C**として定義される。

(d) 実験室の試験で以下のような性状の有機過酸化物は**有機過酸化物タイプ D**として定義される。

(i) 爆轟は部分的であり、急速に爆燃することなく、密閉下の加熱で激しい反応を起こさない。

(ii) 全く爆轟せず、緩やかに爆燃し、密閉下の加熱で激しい反応を起こさない

(iii) 全く爆轟も爆燃もせず、密閉下の加熱で中程度の反応を起こす。

(e) 実験室の試験で、全く爆轟も爆燃もせず、かつ密閉下の加熱で反応が弱いか、またはないと判断される有機過酸化物は、**有機過酸化物タイプ E**として定義される。

(f) 実験室の試験で、空気泡の存在下で全く爆轟せず、また全く爆燃もすることなく、また、密閉下の加熱でも、爆発力の試験でも、反応が弱いかまたはないと判断される有機過酸化物は、**有機過酸化物タイプ F**として定義される。

(g) 実験室の試験で、空気泡の存在下で全く爆轟せず、また全く爆燃することなく、密閉下の加熱でも、爆発力の試験でも、反応を起こさない有機過酸化物は、**有機過酸化物タイプ G**として定義される。ただし熱的に安定である〔自己促進分解温度（SADT）が50kgのパッケージでは60℃以上〕、また液体混合物の場合には沸点が150℃以上の希釈剤で鈍性化されていることを前提とする。有機過酸化物が熱的に安定でない、または沸点が150℃未満の希釈剤で鈍性化されている場合、その有機過酸化物は有機過酸化物タイプ F として定義される。

注記 1：タイプ G には危険有害性情報の伝達要素は指定されていないが、他の危険性クラスに該当する特性があるかどうか検討する必要がある。

注記 2：タイプ A から G はすべてのシステムに必要というわけではない。

UNRTDG 分類との比較

国連番号がわかっている場合は、危険物輸送に関する勧告（オレンジブック）を参照し、クラス5区分5.2で有機過酸化物を示す国連番号に該当する場合は、GHSの有機過酸化物として分類する。有機過酸化物を含んだ化学品で、国連番号がわからない場合は、試験を実施する。

有機過酸化物の GHS 分類と UNRTDG 分類の比較

GHS	UNRTDG（リストアップされている物質番号）
タイプA	輸送禁止物質なので、国連危険物輸送の番号は付されない
タイプB	クラス5　区分5.2　UN3101、3102、3111、3112
タイプC	クラス5　区分5.2　UN3103、3104、3113、3114
タイプD	クラス5　区分5.2　UN3105、3106、3115、3116
タイプE	クラス5　区分5.2　UN3107、3108、3117、3118
タイプF	クラス5　区分5.2　UN3109、3110、3119、3120
タイプG	クラス5　区分5.2 有機過酸化物には該当しない

有機過酸化物の分類演習

【ジベンゾイルペルオキシド】

CAS RN：94-36-0、国連番号：3102（タイプB、固体）
分子式：$C_{14}H_{10}O_4$

構造式：$C_6H_5-C(=O)-O-O-C(=O)-C_6H_5$

<u>データ</u>：

物理化学的性状：かすかな臭い・白色の結晶または粉末、融点103-106℃

オレンジブックのリストでは“クラスまたは区分”の項に“5.2”、品名“有機過酸化物タイプB、固体”と記載されている。

<u>判定根拠</u>：UNRTDG分類で区分5.2、品名が有機過酸化物タイプBである。
<u>分類結果</u>：有機過酸化物　タイプB

第2.16章　金属腐食性物質および混合物

2.16.1　定義

*金属に対して腐食性である物質または混合物*とは、化学反応によって金属を著しく損傷し、または破壊する物質または混合物をいう。

2.16.2　分類基準

金属に対して腐食性である物質または混合物は、*危険物輸送に関する国連勧告、試験方法及び判定基準のマニュアル*の第III部、37.4項（試験C.1）を用いて、下記の表にしたがってこのクラスにおける単一の区分に分類される。

表2.16.1　金属に対して腐食性である物質または混合物の判定基準

区分	判定基準
1	55℃の試験温度で、鋼片またはアルミニウム片の両方で試験されたとき、侵食度がいずれかの金属において年間6.25mmを超える

注記：*鋼片またはアルミニウムにおける最初の試験で物質あるいは混合物が腐食性を示したならば、他方の金属による追試をする必要はない。*

UNRTDG分類との比較

国連番号がわかっている場合は、危険物輸送に関する勧告（オレンジブック）を参照し、クラス8容器等級IIIに該当する場合は、GHSの金属腐食性の可能性があるが、金属腐食性と皮膚腐食性の区別を明確にできない。必要に応じて試験C.1を実施する。

金属腐食性物質および混合物の分類演習

ある液体の試験結果は次のとおりである。GHSの判定基準にしたがって分類しなさい。

C.1 試験の結果：
浸食度は、鋼片は年間 5.5mm、アルミニウムは年間 7.1mm という計算結果になった。
判定根拠：アルミニウムの浸食度が年間6.25mmを超えている。
分類結果：金属腐食性　区分1

【1 －アミノエチルピペラジン】
CAS RN：140-31-8　　国連番号：2815
分子式：$C_6H_{15}N_3$

構造式：HN（ピペラジン環）N—CH_2—CH_2—NH_2

データ：
物理化学的性状：弱い刺激臭、無色から淡黄色の液体、融点－ 19℃、沸点 222℃、引火点 93℃
オレンジブックのリストでは、“ クラスまたは区分 ” の項に “8”、“ 容器等級 ” の項に “III” と記載されている。
判定根拠：UNRTDG分類が8容器等級IIIであるが、C.1試験のデータがなく、皮膚腐食性と区別ができない。
分類結果：金属腐食性　分類できない。

【コラム】

腐食性に関するUNRTDGの容器等級とGHS分類：　UNRTDGにおいて腐食性物質はクラス8で、容器等級はI、II、III（数字の小さいほうがより危険性が大きい物質に対応）あり、生体作用である壊死を起こす強さにより分けている。金属腐食性物質は等級IIIでの対応となっている。以下にオレンジブック（改訂21版）からの抜粋を示す。

2.8.3.3　腐食性物質の容器等級は、次の判定基準に基づいて割り当てられる：
(a)　容器等級 I は、動物の健全な皮膚に3分以下の時間ばく露させた後、60分の観察期間中に接触したその部位に完全な壊死を起こす物質に割り当てられる；
(b)　容器等級 II は、動物の健全な皮膚に3分を超え60分以下の時間ばく露させた後、14日間の観察期間中に接触したその部位に完全な壊死を生じた物質に割り当てられる；
(c)　容器等級 III は、次の物質に割り当てられる：
(i)　動物の健全な皮膚に60分を超え4時間以下の時間ばく露させた後、14日間の観察期間中に接触したその部位に完全な壊死を生じた物質；または
(ii)　動物の健全な皮膚に視認できるほどの壊死を生じないことは判定しているが、55℃の試験温度において鋼またはアルミニウムの表面に1年間につき6.25mmを超える割合の腐食を生じる物質。鋼による試験にあっては、S235JR+CR型(1.0037 resp. St37-2)、S275J2G3+CR(1.0144 resp. St44-3)、ISO3574、UNS G10200もしくは同タイプのものまたはSAE1020、および非被覆アルミニウムによる試験にあっては7075-T6型またはAZ5GU-T6型を使用しなければならない。 容認できる試験方法は、試験及び判定基準マニュアル、第III部、第37節に規定されている。

第2.17章　鈍性化爆発物

2.17.1　定義および一般事項

2.17.1.1　*鈍性化爆発物*とは、大量爆発や非常に急速な燃焼をしないように、爆発性を抑制するために鈍性化され、したがって危険性クラス「爆発物」から除外されている、固体または液体の爆発性物質または混合物をいう（第2.1章；2.1.2.2頁の注記も参照）。

2.17.1.2　鈍性化爆発物のクラスには以下のものを含む：

(a)　固体鈍性化爆発物：水もしくはアルコールで湿性とされるかあるいはその他の物質で希釈されて、均一な固体混合物となり爆発性を抑制されている爆発性物質または混合物

注記：*これには物質を水和物とすることによる鈍性化も含まれる。*

(b)　液体鈍性化爆発物：水もしくは他の液体に溶解または懸濁されて、均一な液体混合物となり爆発性を抑制されている爆発性物質または混合物

2.17.2　分類基準

2.17.2.1　鈍性化された状態にあるすべての爆発物はこのクラスで検討されなければならない、ただし以下のものを除く：

(a)　実質的な爆発または火工品効果を目的として製造されたもの；または

(b)　試験シリーズ6（a）または6（b）にしたがった大量爆発の危険性があるものあるいは*危険物輸送に関する国連勧告、試験方法及び判定基準のマニュアル*の第V部51.4小節に記載される燃焼速度試験にしたがった補正燃焼速度が1,200 kg/minを超えるもの；または

(c)　発熱分解エネルギーが300 J/g未満のもの。

注記1：*(a)または（b)の判定基準に合致する物質または混合物は爆発物（第2.1章参照）として分類しなければならない。（c）の判定基準に合致する物質または混合物は他の物理的危険性クラスの範囲になるであろう。*

注記2：*発熱分解エネルギーは、適当な熱量測定法をもちいて推定してもよい（危険物輸送に関する国連勧告、試験方法及び判定基準のマニュアルの第II部20節20.3.3.3を参照）。*

2.17.2.2　鈍性化爆発物は、供給と使用のため包装状態で、このクラスの四つの区分に分類されなければならない。分類は*危険物輸送に関する国連勧告、試験方法及び判定基準のマニュアル*の第V部51.4小節に記載されている「燃焼速度試験（外炎）」を用いた補正燃焼速度（A_c）に基づいて、**表2.17.1**にしたがって行う：

表2.17.1：鈍性化爆発物の判定基準

区分	判定基準
1	補正燃焼速度（A_c）が300 kg/min 以上、1,200 kg/min を超えない鈍性化爆発物

2	補正燃焼速度（A_c）が140 kg/min以上、300 kg/min 未満の鈍性化爆発物
3	補正燃焼速度（A_c）が60 kg/min以上、140 kg/min 未満の鈍性化爆発物
4	補正燃焼速度（A_c）が60 kg/min 未満の鈍性化爆発物

注記1：鈍性化爆発物は、特に湿性で鈍性化されている場合には、均一性を保ち通常の貯蔵や取り扱いで分離しないようにつくられているべきである。製造者・供給者は、鈍性化を確認するための貯蔵期間や手順について安全データシートに情報を提供すべきである。ある状況下では、供給や使用の間に鈍性化剤（例えば、鈍感剤、湿性剤または処理）が減少し、したがって鈍性化爆発物の危険性が増加する可能性がある。さらに、安全データシートには、物質または混合物が十分に鈍性化されていない時に増大する火災、爆風または飛散危険性を避けるための情報を含めるべきである。

注記2：鈍性化爆発物は規制の目的（例えば輸送）によって異なる扱いになるであろう。輸送目的の固体の鈍性化爆発物の分類は危険物輸送に関する国連勧告、モデル規則の第2.4章2.4.2.4節で扱われている。液体の鈍性化爆発物の分類はモデル規則第2.3章2.3.1.4節で扱われている。

注記3：鈍性化爆発物の爆発性は、危険物輸送に関する国連勧告、試験方法及び判定基準のマニュアルのテストシリーズ2によって決定されるべきであり、安全データシートに記載されるべきである。輸送目的での液体鈍性化爆発物の試験は試験方法及び判定基準のマニュアル32節、32.3.2を参照する。輸送目的での固体鈍性化爆発物の試験は、試験方法及び判定基準のマニュアル33節33.2.3で扱われている。

注記4：貯蔵、供給および使用の目的では、鈍性化爆発物が追加的に第2.1章（爆発物）、第2.6章（引火性液体）および第2.7章（可燃性固体）になることはない。

UNRTDG分類との比較

国連番号がわかっている場合は、危険物輸送に関する勧告（オレンジブック）を参照し、液体ならばクラス3、固体ならばクラス4区分4.1であって、鈍性化爆発物を示す国連番号に該当する場合は、GHSの鈍性化爆発物として分類する。しかしオレンジブックを見ても、区分の判別はできない。GHSの区分1～4の判定をするためには、燃焼速度試験(外炎)を実施する必要がある。鈍性化爆発物であって、国連番号がわからない場合は、爆発性に関する一連の試験を実施する。

固体鈍性化爆発物（危険物輸送においては区分4.1、オレンジブック2.4.2.4参照）

UN1310、UN1320、UN1321、UN1322、UN1336、UN1337、UN1344、UN1347、UN1348、UN1349、UN1354、UN1355、UN1356、UN1357、UN1517、UN1571、UN2555、UN2556、UN2557、UN2852、UN2907、UN3317、UN3319、UN3344、UN3364、UN3367、UN3368、UN3369、UN3370、UN3376、UN3380、UN3474

液体鈍性化爆発物（危険物輸送においてはクラス3、オレンジブック2.3.1.4参照）

UN1204、UN2059、UN3064、UN3343、UN3357、UN3379

固体鈍性化爆発物の例

国連番号	品名及び内容	分類又は区分	副次危険	容器等級
1320	ジニトロフェノール、湿性、15質量%以上の水を含有するもの	4.1	6.1	I
1336	ニトログアニジン（ピクライト）、湿性、15質量%以上の水を含有するもの	4.1		I
2555	ニトロセルロース、25質量%以上の水を含有するもの	4.1		II
2556	ニトロセルロース、窒素量が12.6質量%以下のもの、アルコールの含有率が25質量%以上のもの	4.1		II
2557	ニトロセルロース、窒素量が12.6質量%以下のもの、可塑剤又は顔料との混合物を含む	4.1		II

3319	ニトログリセリン混合物、鈍性化されたもの、固体、他に品名が明示されていないもの、ニトログリセリンの含有率が2質量%を超え10質量%以下のもの	4.1		I
3380	鈍性化爆発物質、固体、他に品名が明示されていないもの	4.1		I
3474	1-ヒドロキシベンゾトリアゾール水和物	4.1		I

液体鈍性化爆発物の例

国連番号	品名及び内容	分類又は区分	副次危険	容器等級
1204	ニトログリセリンアルコール溶液、濃度が1質量%以下のもの	3		II
2059	ニトロセルロース溶液、引火性、窒素量が12.6質量以下で、ニトロセルロースの含有率が55質量%以下のもの	3		I
3357	ニトログリセリン混合物、鈍性化されたもの、液体、他に品名が明示されないもの、ニトログリセリンの含有率が30質量%以下のもの	3		II
3379	鈍性化爆発物質、液体、他に品名が明示されていないもの	3		I

危険物輸送に関する国連勧告第19版危険物リストより。

鈍性化爆発物の分類演習

データ：ある鈍性化爆発物（UN3380）の燃焼速度試験（外炎）を実施したところ、補正燃焼速度200 kg/minであった。

判定根拠：燃焼速度が140 kg/min以上 300 kg/min未満であり、区分2の基準に該当する。

分類結果：鈍性化爆発物　区分2

【コラム】

鈍性化爆発物に関する燃焼速度試験：　2019年7月現在、日本国内において、燃焼速度試験（外炎）を実施できる機関は確認されていない。実施可能であると確認されているのは、ドイツ連邦材料試験研究所(BAM)である。そのため、国内では事実上、区分1～4の分類は、当面の間「分類できない」と予想される。

区分が判別できない場合、製品によってはラベルにシンボルや危険有害性情報の文言が記載されず、危険性が伝達されないおそれがある。そのため、JIS Z 7252 (2019) では「判定データが不足して鈍性化爆発物としての分類できない場合には、可燃性固体又は引火性液体としての分類を検討することが望ましい」とされており、事業者ごとに対応を考える必要がある。

【コラム】

爆発物と鈍性化爆発物：　第2.1章で定義されている不安定爆発物は鈍性化によって安定化されることができ、したがって第2.17章のすべての判定基準を満たせば、鈍性化爆発物として分類ができる。この場合、機械的な刺激に対する感度に関する情報が安全な取り扱いや使用の条件を決定するために重要なので、鈍性化爆発物はテストシリーズ3（危険物輸送に関する国連勧告、試験方法及び判定基準のマニュアルの第I部）にしたがって試験をされるべきである。この結果は安全データシートで情報提供されるべきである。（2.17.1　定義および一般原則の脚注）

物理化学的危険性の分類に関する復習・頭の整理

例：硝酸バリウム　　　　　　　　　　　構造式：

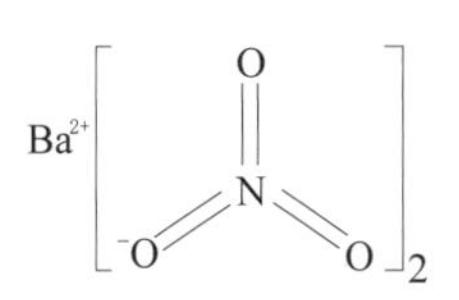

- 固体
- 不燃性
- 消防法　酸化性固体
- 溶解度　8.7g/100ml
- 国連番号　1446　区分5.1　容器等級II

物理化学的危険性のクラス

1 爆発物		7 可燃性固体		13 酸化性液体	
2 可燃性ガス		8 自己反応性物質および混合物		14 酸化性固体	
3 エアゾール		9 自然発火性液体		15 有機過酸化物	
4 酸化性ガス		10 自然発火性固体		16 金属腐食性物質	
5 高圧ガス		11 自己発熱性物質および混合物		17 鈍性化爆発物	
6 引火性液体		12 水反応可燃性物質および混合物			

上記のデータから該当しないものを除く。
硝酸バリウムは固体なので、ガスや液体は分類の対象とはならない（表中の×）。

1 爆発物	×	7 可燃性固体		13 酸化性液体	×
2 可燃性ガス	×	8 自己反応性物質および混合物		14 酸化性固体	
3 エアゾール	×	9 自然発火性液体	×	15 有機過酸化物	
4 酸化性ガス	×	10 自然発火性固体		16 金属腐食性物質	×
5 高圧ガス	×	11 自己発熱性物質および混合物		17 鈍性化爆発物	
6 引火性液体	×	12 水反応可燃性物質および混合物			

硝酸バリウムの化学構造から判断すると爆発物、鈍性化爆発物、自己反応性物質および混合物、有機過酸化物には該当しない。

1 爆発物	×	7 可燃性固体		13 酸化性液体	×
2 可燃性ガス	×	8 自己反応性物質および混合物	×	14 酸化性固体	
3 エアゾール	×	9 自然発火性液体	×	15 有機過酸化物	×
4 酸化性ガス	×	10 自然発火性固体	×	16 金属腐食性物質	×
5 高圧ガス	×	11 自己発熱性物質および混合物		17 鈍性化爆発物	×
6 引火性液体	×	12 水反応可燃性物質および混合物			

さらに硝酸バリウムは不燃性なので、可燃性固体、自然発火性固体は該当せず、国連危険物輸送勧告では区分5.1（酸化性固体）なので水反応物質および混合物ではない（水反応可燃性があれば国連危険物輸送勧告では主危険か副次危険に区分4.3がつく）。

1 爆発物	×	7 可燃性固体	×	13 酸化性液体	×
2 可燃性ガス	×	8 自己反応性物質および混合物	×	14 酸化性固体	
3 エアゾール	×	9 自然発火性液体	×	15 有機過酸化物	×
4 酸化性ガス	×	10 自然発火性固体	×	16 金属腐食性物質	×
5 高圧ガス	×	11 自己発熱性物質および混合物	×	17 鈍性化爆発物	×
6 引火性液体	×	12 水反応可燃性物質および混合物	×		

硝酸バリウムは国連危険物輸送勧告では区分5.1（酸化性固体）であり、容器等級はIIなので、GHSにおいては区分2と分類される。

1 爆発物	×	7 可燃性固体	×	13 酸化性液体	×
2 可燃性ガス	×	8 自己反応性物質および混合物	×	14 酸化性固体	区分2
3 エアゾール	×	9 自然発火性液体	×	15 有機過酸化物	×
4 酸化性ガス	×	10 自然発火性固体	×	16 金属腐食性物質	×
5 高圧ガス	×	11 自己発熱性物質および混合物	×	17 鈍性化爆発物	×
6 引火性液体	×	12 水反応可燃性物質および混合物	×		

第 3 部　健康に対する有害性に関する分類判定基準と分類例

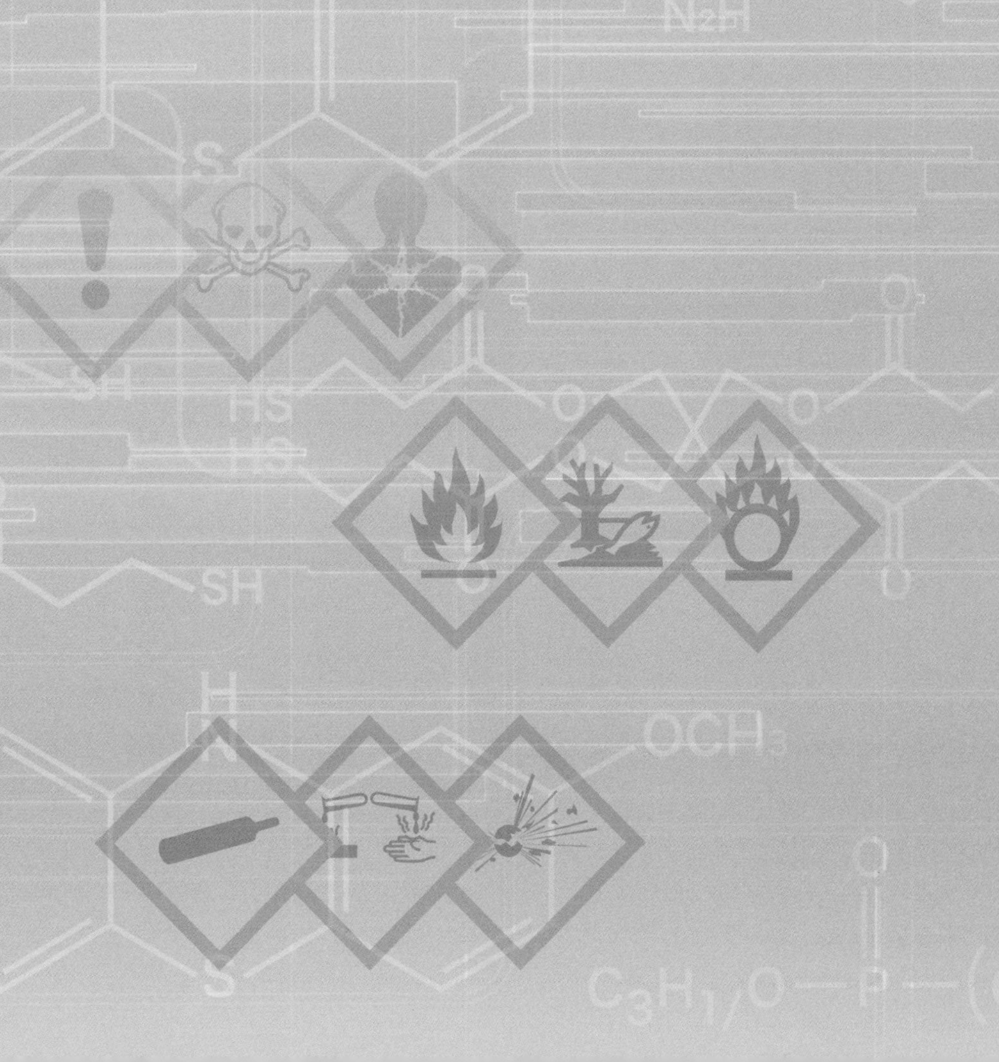

第3.1章　急性毒性

3.1.1　定義

*急性毒性*とは、物質または混合物への単回または短時間の経口、経皮または吸入ばく露後に生じる健康への重篤な有害影響（すなわち致死作用）をさす。

3.1.2　物質の分類基準

3.1.2.1　物質は、経口、経皮および吸入経路による急性毒性に基づいて**表3.1.1**に示されるようなカットオフ値の判定基準によって五つの有害性区分の一つに割り当てることができる。急性毒性の値はLD_{50}（経口、経皮）またはLC_{50}（吸入）値または、急性毒性推定値（ATE）で表わされる。*in vivo*試験により直接的にLD_{50}/LC_{50}が求められる一方、他の新しい*in vivo*試験（例、より少ない動物を使用した）では、毒性の重要な臨床徴候など有害性区分の割り当てに参照されるような、急性毒性の他の指標も考慮される。説明のための注記は表3.1.1に続いて示されている。

表3.1.1　急性毒性推定値（ATE）および急性毒性区分に関する判定基準

ばく露経路	区分1	区分2	区分3	区分4	区分5
経口（mg/kg体重）*注記(a),(b)参照*	ATE≦5	5<ATE≦50	50<ATE≦300	300<ATE≦2,000	2,000<ATE≦5,000 *注記(g)詳細な判定基準参照*
経皮（mg/kg体重）*注記(a),(b)参照*	ATE≦50	50<ATE≦200	200<ATE≦1,000	1,000<ATE≦2,000	
気体（ppmV）*注記(a),(b),(c)参照*	ATE≦100	100<ATE≦500	500<ATE≦2,500	2,500<ATE≦20,000	*注記(g)詳細な判定基準参照*
蒸気（mg/l）*注記(a),(b),(c),(d),(e)参照*	ATE≦0.5	0.5<ATE≦2.0	2.0<ATE≦10.0	10.0<ATE≦20.0	
粉塵およびミスト（mg/l）*注記(a),(b),(c),(f)参照*	ATE≦0.05	0.05<ATE≦0.5	0.5<ATE≦1.0	1.0<ATE≦5	

***注記**：気体濃度は容積での百万分の1（ppmV）を単位として表されている。*

表3.1.1への注記

(a)　物質の分類のための急性毒性推定値（ATE）は、利用可能なLD_{50}/LC_{50}から得られる。

(b)　混合物成分の分類のための急性毒性推定値（ATE）は、次を用いて得られる：

(i)　利用可能なLD_{50}/LC_{50}

(ii)　範囲試験の結果に関連した表3.1.2からの適切な変換値、または

(iii)　分類区分に関連した表3.1.2からの適切な変換値

(c)　表中の吸入試験のカットオフ値は4時間試験ばく露に基づく。1時間ばく露で求めた、既存の吸入毒性データを換算するには、気体および蒸気の場合は2、粉塵およびミストの場合4はで割る。

(d)　ある規制システムでは、飽和蒸気濃度を追加要素として使用し、特別な健康および安全保護規定を設けている。（例：危険物輸送に関する国連勧告）

(e)　物質によっては、試験対象となる物質の状態が蒸気だけでなく、液体相と蒸気相で混成される。また他の化学品では、試験雰囲気が、ほぼ気体相に近い蒸気であることもある。この後者の例では、区分1（100ppmV）、区分2（500ppmV）、区分3（2,500ppmV）、区分4（20,000ppmV）のように、ppmV濃度により分類すべきである。

「粉塵」、「ミスト」および「蒸気」という用語は以下のとおり定義される：

(i)　粉塵：ガス（通常空気）の中に浮遊する物質または混合物の固体の粒子;

(ii)　ミスト：ガス（通常空気）の中に浮遊する物質または混合物の液滴;

(iii) 蒸気：液体または固体の状態から放出されたガス状の物質または混合物。

一般に粉塵は、機械的な工程で形成される。一般にミストは、過飽和蒸気の凝縮または液体の物理的な剪断で形成される。粉塵およびミストの大きさは、一般に1μm未満からおよそ100μmまでである。

(f) 粉塵およびミストの数値については、今後OECDテストガイドラインが、吸入可能な形態での粉塵およびミストの発生、維持および濃度測定の技術的限界のために変更された場合、これらに適合できるよう見直すべきである。

(g) 区分5の判定基準は、急性毒性の有害性は比較的低いが、ある状況下では高感受性集団に対して危険を及ぼすような物質を識別できるようにすることを目的としている。こうした物質は、経口または経皮LD_{50}値が2,000−5,000mg/kg、また吸入で同程度の投与量であると推定されている。区分5に対する特定の判定基準は：

(i) LD_{50}（またはLC_{50}）が区分5の範囲内にあることを示す信頼できる証拠がすでに得られている場合、またはその他の動物試験あるいはヒトにおける毒性作用から、ヒトの健康に対する急性的な懸念が示唆される場合、その物質は区分5に分類される。

(ii) より危険性の高い区分へ分類されないことが確かな場合、データの外挿、推定または測定により、および下記の場合に、その物質は区分5に分類される。

- ヒトにおける有意の毒性作用を示唆する信頼できる情報が得られている、または
- 経口、吸入または経皮により区分4の数値に至るまで試験した場合に1匹でも死亡が認められた場合、または
- 区分4の数値に至るまで試験した場合に、専門家の判断により意味のある毒性の臨床症状（下痢、立毛、不十分な毛繕いは除く）が確認された場合、または
- 専門家の判断により、その他の動物試験から意味のある急性作用の可能性を示す信頼できる情報があると確認された場合。

動物愛護の必要性を認識した上で、区分5の範囲での動物の試験は必要ないと考えられ、動物試験結果からヒトの健康保護に関する直接的関連性が得られる可能性が高い場合にのみ検討されるべきである。

【コラム】

吸入毒性についての単位：　試験雰囲気がほぼ気体に近い蒸気を含めてガス状である場合は気体(ppmV)、液体であって沸点が比較的低いものは蒸気（mg/l)、その他のものは粉じん及びミスト（mg/l）の数値を用いて分類する。

（参考）ppmV 単位とmg/l 単位の換算（1 気圧、25℃において）

(ppmV) = { (mg/l) × 24.45 × 10^3 } ／ 分子量

(mg/l) = { (ppmV) ×分子量 × 10^{-3}} ／ 24.45

（政府向けGHS分類ガイダンス ver.1.1）

【コラム】

ばく露時間の換算：　1時間の吸入ばく露試験から実験値を採用する場合には、1 時間での数値を、気体及び蒸気の場合には2 で、粉じん及びミストの場合では4 で割ることで、4 時間に相当する数値に換算すること。なお、1 時間以外の場合はGHS本文には記載されていないが、下記の算術式を用いてGHS 分類の判定に必要な4時間でのLC_{50} を求めること。

A 時間のLC_{50} 値B をC 時間のLC_{50} 推定値D に変換する方法

気体・蒸気の場合：$D = B\sqrt{A} / \sqrt{C}$

粉じん・ミストの場合：D = BA/C

※GHS 分類を行う場合には、Cには4（時間）が入る

（政府向けGHS分類ガイダンス ver.1.1）

3.1.2.2　急性毒性に関する調和分類システムは、既存システムの要求と合致するように策定されている。IOMC CG/HCCS（Coordinating Group/Harmonization of Chemical Classification Systems）の定めた基本原則では「調和とは、化学品の有害性の分類および情報伝達のための共通かつ首尾一貫した基盤を確立することを意味する。これより輸送手段、消費者、労働者および環境保護に関連する適切な条項の選択が可能である」としている。このために、急性毒性の体系には五つの分類区分が含まれている。

3.1.2.3　経口および吸入経路による急性毒性評価のために望ましい試験動物種はラットであり、急性経皮毒性評価にはラットおよびウサギが望ましい。既存システムの元で化学品の分類のためにすでに得られた試験データは、これらの化学品を調和システムにしたがって再分類する際に受け入れられるべきである。複数種の動物での急性毒性実験データが利用可能である場合には、有効であり、適切に実施された試験の中から、最もふさわしいLD_{50}値を選択する際に科学的判断を行うべきである。またヒトの経験に基づいたデータ（すなわち職業データ、事故情報データベース、疫学研究、臨床報告）を入手した時には、これらは1.3.2.4.9に記載されている原則にしたがった証拠の重み付けにより検討されなければならない。

3.1.2.4　区分1は、最も有害性が強い区分であり、そのカットオフ値（表3.1.1参照）は、主として輸送分野で容器等級の分類に採用されている。

3.1.2.5　区分5は、急性毒性は比較的低いが、特定条件下で特に高感受性の集団に有害性の可能性がある物質である。区分5に分類される物質を特定するための判定基準を表の追加部分に示す。これらの物質の経口または経皮LD_{50}値は2,000～5,000mg/kgの範囲内、また吸入経路でもこれに相当する数値であると想定される[1]。動物愛護の観点から、区分5の範囲での動物の試験は必要ないと考えられ、動物試験結果からヒトの健康保護に関する直接的関連性が得られる可能性が高い場合にのみ検討されるべきである。

[1] *区分5の吸入値についての指針：分類と表示の調和に関するOECDタスクフォース（HCL）は区分5の急性吸入毒性について上記の3.1.1に数値を示さず、かわりに経口あるいは経皮での2,000–5,000mg/kg体重に相当する投与量を指定した（表3.1.1の(g)参照）。システムによっては、所管官庁が値を規定してもよい。*

急性毒性の分類演習

基本的に実験等で得られた半数致死量（LD_{50}）や半数致死濃度（LC_{50}）の値を用いて分類するが、GHSではこれらも含めて急性毒性推定値（ATE）と呼んでいる。物質の性状や扱い方により、投与経路（ばく露経路）が異なるので、分類の際には注意が必要である。

【アクロレイン】
CAS RN：107-02-8
分子式：C_3H_4O
構造式：CH_2=CH–CHO

データ・判定根拠：
・物理化学的性状：無色～黄色の液体、融点－87℃、沸点53℃、引火点－26℃、刺激臭

・ラットの経口LD_{50}値として、11mg/kg体重、26mg/kg体重、42mg/kg体重、46mg/kg体重、7～46mg/kg体重に基づき、急性毒性（経口）は区分2とした。
・ウサギの経皮LD_{50}値として、164～1,022mg/kgの範囲内で11件の報告がある。最も多くのデータとなる6件（231mg/kg体重、238mg/kg体重、335mg/kg体重、560mg/kg体重、562mg/kg体重、562mg/kg体重）が該当する急性毒性（経皮）区分3とした。なお、2件が区分2、1件が区分4、1件が区分2ないし区分4、1件は複数データの集約であった。
・ラットのLC_{50}値（4時間）として、7.4ppm、8.2ppm、9.1ppm、9.2ppm、7.8～65.4ppmとの報告に基づき、区分1とした。なお、LC_{50}値が飽和蒸気圧濃度（360,526ppm）の90%より低いため、ミストを含まないものとしてppmを単位とする基準値を適用した。

<u>**分類結果**</u>：急性毒性（経口）区分2、急性毒性（経皮）区分3、急性毒性（吸入）区分1

【コラム】

半数致死量（LD_{50}）、半数致死濃度（LC_{50}）：　資料の「定義」を参照のこと。これらの値は「急性毒性」の強さを定量的に評価する指標である。これらの値が小さいほど、すなわちばく露量が少なくても死に至らしめるということであり、毒性は強いと判断される。

例：　シアン化カリウム：10mg/kg（ラット経口）　エチルアルコール：15g/kg（ラット経口）
硫化水素：444ppm（ラット吸入4時間）　一酸化炭素：約1,800ppm（ラット吸入4時間）
二酸化炭素：約170,000ppm（ラット吸入4時間）
（厚生労働省 職場の安全サイト 各物質のモデルSDSから引用）

<量－反応関係と半数致死量>

ばく露量が増加するとばく露を受ける集団のなかで徐々に多数の個体（実験動物あるいは人）が影響を受けるようになる。このばく露量と影響が観察された個体の百分率（反応）の関係を量－反応関係という。半数致死量（LD50）は実験動物の50%が死亡する投与（ばく露）量である。

図　量－反応関係

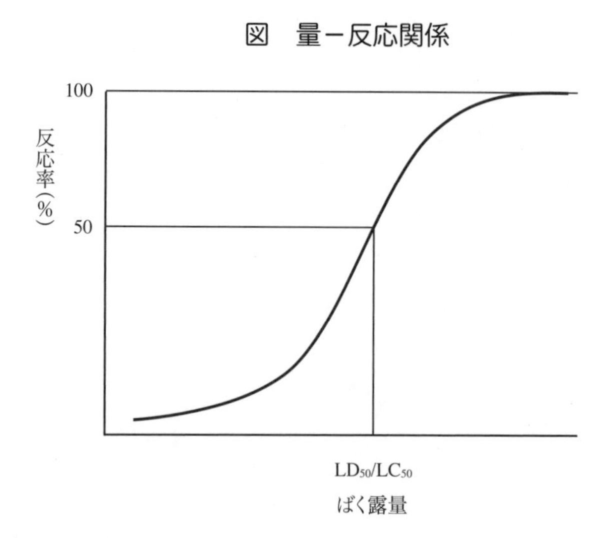

【リン酸】

CAS RN：7664-38-2

分子式：H_3PO_4

構造式：

```
        O
        ‖
HO —— P —— OH
        |
        OH
```

データ・判定根拠：

- 物理化学的性状：無色の液体、融点42.35℃、沸点407℃、飽和蒸気圧濃度0.158mg/l
- ラットの経口LD_{50}値として、約2,000mg/kg体重との報告に基づき急性毒性（経口）区分4とした。
- ウサギの経皮LD_{50}値として、3,500mg/kg体重（85%）（純品換算値：2,975mg/kg体重）、4,200mg/kg（80%）（純品換算値：3,360mg/kg体重）、4,400mg/kg体重（75%）（純品換算値：3,300mg/kg体重）との報告に基づき、急性毒性（経皮）区分に該当しないとした。
- ラットの吸入LC_{50}値（1時間）として、3,846mg/m^3（4時間換算値：0.9615mg/l）との報告に基づき、急性毒性（吸入：粉じんおよびミスト）区分3とした。なお、LC_{50}値が飽和蒸気圧濃度（0.158mg/l）より高いため、粉じんの基準値を適用した。

分類結果：急性毒性（経口）区分4、急性毒性（経皮）区分に該当しない、急性毒性（吸入）区分3

【急性毒性の練習問題1】

ある芳香族アミンの毒性データは次のとおりである。GHSの判定基準にしたがって分類しなさい。

試験結果：

動物試験データ：LD_{50}（ラット経皮）＞2,000mg/kg体重

ヒトでの経験：比較的低用量での経皮ばく露で多くの致命的毒性報告（200～1,000mg/kg体重）

＜解答は215頁＞

【急性毒性の練習問題2】

ある物質（固体）の毒性データは次のとおりである。GHSの判定基準にしたがって分類しなさい。

試験結果：

- ラットでの吸入ばく露試験データ（OECD403）：1時間ばく露（粉じん）でのデータ
  LC_{50} 3mg/l

＜解答は216頁＞

【コラム】

OECDテストガイドライン：　経済協力開発機構（OECD）では国際的に合意された化学品の試験に関するガイドラインを出している。これらは全部で約150あり、大きく五つのセクション（物理化学的性質、生態影響、分解及び濃縮、健康影響、その他）に分かれている。GHSでは特に健康影響や生態影響に関してこれらのガイドラインが参照されている。
<http://www.oecd.org/chemicalsafety/testing/oecdguidelinesforthetestingofchemicals.htm>
国立医薬品食品衛生研究所のホームページでは、健康に関するガイドラインの和訳が公開されている。
<http://www.nihs.go.jp/hse/chem-info/oecdindex.html>

混合物の分類に関して、GHS文書では以下のように記述している。

3.1.3　混合物の分類基準

3.1.3.1　物質に対する判定基準では、致死量データ（試験または予測による）を使用して急性毒性を分類する。混合物については、分類の目的で判定基準を適用するための情報を入手または予測する必要がある。急性毒性の分類方法は、段階的で、混合物そのものとその成分について利用できる情報の量に依存する。**図3.1.1**のフローチャートに、したがうべき手順の概要を示す：

図3.1.1　混合物の急性毒性に関する分類 段階的なアプローチ

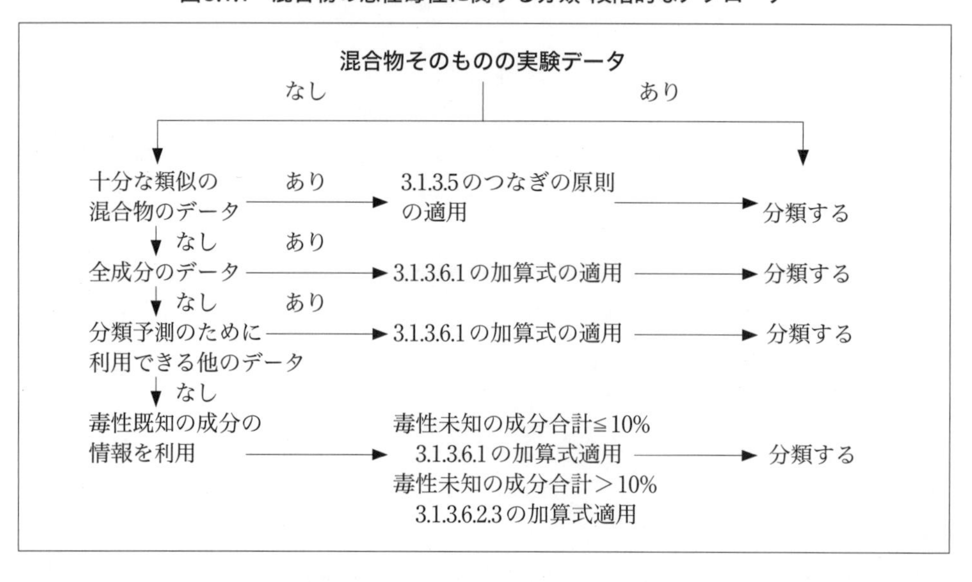

3.1.3.2　急性毒性に関する混合物の分類は、各ばく露経路について行うことができるが、一つのばく露経路だけが全成分について検討（推定または試験）され、複数の経路による急性毒性を示唆する適当な証拠はないとされる場合には、その経路だけが分類される。複数のばく露経路による毒性に関して適当な証拠がある場合には、全経路からのばく露に対しての区分を決める。利用できるすべての情報を考慮すべきである。用いる絵表示や注意喚起語はもっとも重篤な有害性区分を反映させるべきであり、すべての危険有害性情報を記載すべきである。

3.1.3.3　混合物の有害性を分類する目的で利用できるあらゆるデータを使用するために、ある条件が与えられており、該当する段階的方法が適用される：

(a)　混合物の「考慮すべき成分」とは、1％以上の濃度（固体、液体、粉塵、ミストおよび蒸気については重量／重量、気体については体積/体積）で存在するものである。ただし1％未満の成分でも、その混合物の急性毒性を分類することに関連すると予想される場合は、この限りではない。これは特に、区分1や区分2に分類される成分を含む未試験の混合物を分類する場合に関係する。

(b)　分類された混合物が別の混合物の成分として使用される場合は、3.1.3.6.1および3.1.3.6.2.3の式を用いて新しい混合物の分類を計算する際に、分類された混合物の実際のあるいは予測される急性毒性推定値（ATE）を使用してもよい。

(c)　混合物のすべての成分に対する変換した急性毒性点推定値が同じ区分にあれば、混合物は同じ区分とするべきである。

(d)　3.1.3.6.1および3.1.3.6.2.3における式を利用して新しい混合物の区分を計算する際に、混合物の成分に関して範囲を示すデータ（または急性毒性の区分に関する情報）のみが利用できるときは、それらを**表3.1.2**にしたがって点推定値に変換する。

表3.1.2　実験的に得られた急性毒性範囲推定値（または急性毒性区分）から式を利用して混合物を分類するための急性毒性点推定値への変換

ばく露経路	分類または実験で得られた急性毒性範囲推定値 *(注記1参照)*	変換値（Conversion Value）*(注記2参照)*
経口 (mg/kg体重)	0＜　区分1 ≦5 5＜　区分2 ≦50 50＜　区分3 ≦300 300＜　区分4 ≦2,000 *2,000＜　区分5 ≦5,000*	0.5 5 100 500 2,500
経皮 (mg/kg体重)	0＜　区分1 ≦5 50＜　区分2 ≦200 200＜　区分3 ≦1,000 1,000＜　区分4 ≦2,000 *2,000＜　区分5 ≦5,000*	5 50 300 1,100 2,500
気体 (ppmV)	0＜　区分1 ≦100 100＜　区分2 ≦500 500＜　区分3 ≦2,500 2,500＜　区分4 ≦20,000 *区分5　3.1.2.5脚注参照*	10 100 700 4,500
蒸気 (mg/l)	0＜　区分1 ≦0.5 0.5＜　区分2 ≦2.0 2.0＜　区分3 ≦10.0 10.0＜　区分4 ≦20.0 *区分5　3.1.2.5脚注参照*	0.05 0.5 3 11
粉塵／ミスト (mg/l)	0＜　区分1 ≦0.05 0.05＜　区分2 ≦0.5 0.5＜　区分3 ≦1.0 1.0＜　区分4 ≦5.0 *区分5　3.1.2.5脚注参照*	0.005 0.05 0.5 1.5

注記：*気体濃度は容積当たりのppm（ppmV）で表される。*

注記1：*区分5は、急性毒性は比較的低いが、ある特定の状況で影響を受けやすい集団に有害性を示す可能性がある混合物に対するものである。これらの混合物は、2,000～5,000mg/kgの範囲の経口または経皮LD_{50}値か、ま*

たは他のばく露経路で同等の急性毒性値を持つものと予想される。動物愛護の観点から、区分5の範囲での動物の試験は必要ないと考えられ、動物試験結果からヒトの健康保護に関する直接的関連性が得られる可能性が高い場合にのみ検討されるべきである。
注記2：*変換値は、混合物の各成分の情報に基づき混合物の分類のためのATE値を計算する目的のためのものであり、試験結果を示すものではない。変換値は、区分1と2では範囲の下限を、区分3から5では、範囲の幅の1/10程度下限から上にずらした値で設定されている。*

3.1.3.4　混合物そのものの急性毒性試験データが利用できる場合の混合物の分類

混合物は、その急性毒性を決定するためにそのものが試験されている場合、表3.1.1に示した物質についての判定基準にしたがって分類される。混合物に関するこのような試験データが利用できない状況にある場合には、以下に示した手順にしたがうべきである。

3.1.3.5　混合物そのものの急性毒性試験データが利用できない場合の混合物の分類：つなぎの原則（Bridging principles）

3.1.3.5.1　混合物そのものは急性毒性を決定する試験がなされていないが、当該混合物の有害性を適切に特定するための、個々の成分および類似の試験された混合物の両方に関して十分なデータがある場合、これらのデータは以下の承認されたつなぎの原則にしたがって使用される。これによって、分類手順において動物試験を追加する必要もなく、混合物の有害性の判定に利用可能なデータを可能な限り最大限に用いることができる。

つなぎの原則：希釈、製造バッチ、毒性の高い混合物の濃縮、一つの有害性区分の中での内挿、本質的に類似した混合物、エアゾール、については本書1.3.1.1（10頁）を参照。

3.1.3.6　混合物の成分に基づく混合物の分類（加算式）

3.1.3.6.1　全成分についてデータが利用できる場合

混合物の分類を正確にし、すべてのシステム、部門および区分について計算を一度だけで済むようにするために、成分の急性毒性推定値（ATE）は次のように考えるべきである：

(a)　急性毒性が知られており、GHS急性毒性有害性区分のいずれかに分類される成分を含める。
(b)　急性毒性ではないと考えられる成分を無視する（例えば、水、砂糖）。
(c)　限界用量試験（表3.1.1における適当なばく露経路に対して区分4に相当する上限値）のデータが利用でき、急性毒性を示していない成分を無視する。

これらの範囲内に入る成分を急性毒性推定値（ATE）が既知の成分であると考える。利用できるデータを下記および3.1.3.6.2.3の式に適当に当てはめるためには表3.1.1注記（b）および3.1.3.3を参照。

混合物のATE値は、経口、経皮、吸入毒性について、以下の式にしたがい、すべての関連成分のATE値から計算によって決定される：

$$\frac{100}{\mathrm{ATE_{mix}}} = \sum_{n} \frac{\mathrm{C}_i}{\mathrm{ATE}_i}$$

ここで：

C_i = 成分iの濃度、成分数nのとき、iは1 ～ n
ATE_i= 成分iの急性毒性推定値

3.1.3.6.2　*混合物の一つまたは複数の成分についてデータが利用できない場合*

3.1.3.6.2.1　混合物の個々の成分については ATE値が利用できないが、以下に挙げたような利用できる情報から、予測された変換値が提供される場合には、3.1.3.6.1の加算式が適用される。
これには次の評価を用いてもよい：

(a) 経口、経皮、および吸入急性毒性推定値間の外挿。このような評価には、適切なファーマコダイナミクスおよびファーマコキネティクスのデータが必要となることがある；
(b) 毒性影響はあるが致死量データのない、ヒトへのばく露からの証拠；
(c) 急性毒性影響はあるが、必ずしも致死量データはない物質に関して利用できる他の毒性試験/分析からの証拠；または
(d) 構造活性相関を用いた極めて類似した物質からのデータ。

この方法は一般に、急性毒性を信頼できる程度に推定するために、多くの補足技術情報と高度に訓練され経験豊かな専門家の能力を必要とする。このような情報が利用できない場合には、3.1.3.6.2.3 の規定に進むこと。

3.1.3.6.2.2　分類のための利用できる情報の全くない成分が混合物中に1%以上の濃度で使用されている場合には、混合物は明確な急性毒性推定値を割り当てることはできないと結論される。この場合には、混合物のx%は急性（経口／経皮／吸入）毒性が未知の成分からなるという追加の記述と共に混合物は既知の成分だけに基づいて分類するべきである。所管官庁はその追加的な記述をラベルまたはSDSあるいはその両方で伝達することを明記するかどうか、またその記述をどこにするかの選択を製造者／供給者に委ねるかどうかを決めることができる。

3.1.3.6.2.3　急性毒性が未知の当該成分の全濃度が≦10%の場合には、3.1.3.6.1に示した式を用いるべきである。毒性が未知の当該成分の全濃度が＞10%の場合には、3.1.3.6.1に示した加算式は、次のように式（未知成分補正）により未知の成分の%について調整するように補正するべきである：

$$\frac{100-(\sum C_{unknown}\ \text{if} > 10\%)}{ATE_{mix}} = \sum_n \frac{C_i}{ATE_i}$$

混合物に関する急性毒性の分類演習

混合物[エ]の急性毒性の試験データは得られていない。
混合物[エ]の成分情報は以下のとおりである。

データ：

成分	重量%	急性毒性データ		
		経口	経皮	吸入（蒸気）
成分1	25	LD_{50}：2,500mg/kg	LD_{50}：6,000mg/kg	LC_{50}：10mg/l

成分2	24	LD_{50}：4,000mg/kg	LD_{50}>5,000mg/kg	LC_{50}：15mg/l
成分3	12	LD_{50}>2,000mg/kg	データなし	データなし
成分4	39	LD_{50}：400mg/kg	限界用量>2,000mg/kg（毒性症状なし）	LC_{50}：5mg/l

判定根拠：

いずれの経路も成分情報に基づいた混合物の分類が検討される。

<経口>

(i) 成分1、2、4はGHSの急性毒性区分に該当するデータであり、ATE_{mix}の計算に含まれる。

(ii) 表3.1.1の注記（a）を適用すると、利用可能なデータがあるので、成分1、2、4のLD_{50}データがATE_{mix}の計算で使用される。

$$\frac{100}{ATE_{mix}} = \sum_{n} \frac{C_i}{ATE_i}$$

$$\frac{100}{ATE_{mix}} = \frac{25}{2{,}500} + \frac{24}{4{,}000} + \frac{39}{400}$$

ATE_{mix} = 881 mg/kg〔急性毒性（経口）区分4〕

<経皮>

いずれの成分もGHSの急性毒性区分に該当しない（なお、この混合物は12%経皮毒性未知成分からなる）。

<吸入>

(i) 急性毒性（吸入）が不明の成分（成分3）の合計濃度が12%であるので、パラグラフ3.1.3.6.2.3でのATE_{mix}の式が吸入経路に対して使用される。

(ii) 成分1、2、4はGHSの急性毒性区分に該当するデータであり、ATE混合物の計算に含まれる。

(iii) 表3.1.1の注記（a）を適用すると、利用可能なデータがあるので、成分1、2、4のLC_{50}データがATE_{mix}の計算で使用される。

(iv) 成分3は吸入経路のATE_{mix}の計算に対する使用可能な情報を持っておらず、1%以上の濃度で混合物中に含まれるので、追加のステートメントが含まれるべきである。

$$\frac{100 - (\sum C_{unknown} \text{ if} > 10\%)}{ATE_{mix}} = \sum_{n} \frac{C_i}{ATE_i}$$

$$\frac{100 - (12)}{ATE_{mix}} = \frac{25}{10} + \frac{24}{15} + \frac{39}{5}$$

ATE_{mix} = 7.4mg/l〔急性毒性（吸入）区分3〕

（なお、この混合物は12%吸入毒性未知成分からなる）

分類結果：急性毒性（経口）区分4、急性毒性（経皮）区分に該当しない、急性毒性（吸入）区分3

【コラム】

急性毒性加算式における超値の扱い：　混合物における健康影響の急性毒性分類では、成分の毒性値から加算式により急性毒性推定値を求めることができる。この成分の毒性値が成分として「区分に該当しない」、例えば経口急性毒性値が5,000mg/kg体重を超えるような場合には、実質的に混合物の分類に影響することは稀なので、加算式の右辺におけるこの成分の項はゼロとしてもよい。ただし、混合物の分類に影響することが懸念される場合には加算式に含めたほうがよいであろう。

【コラム】

加算式における「区分に該当しない」と「分類できない」：　一般に混合物の分類における健康影響の急性毒性を評価する計算式では、各成分の「区分に該当しない」あるいは「分類できない」は、扱いが異なる。「区分に該当しない」とされた成分は区分１～4（あるいは区分5）に区分されないデータがあることを示し、加算式上ではゼロ（無害）扱いとなるが、「分類できない」は急性毒性を判断できるデータが得られておらず、該当成分を100から差し引く、つまり混合物としての有害性を安全サイドに導く扱いとなっている。

$$\frac{100-\left(\sum C_{unknown}\ \text{if} > 10\%\right)}{ATE_{mix}} = \sum_{n} \frac{C_i}{ATE_i}$$

第3.2章　皮膚腐食性／刺激性

3.2.1　定義および一般事項

3.2.1.1　*皮膚腐食性*とは皮膚に対する不可逆的な損傷を生じさせることをさす；すなわち物質または混合物へのばく露後に起こる、表皮を貫通して真皮に至る明らかに認められる壊死。

*皮膚刺激性*とは、物質または混合物へのばく露後に起こる、皮膚に対する可逆的な損傷を生じさせることをさす。

3.2.1.2　分類のため、皮膚腐食性／刺激性に関するすべての入手可能な関連する情報は収集され、妥当性と信頼性の観点からその質について評価される。可能な限り分類は、OECDテストガイドラインまたは同等の方法のような、国際的に検証され受け入れられている方法により採取されたデータに基づくべきである。3.2.2.1から3.2.2.6で入手できそうな異なるタイプの情報に対する判定基準を示した。

3.2.1.3　*段階的アプローチ*（3.2.2.7参照）が入手可能な情報をレベル／段階に整理して、構造的かつ連続的な意思決定を提供する。情報が一貫して判定基準を満たしていれば、分類はすぐに終わる。しかし一つの段階において入手可能な情報に不一致および／または矛盾する結果が見られる場合には、物質や混合物の分類はその段階のなかで証拠の重みづけを基本に行われる。異なる段階からの情報で不一致および／または矛盾が見られる場合（3.3.3.7.3参照）またはデータが分類を行うには不十分であるような場合には、包括的な証拠の重みづけが使用される（1.3.2.4.9および3.2.5.3.1参照）。

3.2.1.4　判定基準の解釈に関する手引きおよび関連ガイダンス文書への参照は3.2.5.3に記載されている。

3.2.2　物質の分類基準

この有害性クラスでは、物質は以下の三つの区分のうちの一つに割り当てられる：

(a)　区分1（皮膚腐食性）
本区分はさらに、腐食性を複数に分けることを要求する所管官庁が使用することができるように、三つの細区分（1A、1Bおよび1C）に分けてもよい。
所管官庁により細区分が要求されていないまたはデータが細区分のためには十分でない場合には、腐食性物質は区分1に分類されるべきである。
データが十分であり、かつ所管官庁により要求されている場合には、物質は三つの細区分1A、1Bまたは1Cのうちの一つに分類されるであろう。

(b)　区分2（皮膚刺激性）

(c)　区分3（軽度の皮膚刺激性）
本区分は二つ以上の皮膚刺激性区分を望む所管官庁に適用される（例えば農薬）。

3.2.2.1　*ヒトのデータに基づいた分類*

皮膚腐食性/刺激性に関する既存の信頼できる質の良いヒトのデータは、皮膚への影響に直接的に関係する情報であるので、分類に関連して重視されるべきであり（3.2.5.3.2参照）、評価の第一番目にあげられるべきである。既存のヒトのデータは、職業、消費者、輸送または緊急時対応分野あるいはよくまとめられた症例報告や観察による疫学的および臨床的研究などの単回または反復ばく露から得ることができる（1.1.2.5 (c)、1.3.2.4.7および1.3.2.4.9参照）。事故または中毒センターのデータベースは分類のための証拠を提供することはあるが、一般にばく露は不明かまたは不確実なので、事例がないこと自体は区分に該当しない証拠にはならない。

3.2.2.2　*標準的動物試験データに基づいた分類*

OECDテストガイドライン404は、現在入手可能で国際的に検証され受け入れられている皮膚腐食性または刺激性の分類に関する動物試験であり（それぞれ表3.2.1および3.2.2参照）、標準的な動物試験である。現行のOECDテストガイドライン404は最大3匹の動物を使用する。3匹以上の動物を使用する以前のバージョンのOECDテストガイドライン404で行った動物試験の結果も、3.2.5.3.3にしたがって解釈する場合には、標準的な動物試験とみなされる。

3.2.2.2.1　*皮膚腐食性*

3.2.2.2.1.1　物質が皮膚の組織を破壊、すなわち表皮を通して真皮に達する目に見える壊死が、4時間までのばく露後に少なくとも1匹の試験動物で見られた場合に、皮膚腐食性とする。

3.2.2.2.1.2　皮膚腐食性について一つ以上の区分を望む所管官庁のために、腐食性区分（区分1、

表3.2.1参照）の中に三つの細区分を与えた。細区分1Aは3分間以内のばく露後、1時間以内の観察期間で腐食性反応が認められる場合、細区分1Bは3分間を超え1時間までのばく露期間後、14日以内の観察期間に腐食性反応が認められる場合、細区分1Cは1時間を超え4時間までのばく露後、14日以内の観察期間に腐食性反応が認められる場合である。

表3.2.1　皮膚腐食性の区分および細区分

	判定基準
区分1	4時間以内のばく露で、少なくとも1匹の試験動物で、皮膚の組織を破壊、すなわち表皮を通して真皮に達する目に見える壊死
細区分1A	3分以下のばく露の後で、少なくとも1匹の動物で、1時間以内の観察により腐食反応
細区分1B	3分を超え1時間以内のばく露で、少なくとも1匹の動物で、14日以内の観察により腐食反応
細区分1C	1時間を超え4時間以内のばく露で、少なくとも1匹の動物で、14日以内の観察により腐食反応

3.2.2.2.2　*皮膚刺激性*

3.2.2.2.2.1　物質が4時間までのばく露後に皮膚に可逆的な損傷を与えた場合に皮膚刺激性とする。

3.2.2.2.2.2　刺激性区分（区分2）は以下のようになる：

(a)　試験期間全体にわたって継続する作用を生じうる被験物質がある、および

(b)　試験における動物の反応は多様でありうる。

皮膚刺激性物質の区分を一つ以上設けることを望む所管官庁は、さらにもう一つの軽度刺激性物質の区分（区分3）を利用できる。

3.2.2.2.2.3　皮膚病変の可逆性は、刺激性反応評価において考慮すべきもう一つの事項である。試験動物2匹以上で炎症が試験期間終了時まで継続する場合には、脱毛（限定領域）、過角化症、過形成および落屑を考慮に入れて、試料を刺激性物質であると考えるべきである。

3.2.2.2.2.4　試験中の動物の刺激性反応は、腐食性の場合と同様に多様である。有意な刺激性反応はあるが、陽性試験の平均スコア基準値よりも低いような例も加えられるようにするために、別の刺激性の判定基準も加えるべきである。例えば、試験動物3匹中1匹で、通常14日間の観察期間終了時においてもまだ病変が認められるなど、試験期間中を通じて平均スコアが極めて上昇しているのが認められたならば、被験試料は刺激性物質としてよいかもしれない。他の反応でもこの判定基準が充足されることがある。ただし、その反応は化学品へのばく露によるものであることを確認すべきである。この判定基準を加えれば、本分類システムの精度は高くなる。

3.2.2.2.2.5　動物試験結果から刺激性区分（区分２）が表3.2.2に示されている。所管官庁（例：農薬の分類）によっては、軽度の刺激性区分（区分３）も利用できる。数種類の判定基準によって、この２種類の区分が区別されている（表3.2.2）。これらの区分は主として皮膚反応の重篤度に違いがある。刺激性区分の主な分類基準は、試験動物のうち少なくとも3匹のうち2匹で平均スコアが≧2.3－≦4.0となることである。軽度刺激性の区分では、少なくとも動物3匹のうち2匹で平

均スコア・カットオフ値が≧1.5－＜2.3となることである。刺激性区分に分類されている試験試料は軽度刺激性区分への分類からは除外される。

表3.2.2　皮膚刺激性の区分[a, b]

区分	判定基準
刺激性 **（区分2）** （すべての所管官庁に適用）	(1) 試験動物3匹のうち少なくとも2匹で、パッチ除去後24、48および72時間における評価または反応が遅発性の場合には皮膚反応発生後3日間連続しての評価で、紅斑／痂皮または浮腫の平均スコアが≧2.3　かつ≦4.0である、または (2) 少なくとも2匹の動物で、通常14日間の観察期間終了時まで炎症が残る、特に脱毛（限定領域内）、過角化症、過形成および落屑を考慮する、または (3) 動物間にかなりの反応の差があり、動物1匹で化学品ばく露に関して極めて決定的な陽性作用が見られるが、上述の判定基準ほどではないような例もある
軽度刺激性 **（区分3）** （限られた所管官庁のみに適用）	試験動物3匹のうち少なくとも2匹で、パッチ除去後24、48および72時間における評価または反応が遅発性の場合には皮膚反応発生後3日間連続しての評価で、紅斑/痂皮または浮腫の平均スコアが≧1.5 かつ＜2.3である（上述の刺激性区分には分類されない場合）

[a] *評価基準はOECDテストガイドライン404に記載されている。*
[b] *4, 5 または6匹の動物実験の評価は3.2.5.3.3にある判定基準にしたがうべきである。*

3.2.2.3　*in vitro*（試験管内）/ *ex vivo*（生体外）のデータに基づく分類

3.2.2.3.1　現在入手できるそれぞれの*in vitro/ex vivo*試験方法は皮膚刺激性または皮膚腐食性のどちらかを評価するが、一つの試験で両方の影響は評価しない。したがって*in vitro/ex vivo*試験結果のみに基づいた分類は二つ以上の方法で得られたデータを必要とするであろう。区分3を導入する機関は、現在入手可能な国際的に検証され受け入れられている*in vitro/ex vivo*試験方法では、区分3と分類される物質を同定することはできないことを認識することが重要である。

3.2.2.3.2　可能な限り分類は国際的に検証され受け入れられている*in vitro/ex vivo*試験方法を用いて採取されたデータに基づくべきであり、これらの試験方法で記載されている分類判定基準が適用される必要がある。試験物質が用いられた試験方法の適用範囲内にある場合にのみ、*in vitro/ex vivo*のデータは分類に使用することができる。公表された文献に記載されている追加的な制限も考慮されるべきである。

3.2.2.3.3　*皮膚腐食性*

3.2.2.3.3.1　OECDテストガイドライン430、431または435にしたがって試験が実施された場合、表3.2.6の判定基準に基づいて、物質は皮膚腐食性区分1（また、可能であり要求されていれば細区分1A、1Bまたは1C）に分類される。

3.2.2.3.3.2　いくつかの*in vitro/ex vivo*試験方法では細区分1Bおよび1C（表3.2.6参照）を区別することはできない。細区分が所管官庁によって要求されており、既存の*in vitro/ex vivo*データが細区分を区別することができない場合には、これら二つの細区分を区別するための追加的な情報を考慮しなければならない。追加的な情報がないまたは不十分である場合には、区分1が適用される。

3.2.2.3.3.3　腐食性とは同定されない物質は皮膚刺激性としての分類が検討されるべきである。

3.2.2.3.4　*皮膚刺激性*

3.2.2.3.4.1　腐食性に関する分類が除外され、しかもOECDテストガイドライン439にしたがった試験が実施された場合には、物質は表3.2.7の判定基準に基づいて皮膚刺激性区分2としての分類が検討されるべきである。

3.2.2.3.4.2　所管官庁が区分3を採用している場合、現在入手可能な皮膚刺激性に関する*in vitro/ex vivo*試験方法（例えばOECDテストガイドライン439）では、物質を区分3に分類することはできないことを認識することが重要である。このような場合、区分1または区分2に関するどちらの分類判定も実行されない場合、区分3または区分に該当しないを区別するために追加的な情報が必要とされる。

3.2.2.3.4.3　所管官庁が区分3を採用しない場合、皮膚刺激性に関して国際的に受け入れられ検証されている*in vitro/ex vivo*試験、例えばOECDテストガイドライン439における陰性結果は皮膚刺激性の区分に該当しないと結論するために使用することができる。

3.2.2.4　他の動物における既存の皮膚データに基づく分類

他の動物における既存の皮膚データは分類に使用することができるが、引き出される結論に関しては制限があるかもしれない（3.2.5.3.5参照）。物質が経皮的に高い毒性を持つ場合、適用される試験物質の量が相当程度毒性量を超え、動物の死に結び付くこともあるので、*in vivo*皮膚腐食性／刺激性は実施されていないこともありうる。急性毒性試験において皮膚腐食性／刺激性の観察が行われていれば、使用された希釈液や試験された種が適当であるという条件で、これらのデータは分類に使用できるであろう。固体物質（粉体）は、湿った状態あるいは湿った皮膚または粘膜に接触した場合、腐食性または刺激性となることがある。これは一般に標準化された試験方法に示されている。急性および反復ばく露毒性試験を含む、動物における他の既存の皮膚データの使用に関する手引きは3.2.5.3.5に示されている。

3.2.2.5　*化学品の特性に基づく分類*

2以下または11.5以上のような極端なpH値の場合、特に相当量の酸／アルカリ予備(緩衝能力)がある場合には、皮膚作用が見られるであろう。一般的にそのような物質は、皮膚に重篤な作用を生じると予測される。他に情報が無く、物質のpHが2以下あるいは11.5以上の場合には、その物質は腐食性（皮膚区分1）と考えられる。しかし低あるいは高pHにもかかわらず、酸/アルカリ予備の検討により、物質が腐食性でないかもしれない場合には、これは他のデータ、できれば適当な検証されている*in vitro/ex vivo*試験によるデータによって確認される必要がある。緩衝能力およびpHは、OECDテストガイドライン122を含む試験方法により測定される。

3.2.2.6　*試験方法によらない分類*

3.2.2.6.1　ケースバイケースで信頼性および適用性の十分な検討により、分類に該当しないも含めて、試験方法に基づかない分類が可能である。そのような方法には、定性的な構造活性相関（構造アラート、SAR）；定量的な構造活性相関（QSARs）；コンピューター・エクスパート・システム；類似物質およびカテゴリーアプローチを用いたリードアクロスがある。

3.2.2.6.2　類似物質およびカテゴリーアプローチを用いたリードアクロスでは、類似物質に関する十分な信頼できる試験データおよび分類しようとする物質と試験された物質との類似性の正当化が必要である。読み取り法に関して十分な正当化がなされている場合には、一般には(Q)SARsよりも重みがある。

3.2.2.6.3　(Q)SARsに基づく分類では十分なデータとモデルの検証が必要である。コンピューター・モデルの妥当性と予測は、(Q)SARsの検証に関する国際的に認知された原則を用いて評価されるべきである。信頼性に関して、SARにおける構造アラートまたはエクスパート・システムがなかったことは分類に該当しない証拠とはならない。

3.2.2.7　*段階的アプローチによる分類*

3.2.2.7.1　段階的アプローチが適用可能な場合（図3.2.1）、すべての要素が該当するわけではないことを認識しつつ、最初の情報を評価するため段階的アプローチが検討されるべきである。しかしながら十分な質のすべての入手可能でかつ関連する情報が、分類結果に関して一貫しているかどうか精査される必要がある。

3.2.2.7.2　段階的アプローチ（図3.2.1）においては、既存のヒトおよび動物データが最上位にあり、続いて*in vitro/ex vivo*データ、他の動物での既存の皮膚データ、それから他の情報源である。同じ段階内でデータからの情報が一貫していないおよび/または矛盾している場合には、この段階での結果は証拠の重み付けアプローチによって決定される。

3.2.2.7.3　いくつかの段階からの情報が、分類結果に関して一貫していないおよび/または矛盾している場合には、一般により高い段階での十分な質の情報に対して、低い段階での情報よりも、高い重みづけが与えられる。しかしながらより低い段階からの情報がより高い段階からの情報よりもさらに厳しい分類結果に結び付いた場合には、分類の誤りが懸念されるので、分類は包括的な証拠の重み付けアプローチによって決定される。例えば、3.2.5.3における手引きが適当に参照された場合、他の動物での既存の皮膚データにおいて皮膚腐食性の陽性結果がある場合、*in vitro/ex vivo*試験での皮膚腐食性に関する陰性データに懸念を持つ分類者は、包括的な証拠の重み付けアプローチを活用するであろう。ヒトデータでは刺激性を示すが、*in vitro/ex vivo*試験では腐食性の陽性結果を示す場合も同様であろう。

図 3.2.1　皮膚腐食性および刺激に関する段階的アプローチの適用[a]

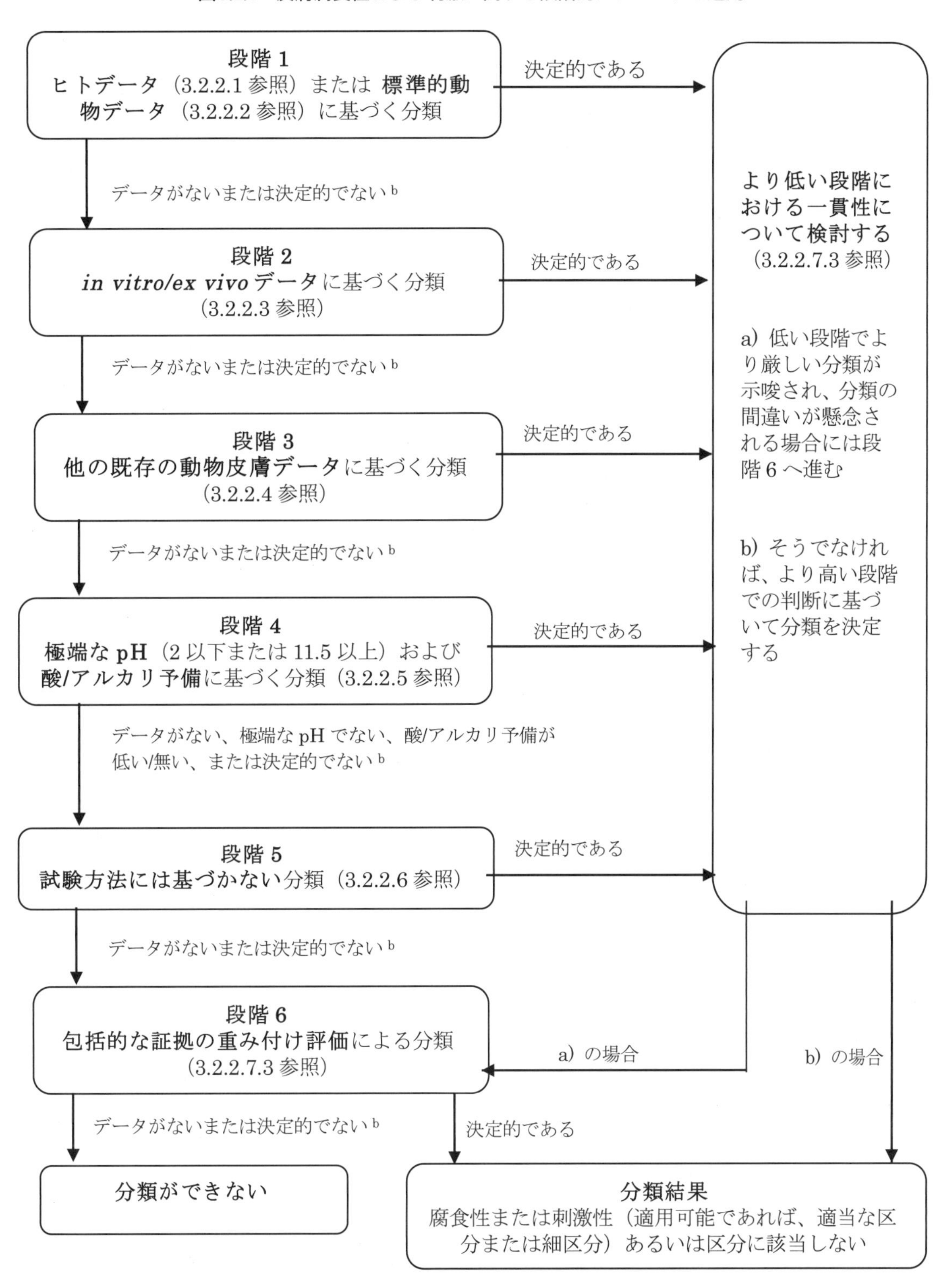

[a] *アプローチを適用する前に、手引き 3.2.5.3 と同様に 3.2.2.7 にある説明文章を参照するべきである。満足できる質の十分かつ信頼できるデータのみが段階的アプローチに使用されるべきである。*

[b] *情報が決定的でない理由はさまざまあろう、例えば；*

– *入手可能なデータの質が十分ではない、すなわち分類の目的には満足できない／不十分かもしれない、例えば実験デザインおよび／または報告に関連した質の問題；*

- *入手可能なデータが分類を決定するのに不十分なこともあろう、例えば刺激性は十分に示しているが、腐食性が無いを示すには不十分である；*
- *所管官庁が皮膚軽度刺激性区分3を利用する場合、入手可能なデータは区分3および区分2を、あるいは区分3および区分に該当しないを区別できないかもしれない。*
- *入手可能なデータを採取した方法が、区分に該当しないという決定には適当ではないかもしれない（詳細は3.2.2および3.2.5.3参照）。特にin vitro/ex vivoおよび試験方法によらない場合には、この目的に関して明確に検証される必要がある。*

皮膚腐食性／刺激性の分類演習

皮膚腐食性／刺激性の分類で最も重要なポイントは損傷が表皮を貫通して真皮に達している（腐食性）かどうか、可逆的（刺激性）か、不可逆的（腐食性）かということである。

【アクリル酸】

CAS RN：79-10-7

分子式：$C_3H_4O_2$

構造式：H_2C　H　C　OH　C　O

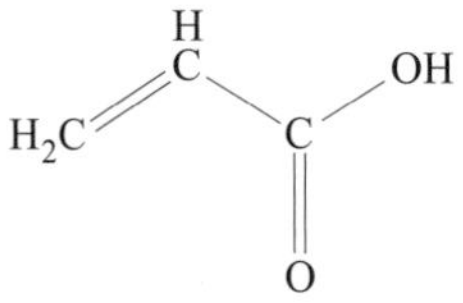

<u>**データ・判定根拠**</u>：

物理化学的性状：無色の液体、融点 14℃、沸点 141℃、引火点54℃、燃焼範囲2.4～8vol%ウサギに本物質の原液を3分間半閉塞適用した皮膚刺激性試験（OECD TG準拠）において、表層壊死、軽度の浮腫および変色が認められ、病理組織学的検査では適用部位で深部に至る限局性壊死、壊死部での表皮付属器消失、病巣周囲の中等度表皮過形成およびびまん性炎症反応が認められた。また、ウサギに本物質の原液を1分間適用した結果、腐食反応を示した。さらに、ヒトにおいて1967～1992 年の間に2 人の作業員は皮膚の腐食のため入院が必要であった。以上の結果から区分1Aとした。

<u>**分類結果**</u>：皮膚腐食性　区分1（1A）

【コラム】

動物実験と動物愛護、構造活性相関（SAR）：　さまざまな毒性試験は動物を用いて行われ、試験方法や評価方法が確立されてきた。近年、動物愛護運動の高まりにより、動物実験に変わる化学品の毒性評価が検討されている。その中の一つに構造活性相関があり、物質の化学構造の特徴から生体影響を推定し、評価しようとするものである。

【皮膚腐食性／刺激性の練習問題】

ある物質の毒性データは次のとおりである。GHSの判定基準にしたがって分類しなさい。

<u>試験結果</u>：

・試験物質が1時間3分ウサギに適用された後、瘢痕および他の不可逆的影響は見られなかった

・3羽のウサギにおける4時間適用後のスコアは以下のとおりであった。
紅斑／痂疲：2.7、3、0.66
浮腫：1.7、2、1
＜解答は216頁＞

混合物の分類に関して、GHS文書では以下のように記述している。

3.2.3　混合物の分類基準

3.2.3.1　*混合物そのもののデータが利用できる場合の混合物の分類*

3.2.3.1.1　混合物は、本有害性クラスに関するデータを評価するための段階的アプローチ（図3.2.1に示す）を考慮に入れて、物質に関する判定基準を用いて分類するべきである。

3.2.3.1.1　一般に混合物は、物質に関する判定基準を用いて、本有害性クラスに関するデータを評価するための段階的アプローチ（図3.2.1に示されている）および下記の3.2.3.1.2および3.2.3.1.3を考慮に入れて分類されるべきである。段階的アプローチを使用して分類ができない場合には、3.2.3.2（つなぎの原則）に記載されている方法、またはこれが適用できない場合には、3.2.3.3.（計算による方法）にしたがうべきである。

3.2.3.1.2　検証された試験方法により得られた*in vitro/ex vivo*データは混合物の使用では検証されていないかもしれない；これらの方法は混合物に適用可能であると広く考えられているにもかかわらず、混合物のすべての成分が使用された試験方法の適用範囲に該当する場合にのみ、これらは混合物の分類に使用することができる。それぞれの試験方法において、適用範囲に関して特別の制限が記載されており、公表されている文献でのそのような制限に関するさらなる情報と同様に、これらは考慮されなければならない。特定の試験方法の適用範囲を制限している前提または証拠を示す理由がある場合には、データの解釈には注意を払わなければならず、あるいは結果は適用できないと考えるべきである。

3.2.3.1.3　他の情報がない場合、混合物のpHが2以下もしくは11.5以上の場合には腐食性物質（皮膚区分1）と考えられる。しかしながら、もしpHがこれより低いあるいは高いにもかかわらず、アルカリ/酸予備の検討により、混合物が腐食性でないと考えられる場合には、他のデータ、出来れば適切な検証がなされた*in vitro/ex vivo*試験で確認される必要がある。

3.2.3.2　*混合物そのものについてデータが利用できない場合の混合物の分類：つなぎの原則（Bridging principle）*

3.2.3.2.1　混合物そのものは皮膚の腐食性／刺激性があるかどうかを決定する試験がなされていないが、当該混合物の有害性を適切に特定するための、個々の成分および類似の試験された混合物の両方に関して十分なデータがある場合、これらのデータは以下の合意されたつなぎの原則にしたがって利用される。これによって分類手順において、動物試験を追加する必要もなく、混合物の有害性判定に利用可能なデータを可能な限り最大限に用いられるようになる。

つなぎの原則：希釈、製造バッチ、最も高い皮膚腐食性／刺激性区分の混合物の濃縮、一つの有害性区分の中での内挿、本質的に類似した混合物、エアゾール、については本書1.3.1.1（10頁）を参照。

3.2.3.3　*混合物の全成分または一部の成分だけについてデータが利用できる場合の混合物の分類*

3.2.3.3.1　混合物の皮膚の皮膚腐食性／刺激性を分類する目的のため利用可能なすべてのデータを使用するために、下記の仮定が設定され、段階的なアプローチで適宜その仮定が適用される。

混合物の「考慮すべき成分」とは、1％以上の濃度（固体、液体、粉塵、ミストおよび蒸気については重量／重量、気体については体積／体積）で存在するものである。ただし、（例えば腐食性の成分の場合に）1％より低い濃度で存在する成分が、なお皮膚腐食性／刺激性についての分類に関係する可能性があるという前提がある場合はこの限りではない。

3.2.3.3.2　一般的に、各成分のデータは利用可能であるが、混合物そのもののデータがない場合、皮膚への腐食性あるいは刺激性として混合物を分類する方法は加成性の理論に基づいている。すなわち、皮膚への腐食性あるいは刺激性の各成分は、その程度および濃度に応じて、混合物そのものの皮膚への腐食性あるいは刺激性に寄与していると考える。腐食性成分が区分１と分類できる濃度以下で、しかし混合物を刺激性に分類するのに寄与する濃度で含まれる場合には、加重係数として10を用いる。各成分の濃度の合計が分類基準となるカットオフ値／限界濃度を超えた場合、その混合物は腐食性ないし刺激性として分類される。

3.2.3.3.3　**表3.2.3**に混合物が皮膚に対する腐食性あるいは刺激性に分類されると考えるべきかどうかを決定するために使用されるカットオフ値／濃度限界値を示した。

3.2.3.3.4　酸、塩基、無機塩、アルデヒド類、フェノール類および界面活性剤のような特定の種類の化学品を分類する場合には特別の注意を払わなければならない。これらの化合物の多くは１％未満の濃度であっても腐食性ないし刺激性を示す場合があるので、3.2.3.3.1および3.2.3.3.2に記述した方法は機能しないであろう。強酸または強アルカリを含む混合物に関して、pHは表3.2.3における濃度限界値よりも、腐食性のより適した指標であるから、分類基準として使用すべきである（3.2.3.1.2参照）。また、刺激性あるいは腐食性成分を含む混合物は、化学品の特性により、表3.2.3に示された加成方式で分類できない場合で1％以上の腐食性成分を含む場合には、皮膚腐食性区分１に、また3％以上の刺激性成分を含む場合は皮膚刺激性区分２または区分３に分類する。表3.2.3における方法が適用できない混合物の分類は**表3.2.4**にまとめられている。

3.2.3.3.5　時には、表3.2.3および表3.2.4に示されている一般的な濃度限界／カットオフ値レベル以上の濃度であっても、成分の皮膚の刺激性／腐食性の影響を否定する信頼できるデータがある場合がある。この場合には、混合物はそのデータに基づき分類を行う〔*有害な物質および混合物の分類－カットオフ値／濃度限界の活用*（1.3.3.2）参照〕。また表3.2.3および表3.2.4に示されている一般的なカットオフ濃度レベル以上の濃度であっても、成分の皮膚刺激性／腐食性がないと予想される場合は、混合物そのものでの試験実施を検討してもよい。これらの場合、3.2.3および図3.2.1に示した証拠の重み付けのための段階的なアプローチを適用すべきである。

3.2.3.3.6　ある成分に関して腐食性の場合1%、刺激性の場合3%未満の濃度で皮膚に対して腐食性／刺激性であることを示すデータがある場合には、その混合物はしかるべく分類されるべきである〔*危険有害性物質および混合物の分類－カットオフ値／濃度限界値の活用*（1.3.3.2）参照〕。

表3.2.3　皮膚区分１、２または３として分類される混合物成分の濃度、混合物を皮膚有害性と分類する際の基準（区分１、２または３）

各成分の合計による分類	混合物を分類するための成分濃度		
	皮膚腐食性	皮膚刺激性	
	区分1（下記注参照）	区分2	区分3
皮膚区分１	≧5%	＜5%、≧1%	
皮膚区分２		≧10%	＜10%、≧1%
皮膚区分３			≧10%
（10×皮膚区分１）＋皮膚区分2		≧10%	＜10%、≧1%
（10×皮膚区分１）＋皮膚区分2＋皮膚区分3			≧10%

***注記：**皮膚区分1（腐食性）の細区分が用いられる場合、混合物を1A、1B、1Cに分類するためには、皮膚区分1A、1B、1Cと分類されている混合物の成分の合計が、各々5%以上であるべきである。1Aの対象成分となる濃度が５％未満の場合で1A＋1Bの濃度が5%以上の場合には、1Bと分類すべきである。同様に1A＋1Bの対象成分となる濃度が5%未満の場合でも1A＋1B＋1Cの合計が5%以上であれば1Cに分類する。混合物の少なくとも一つの成分が細区分なしに区分1に分類されている場合には、皮膚に対して腐食性である成分の合計が5%以上である場合、混合物は細区分なしに区分1と分類されるべきである。*

表3.2.4　加成方式を適用しない混合物成分の濃度、混合物を皮膚有害性と分類する際の基準

成分	濃度	混合物の分類：皮膚
酸　　pH≦2	≧1%	区分1
塩基　pH≧11.5	≧1%	区分1
その他の腐食性（区分1）成分	≧1%	区分1
その他の刺激性（区分2/3）成分酸、塩基を含む	≧3%	区分2/3

混合物に関する皮膚腐食性／刺激性の分類演習（1）

混合物オと混合物カの皮膚腐食性／刺激性試験のデータは以下のとおりに得られている。

データ：

皮膚腐食性／刺激性分類および試験データ	
混合物オ	混合物カ
皮膚刺激性；区分2	皮膚刺激性；区分2
動物1：　平均紅斑／痂皮：2.6 平均浮腫：1.8	動物1：　平均紅斑／痂皮：3.9 平均浮腫：2.3
動物2：　平均紅斑／痂皮：2.2 平均浮腫：1.1	動物2：　平均紅斑／痂皮：3.6 平均浮腫：2.7
動物3：　平均紅斑／痂皮：2.1 平均浮腫：1	動物3：　平均紅斑／痂皮：4.0 平均浮腫：3.1

成分の濃度

成分	成分分類	重量%	
		混合物オ	混合物カ
成分1	皮膚腐食性；区分1C	3	7
成分2	皮膚刺激性；区分2	14	28
水	分類されない	83	65

皮膚腐食性／刺激性試験のデータが得られていない類似の混合物キについて、成分濃度が以下のとおりに得られている。

成分	重量%		
	混合物オ	混合物キ	混合物カ
成分1	3	4	7
成分2	14	20	28
水	83	76	65

判定根拠：

混合物キについて、ある毒性区分のつなぎの原則に内挿を適用すると、試験されていない混合物キが追加の試験なしに皮膚刺激性区分2に分類される。

分類結果：混合物キは皮膚刺激性区分2に分類される。

混合物に関する皮膚腐食性／刺激性の分類演習（2）

混合物クは皮膚腐食性／刺激性の試験データが得られていないが、加成方式が適用できる各成分の皮膚腐食性／刺激性の分類区分の情報が次のとおりに得られている。

データ：

成分	重量%	分類
成分1	94	－
成分2	4	皮膚刺激性区分2
成分3	1.4	皮膚腐食性区分1C
成分4	0.6	－

判定根拠：

皮膚腐食性区分1への該当性判断は、加成方式を適用して、区分1の成分情報から以下のように計算される。

皮膚腐食性区分1の%合計=1.4%　＜5%

よって、混合物は皮膚腐食性区分1の基準には該当しない。

皮膚刺激性区分2への該当性判断は、加成方式を適用して、区分1および区分2の成分情報から以下のように計算される。

(10×皮膚腐食性区分1の%)＋皮膚刺激性区分2の%合計＝10×1.4＋4　＝18%　≥10%

よって、混合物は皮膚刺激性区分2の基準に該当する。

分類結果：混合物［ク］は皮膚刺激性区分2に分類される。

【コラム】

加成方式と加算法：　ヒト健康有害性および環境有害性に関する混合物の毒性評価において、各成分の毒性値や有害性およびその濃度を勘案して混合物全体の有害性を評価する方法は3種類存在する。急性毒性における“additivity formula”（加算式）、皮膚腐食性／刺激性および眼に対する重篤な損傷性／眼刺激性における“additivity method”（加成方式）、環境有害性における“additivity formula”（加算式）および“summation method”（加算法）である。いずれも毒性値や有害性およびその濃度を「加算」という方法で計算する点は同じであるが、英語での表現が異なっており、和訳も使い分けた。

第3.3章　眼に対する重篤な損傷性／眼刺激性

3.3.1　定義および一般事項

3.3.1.1　*眼に対する重篤な損傷性*とは、物質または混合物へのばく露後に起こる、眼の組織損傷の生成あるいは重篤な視力低下で、完全には治癒しないものをさす。

*眼刺激性*とは、物質または混合物へのばく露後に起こる、眼に生じた変化で、完全に治癒するものをさす。

3.3.1.2　段階的アプローチにおいては、既存のヒトのデータ、既存の動物のデータ、*in vitro*のデータそしてその他の情報の順に、重きが置かれるべきである。データが判定基準を満足した時には直接に分類がされる。物質または混合物の分類は、一つの段階の中で、証拠の重み付けに基づいてなされる場合もある。証拠の重み付けによるアプローチでは、適切に評価された*in vitro*試験の結果、関連する動物データおよび疫学や臨床研究さらに記録の確かな症例報告や観察などヒトのデータを含んだ眼に対する重篤な損傷性／眼刺激性の決定に関係のあるすべての入手可能な情報は同時に検討される（第1.3章1.3.2.4.9参照）。

3.3.2　物質の分類基準

物質はこの有害性クラスでは、以下のように区分1（眼に対する重篤な損傷性）または区分2（眼刺激）のうちの一つに割り当てられる：

(a)　区分 1（眼に対する重篤な損傷性／眼に対する不可逆的作用）：
眼に対して重篤な損傷を与える可能性のある物質（**表3.3.1**参照）。

(b)　区分 2（眼刺激性／眼に対する可逆的影響）：
可逆的な眼刺激作用を起こす可能性のある物質（**表3.3.2**参照）。

「眼刺激」の分類に関して一つの区分を望む所管官庁は総合的な区分2を使用すればよい；区分2Aおよび区分2Bを区別したいところもあろう（表3.3.2参照）。

3.3.2.1　*標準的動物試験データによる分類*

3.3.2.1.1　*眼に対する重篤な損傷（区分1）／眼への不可逆的作用*

眼を重篤に損傷する可能性を有する物質には、単一の区分1の有害性区分が適用される。この有害性区分には、表3.3.1にある判定基準としての観察が含まれている。これらの所見には、試験中のどこかの時点で観察された第4段階の角膜病変およびその他の重篤な反応（例：角膜破壊）、持続性の角膜白濁、色素物質による角膜の着色、癒着、角膜の血管増殖、および虹彩機能の妨害、または視力を傷害するその他の作用を伴った動物が含まれる。ここで持続性の病変とは、通常21日間の観察期間内で完全に可逆的ではない病変をいう。有害性分類区分1にはまた、3匹の試験動物のうち少なくとも2匹で、角膜白濁≧3、または虹彩炎＞1.5が観察されるとする判定基準を充足する物質も含まれる。なぜなら、これらのような重篤な病変は、21日間の観察期間内には通常回復しないからである。

表3.3.1　眼に対する重篤な損傷性／眼への不可逆的作用区分[a, b, c]

	判定基準
区分1： 眼に対する重篤な損傷性／ 眼に対する不可逆的作用	以下の作用を示す物質： (a) 少なくとも1匹の動物で、角膜、虹彩または結膜に対する、可逆的であると予測されない作用が認められる、または通常21日間の観察期間中に完全には回復しない作用が認められる、および／または (b) 試験動物3匹中少なくとも2匹で、試験物質滴下後24、48および72時間における評価の平均スコア計算値が (i)　角膜混濁　≧3；および／または (ii)　虹彩＞1.5； で陽性反応がえられる

[a] *ヒトのデータの使用については、3.3.2.2および第1.1章〔1.1.2.5 (c)〕ならびに第1.3章（1.3.2.4.7）で述べている。*
[b] *評価基準はOECDテストガイドライン405に記載されている。*
[c] *4, 5または6匹の動物実験の評価は3.3.5.3にある判定基準にしたがうべきである。*

3.3.2.1.2　*眼刺激性（区分2）／眼に関する可逆的作用*

3.3.2.1.2.1　所管官庁によりさらに区分2Aおよび2Bに分類する必要がない、あるいはさらに分類するためのデータが十分でない場合には、可逆的な眼刺激を起こす可能性のある物質は区分2に分類するべきである。化学品が区分2と分類され、さらなる分類がない場合、分類の判定基準は区分2Aと同じである。

3.3.2.1.2.2　可逆的な眼刺激に対して二つ以上の割り当てを望む所管官庁には、2Aおよび2Bがある。

(a) データが十分で、所管官庁により要求されている場合には、物質を表3.3.2の判定基準にしたがって区分2Aまたは2Bと分類してもよい；
(b) 通常21日間の観察期間内に回復する眼刺激作用を起こす物質は区分2Aとする。7日間の観察期間内に回復する目刺激作用を起こす物質は2Bとする。

3.3.2.1.2.3　動物間で反応に極めて多様性が認められる化学品に対しては、分類の決定において、その情報を考慮してもよい。

表3.3.2　可逆的な眼への作用に関する区分[a, b, c]

	判定基準
	可逆的な眼刺激作用の可能性を持つ物質
区分 2 ／ 2A	試験動物3匹中少なくとも2匹で以下の陽性反応がえられる。 試験物質滴下後24、48および72時間における評価の平均スコア計算値が： (a)　角膜混濁 ≥ 1；および／または (b)　虹彩 ≥ 1；および／または (c)　結膜発赤 ≥ 2；および／または (d)　結膜浮腫 ≥ 2 かつ通常21日間の観察期間内で完全に回復する
区分 2B	区分2Aにおいて、上述の作用が7日間の観察期間内に完全に可逆的である場合には、眼刺激性は軽度の眼刺激（区分2B）であるとみなされる

[a] *ヒトのデータの使用については第1.1章3.3.2.2〔1.1.2.5 (c)〕および第1.3章（1.3.2.4.7）で述べている。*
[b] *評価基準はOECDテストガイドライン405に記載されている。*
[c] *4, 5 または6匹の動物実験の評価は3.3.5.3にある判定基準にしたがうべきである。*

3.3.2.2　段階的アプローチにおける分類

図3.3.1：眼に対する重篤な損傷性/眼刺激性の段階的評価（図3.2.1も参照）

段階	パラメーター	知見	結論
1a:	ヒトまたは動物での既存の眼に対する重篤な損傷性／眼刺激性データ[a] ➡	眼に対する重篤な損傷性 ➡	眼に対する重篤な損傷性と分類する
	⬇ ➘	眼刺激性 ➡	眼刺激性[b]と分類する
	陰性データ／不十分なデータ／データなし ⬇		
1b:	ヒトまたは動物での既存のデータ、皮膚腐食性 ➡	皮膚腐食性 ➡	眼に対する重篤な損傷性とみなす
	⬇ 陰性データ／不十分なデータ／データなし ⬇		
1c:	ヒトまたは動物での既存の眼に対する重篤な損傷性／眼刺激性データ[a] ➡	既存のデータでは物質は眼に対する重篤な損傷性または眼刺激性ではない ➡	区分に該当しないとする
	⬇ データなし／不十分なデータ ⬇		
2:	他の、動物による皮膚／眼に対する既存のデータ[c] ➡	はい；物質が眼に対する重篤な損傷性または眼刺激性を起こす可能性を示す他の既存のデータ ➡	眼に対する重篤な損傷性または眼刺激性[b]と分類してもよい
	⬇ データなし／不十分なデータ ⬇		

段階	パラメーター	知見	結論
3:	既存のexvivo／invitro眼データ[d] ➡ ⬇ データなし／不十分なデータ／陰性反応 ↘ ⬇	陽性：眼に対する重篤な損傷性 ➡ 陽性：眼刺激性 ➡	眼に対する重篤な損傷性と分類する 眼刺激性[b]と分類する
4:	pHに基づいた評価（化学品の酸／アルカリ予備を検討）[e] ➡ ⬇ 極端なpHではない、pHデータなし、または極端なpHであるが酸／アルカリ予備の低／無を示すデータあり ⬇	pH2以下または 11.5以上、高い酸／アルカリ予備または酸／アルカリ予備に関するデータなし ➡	眼に対する重篤な損傷性と分類する
5:	↗ 検証された構造活性相関（SAR）による方法 ➡ ⬇ ↘ データなし／不十分なデータ ⬇	眼に対する重篤な損傷性 ➡ 眼刺激性 ➡ 皮膚腐食性 ➡	眼に対する重篤な損傷性とみなす 眼刺激性[b]とみなす 眼に対する重篤な損傷性とみなす
6:	全体的な証拠の重みづけ[f]を検討 ➡ ⬇ ↘	眼に対する重篤な損傷性 ➡ 眼刺激性 ➡	眼に対する重篤な損傷性とみなす 眼刺激性[b]とみなす
7:	区分に該当しない		

[a] ヒトまたは動物の既存のデータは、単回あるいは反復ばく露から得られるであろう；例えば職業、消費者、輸送あるいは緊急時対応場面など；または検証され国際的に容認された試験方法にしたがった動物研究による目的を持って得られたデータ。事故あるいは中毒センターデータベースからのヒトデータは分類の証拠となるが、ばく露が一般には未知であるあるいは不確かなので、事例がないということがそれ自体で分類しなくてもよいという証拠にはならない；

[b] 適当な区分に分類する、適用する場合；

[c] 眼に対する重篤な損傷性／眼刺激性に関する十分な証拠が入手可能かどうかをみるために、他の同様な情報を通して、既存の動物データを注意深く検討するべきである。すべての皮膚刺激物質が眼刺激物質とは限らないことが知られている。このような決定をする前に専門家の判断が行われるべきである。

[d] 分離されたヒト／動物の組織を用いた検証されたプロトコールあるいは他の検証されてはいるが組織は用いないプロトコールを使った試験からの証拠が評価されるべきである。国際的に容認され、検証された眼腐食性および重篤な刺激性（すなわち眼に対する重篤な損傷性）を同定する試験方法の例として、OECD TG 437 (Bovine Corneal Opacity and Permeability (BCOP))、438 (Isolated Chicken Eye (ICE))および460 (Fluorescein leakage(FL))がある。現在、眼刺激性に関して、検証され国際的に容認されているin vitro 試験方法はない。皮膚腐食性に関して検証されたin vitro 試験による陽性の試験結果が、眼に対する重篤な損傷を起こすとした分類に結びついている；

[e] pHだけの測定で十分であろうが、酸またはアルカリ予備（緩衝能力）の評価が望ましい。現在、このパラメーターを評価するための検証された国際的に容認されている方法はない；

[f] 入手可能なすべての情報は検討されるべきであり、総合的な証拠の重みづけがなされるべきである。これは特にいくつかのパラメーターに関する情報に矛盾があるときにあてはまる。皮膚刺激に関する情報を含んだ証拠の重みづけが眼刺激性の分類につながる可能性がある。検証されたin vitro試験による陰性結果は総合的な証拠の重みづけにおいて考慮される。

眼に対する重篤な損傷性／眼刺激性の分類演習

眼に対する重篤な損傷性／眼刺激性の違いは21日以内に完全に治癒するか、治癒しないかの違いである。皮膚腐食性のある物質については眼に対する重篤な損傷性の可能性もあるとして考える。

【オルト-クレゾール】

CAS RN：95-48-7

分子式：C_7H_8O

構造式：

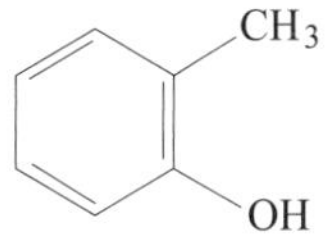

データ・判定根拠：

物理化学的性状：固体、融点 31℃、沸点 191℃、引火点76℃、燃焼下限1.3vol%

ウサギに本物質の33%溶液を適用した試験で、持続性の角膜混濁と血管新生がみられた。また、本物質はウサギの眼に対して強度の刺激性または腐食性を示すとの記載がある。以上により、区分1とした。

分類結果：眼に対する重篤な損傷性　区分1

【アクリル酸】

CAS RN：79-10-7

構造式：$C_3H_4O_2$

構造式：

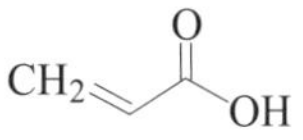

データ・判定根拠：

物理化学的性状：無色の液体、融点 14℃、沸点 141℃、引火点54℃、燃焼範囲2.4～8vol%

ウサギを用いた眼刺激性試験において、原液の適用により強い刺激性を示し、投与後20日後に眼瞼の瘢痕、角膜混濁が持続することが報告されている。また、ヒトに対しても眼刺激性を示すとの記載がある。

分類結果：眼に対する重篤な損傷性　区分1

【眼に対する重篤な損傷性／眼刺激性の練習問題1】

ある物質の毒性データは次のとおりである。GHSの判定基準にしたがって分類しなさい。

試験結果：

・OECD405テストガイドラインにしたがって、3羽のウサギの眼に試験物質を適用し、試験物質滴下後24、48および72時間におけるそれぞれの病変の、平均スコア計算値がそれぞれ以下のようであった。

角膜の混濁：2、2、1.3

虹彩炎：1、1、1

結膜発赤：2、1、1

結膜浮腫：3、1.7、2.3

可逆性：影響は可逆的

＜解答は216頁＞

【眼に対する重篤な損傷性／眼刺激性の練習問題2】

ある物質は脂肪族第二級アミンで、試験結果等は以下のとおりである。GHSの判定基準にしたがって分類しなさい。

試験結果等：

- 試験データはない。
- 当該物質は、皮膚腐食性のある同様の構造を持つ物質と構造活性相関（SAR）があると専門家判断されている。

＜解答は217頁＞

混合物の分類に関して、GHS文書では以下のように記述している。

3.3.3　混合物の分類基準

3.3.3.1　*混合物そのもののデータが利用できる場合の混合物の分類*

3.3.3.1.1　混合物は、物質に関する判定基準を用いて、本有害性クラスに関するデータを評価するために段階的アプローチ（図3.3.1に示す）を考慮に入れて分類するべきである。

3.3.3.1.2　分類者が混合物の試験実施について検討する際には、正確に分類しかつ不必要な動物試験を回避するため、皮膚腐食性、眼に対する重篤な損傷性および眼刺激性に関する物質の分類基準に記載されているとおり、証拠の重み付けのための段階的アプローチをとることが推奨される。他の情報がない場合には、混合物のpHが2以下もしくは11.5以上の場合には、重篤な眼損傷を起こす（眼区分1）と推定する。しかし、酸／アルカリ予備の検討により混合物が、高あるいは低pHにもかかわらず、眼に対して重篤な損傷を起こさないと考えられる場合には、他のデータ、できれば適切な検証された*in vitro*の試験のデータを用いて、これを確認する必要がある。

3.3.3.2　*混合物そのものについてデータが利用できない場合の混合物の分類：つなぎの原則（Bridging principle）*

3.3.3.2.1　混合物そのものは皮膚腐食性、眼に対する重篤な損傷性ないし眼刺激性を決定する試験がなされていないが、当該混合物の有害性を適切に特定するための、個々の成分および類似の試験された混合物の両方に関して十分なデータがある場合、これらのデータは以下の合意されたつなぎの原則にしたがって利用される。これによって分類手順において、動物試験を追加する必要もなく、混合物の有害性判定に利用可能なデータを可能な限り最大限に用いることができるようになる。

つなぎの原則：希釈、製造バッチ、最も高い眼に対する重篤な損傷性/眼刺激性区分の混合物の濃縮、一つの有害性区分の中での内挿、本質的に類似した混合物、エアゾール、については本書1.3.1.1（10頁）を参照。

3.3.3.3 *混合物の全成分または一部の成分だけについてデータが入手された場合の混合物の分類*

3.3.3.3.1　混合物の眼に対する重篤な損傷性／眼刺激性を分類する目的のため利用可能なすべてのデータを使用するために、以下の前提が必要で、その際には、段階的な方法が適用される。

混合物の「考慮すべき成分」とは、1％以上の濃度（固体、液体、粉塵、ミストおよび蒸気については重量／重量、気体については体積／体積）で存在するものである。ただし、（特に腐食性の成分の場合に）1％より低い濃度で存在する成分が、なお眼に対する重篤な損傷性／眼刺激性についての分類に関係する可能性はないという条件が必要である。

3.3.3.3.2　一般的に、各成分のデータは入手されたが、混合物そのもののデータがない場合、眼の重篤な損傷性または眼刺激性として混合物を分類する方法は加成の理論に基づく。すなわち、腐食性ないし重篤な損傷性／刺激性の各成分がその程度と濃度に応じて、混合物そのものの眼に対する重篤な損傷性／眼刺激性に寄与しているという理論である。腐食性および眼に対する重篤な損傷性の成分が区分1と分類できる濃度以下であるが、混合物を眼に対する重篤な損傷性／刺激性に分類するのに寄与する濃度で含まれる場合には、加重係数として10を用いる。各成分の濃度の合計がカットオフ値／限界濃度を超えた場合、その混合物は眼に対する重篤な損傷性または眼刺激性として分類される。

3.3.3.3.3　**表3.3.3**に混合物を眼に対する重篤な損傷性あるいは眼刺激性に分類すべきかを決定するためのカットオフ値／濃度限界を示した。

3.3.3.3.4　酸、塩基、無機塩、アルデヒド、フェノールおよび界面活性剤のようなある特定の種類の化学品を分類する場合には特別の注意を払わなければならない。これらの化合物の多くは1％未満の濃度であっても眼に対する重篤な損傷性／眼刺激性を示す場合があるので、3.3.3.3.1および3.3.3.3.2に記述した方法は機能しないであろう。強酸または強塩基を含む混合物に関して、pHは表3.3.3にある濃度限界値よりも眼に対する重篤な損傷性（酸／アルカリ予備の検討が必要）のよりよい指標であるから、分類基準として使用すべきである（3.3.3.1.2参照）。眼に対する重篤な損傷性／眼刺激性の成分を含む混合物で、化学品の特性により、表3.3.3に示された加成法に基づいて分類できない場合、1％以上の腐食性および眼に対する重篤な損傷性の成分を含む場合には、眼区分1に分類する。また、3％以上の眼刺激性成分を含む場合は眼区分2に分類する。表3.3.3の方法が適用できない混合物の分類は**表3.3.4**にまとめられている。

3.3.3.3.5　時には、表3.3.3および3.3.4に示されている一般的なカットオフ値／濃度限界を超えるレベルで存在するのに、眼の不可逆的／可逆的な影響を否定する信頼できるデータがある場合がある。この場合には、混合物はそのデータに基づき分類できる（1.3.3.2「*カットオフ値／濃度限界の使用*」参照）。また、ある成分が表3.3.3および3.3.4に述べる一般的な濃度／カットオフレベル以上であっても、皮膚の腐食性／刺激性、あるいは眼への不可逆的／可逆的影響がないと予想される場合は、混合物そのものでの試験実施を検討してもよい。これらの場合、3.3.3および図3.3.1で述べ、本章で詳細に説明したように、証拠の重み付けのための段階的アプローチを適用すべきである。

表3.3.3　皮膚区分１または眼区分１、２として分類される混合物成分の濃度、混合物を眼有害性と分類する際の基準（区分１または２）

各成分の合計による分類	混合物を分類するための成分濃度	
	眼に対する重篤な損傷性	眼刺激性
	区分1	区分2/2A
皮膚区分 1+ 眼区分1 [a]	≥ 3%	≥ 1% 、< 3%
眼区分2		≥ 10%[b]
10 ×（皮膚区分1 + 眼区分1）[a] + 眼区分2		≥ 10%

[a]　*一つの成分が皮膚区分1および眼区分1の両方に分類されていた場合、その濃度は計算に一度だけ入れる；*
[b]　*すべての関連する成分が眼区分2Bと分類されている場合、混合物は眼区分2Bと分類してもよい。*

表3.3.4　加成方式を適用しない混合物成分の濃度、混合物を眼有害性と分類する際の基準

成分	濃度	混合物の分類 眼
酸　　pH ≦ 2	≧1%	区分1
塩基　pH ≧ 11.5	≧1%	区分1
その他の腐食性（眼区分1）成分	≧1%	区分1
その他の眼刺激性（眼区分2）成分（酸、塩基を含む）	≧3%	区分2

3.3.3.3.6　ある成分について、皮膚腐食性ないし眼に対する重篤な損傷性の場合1%未満、眼刺激性の場合3%未満の濃度でも、皮膚腐食性ないし眼に対する重篤な損傷性／眼刺激性であることを示すデータがある場合は、混合物はそれにしたがって分類されるべきである（1.3.3.2「*カットオフ値／濃度限界の使用*」参照）。

混合物に関する眼に対する重篤な損傷性／眼刺激性の分類演習

混合物ケは眼に対する刺激性の試験データが得られていない。
加成方式が適用できる各成分のデータは以下のように得られている。また、いずれの成分も皮膚腐食性／刺激性の分類情報は得られていない。

データ：

成分	重量%	分類
成分1	90	−
成分2	5	眼刺激性区分2A
成分3	3	−
成分4	1.2	眼の重篤な損傷性区分1
成分5	0.8	−

判定根拠：

眼の重篤な損傷性区分1への該当性判断は、加成方式を適用して、区分1の成分情報から以下のように計算される。

(a) 眼区分1の%合計=1.2%　<3%
(b) 皮膚区分1の%合計=0%　<3%
(c) 皮膚区分1の%合計＋眼区分1の%合計=1.2%　<3%

よって、混合物は眼の重篤な損傷性区分1の基準には該当しない。

眼刺激性区分2への該当性判断は、加成方式を適用して、区分1および区分2の成分情報から以下のように計算される。

(d) 10×眼区分1の％合計＋眼区分2の％合計＝10×1.2＋5％＝17％　≥10％

よって、混合物は眼刺激性区分2の基準に該当する。

分類結果：混合物ケは眼刺激性区分2に分類される。

第3.4章　呼吸器感作性または皮膚感作性

3.4.1　定義および一般事項

3.4.1.1　*呼吸器感作性*とは、物質または混合物の吸入後に起こる、気道の過敏症をさす。
*皮膚感作性*とは、物質または混合物に皮膚接触した後に起こる、アレルギー性反応をさす。

3.4.1.2　本章では感作性に二つの段階を含んでいる。最初の段階はアレルゲンへのばく露による個人の特異的な免疫学的記憶の誘導(induction)である。次の段階は惹起(elicitation)、すなわち、感作された個人がアレルゲンにばく露することにより起こる細胞性あるいは抗体性のアレルギー反応である。

3.4.1.3　呼吸器感作性で、誘導から惹起段階へと続くパターンは一般に皮膚感作性でも同じである。皮膚感作性では、免疫システムが反応を学ぶ誘導段階を必要とする。続いて起こるばく露が視認できるような皮膚反応を惹起するのに十分であれば臨床症状となって現れる（惹起段階)。したがって、予見的試験は、まず誘導期があり、さらにそれへの反応が通常はパッチテストを含んだ標準化された惹起期によって測定されるパターンにしたがう。誘導反応を直接的に測定する局所のリンパ節試験は例外的である。ヒトでの皮膚感作性の証拠は普通診断学的パッチテストで評価される。

3.4.1.4　通常皮膚および呼吸器感作性では、惹起に必要なレベルは誘導に必要なレベルよりも低い。感作された人に混合物中の感作物質の存在を知らせるための対策を3.4.4.2に示した。

3.4.1.5　「呼吸器感作性または皮膚感作性」の有害性区分は次のように分かれる。

(a)　呼吸器感作性、および

(b)　皮膚感作性

3.4.2　物質の分類基準

3.4.2.1　*呼吸器感作性物質*

3.4.2.1.1　*有害性区分*

3.4.2.1.1.1　呼吸器感作性物質は、所管官庁によって細区分が要求されていない場合または細区分のためのデータが十分でない場合には、区分1に分類しなければならない。

3.4.2.1.1.2　データが十分にありまた所管官庁が要求している場合には、3.4.2.1.1.3にしたがって細区分1A（強い感作性物質）または細区分1B（他の呼吸器感作性物質）に細かく評価する。

3.4.2.1.1.3　呼吸器感作性物質については、通常ヒトまたは動物でみられた影響は証拠の重み付けにより分類の根拠となる。**表3.4.1**における判定基準にしたがいヒトの症例または疫学的研究および／または実験動物における適切な研究結果による信頼できる質のよい証拠に基づいて、証拠の重み付けにより、物質は二つの細区分1Aまたは1Bのどちらかに分類される。

表3.4.1　呼吸器感作性物質の有害性区分および細区分

区分1：	呼吸器感作性物質
	物質は呼吸器感作性物質として分類される (a)　ヒトに対し当該物質が特異的な呼吸器過敏症を引き起こす証拠がある場合、または (b)　適切な動物試験により陽性結果が得られている場合。
細区分1A：	ヒトで高頻度に症例がみられる；または動物や他の試験に基づいたヒトでの高い感作率の可能性がある。反応の重篤性についても考慮する。
細区分1B：	ヒトで低～中頻度に症例がみられる；または動物や他の試験に基づいたヒトでの低～中の感作率の可能性がある。反応の重篤性についても考慮する。

3.4.2.1.2　*ヒトでの証拠*

3.4.2.1.2.1　物質が特異的な呼吸器過敏症を起こす可能性があるとする証拠は、通常はヒトでの経験を元にして得られる。この場合、過敏症は通常喘息として観察されるが、例えば鼻炎／結膜炎および肺胞炎のようなその他の過敏症なども考えられる。アレルギー性反応の臨床的特徴を有することが条件となる。ただし、免疫学的メカニズムは示す必要はない。

3.4.2.1.2.2　ヒトでの証拠を考える場合、分類の決定には事例から得られる証拠に加えて、さらに下記のことに考慮する必要がある。
(a)　ばく露された集団の大きさ
(b)　ばく露の程度

3.4.2.1.2.3　上記に述べた証拠には下記のものが考えられる。
(a) 臨床履歴および当該物質へのばく露に関連する適切な肺機能検査より得られたデータで、下記の項目、およびその他の裏付け証拠により確認されたもの
(i)　*in vivo*免疫学的試験（例：皮膚プリック試験）
(ii)　*in vitro*免疫学的試験（例：血清学的分析）
(iii)　例えば反復低濃度刺激、薬理学的介在作用など、免疫学的作用メカニズムがまだ証明されていないその他の特異的過敏症反応の存在を示す試験
(iv)　呼吸器過敏症の原因となることがわかっている物質に関連性のある化学構造
(b)　特異的過敏症反応測定のために認められた指針に沿って実施された、当該物質についての気管支負荷試験の陽性結果

3.4.2.1.2.4　臨床履歴には、特定の物質に対するばく露と呼吸器過敏症発生の間の関連性を決定するための、病歴および職歴の両方が記載されるべきである。該当する情報として、家庭および職

場の両方での悪化要因、疾患の発症および経過、問題となっている患者の家族歴および病歴などが含まれる。この病歴にはさらに、子供時代からのその他のアレルギー性または気道障害についての記録および喫煙歴についても記載されるべきである。

3.4.2.1.2.5　気管支負荷試験の陽性結果は、分類のための十分な証拠になると考えられる。しかし、臨床現場では、実際には上記の試験の多くはすでに実施されているであろう。

3.4.2.1.3　*動物試験*

ヒトに吸入された場合に過敏症の原因となる可能性を示すような適切な動物試験から得られるデータには、下記のようなものがある。

(a)　例えばマウスを用いた免疫グロブリン E（IgE）およびその他特異的免疫学的項目の測定

(b)　モルモットにおける特異的肺反応

3.4.2.2　*皮膚感作性物質*

3.4.2.2.1　*有害性区分*

3.4.2.2.1.1　皮膚感作性物質は、所管官庁によって細区分が要求されていない場合または細区分のためのデータが十分でない場合には、区分 1 に分類しなければならない。

3.4.2.2.1.2　データが十分にありまた所管官庁が要求している場合には、3.4.2.2.1.3 にしたがって細区分 1A（強い感作性物質）または細区分 1B（他の皮膚感作性物質）に細かく評価する。

3.4.2.2.1.3　皮膚感作性物質については、3.4.2.2.2 に記載されているように、通常ヒトまたは動物でみられた影響は証拠の重み付けにより分類の根拠となる。**表 3.4.2** における判定基準により、細区分 1A については 3.4.2.2.2.1 および 3.4.2.2.3.2、細区分 1B については 3.4.2.2.2.2 および 3.4.2.2.3.3 の手引きにしたがい、ヒトの症例または疫学的研究および／または実験動物における適切な研究結果による信頼できる質のよい証拠に基づいて、証拠の重み付けにより、物質は二つの細区分 1A または 1B のどちらかに分類される。

表 3.4.2　皮膚感作性物質の有害性区分および細区分

区分 1：	皮膚感作性物質
	物質は皮膚感作性物質として分類される (a)　物質が相当な数のヒトに皮膚接触により過敏症を引き起こす証拠がある場合、または (b)　適切な動物試験により陽性結果が得られている場合
細区分 1A：	ヒトで高頻度に症例がみられるおよび／または動物での高い感作能力からヒトに重大な感作を起こす可能性が考えられる。反応の重篤性についても考慮する
細区分 1B：	ヒトで低～中頻度に症例がみられるおよび／または動物での低～中の感作能力からヒトに感作を起こす可能性が考えられる。反応の重篤性についても考慮する

3.4.2.2.2　ヒトでの証拠

3.4.2.2.2.1　細区分 1A となるヒトでの証拠には以下のものがある；

（a）≦500μg/cm^2（HRIPT、HMT－誘導閾値）で陽性反応；
（b）比較的低レベルのばく露を受けた対象集団において、比較的高い率で相当程度の陽性反応を示すパッチテストのデータ；
（c）比較的低レベルのばく露を受けた対象集団において、アレルギー性接触皮膚炎の比較的高い率で相当程度の陽性反応を示す他の疫学的な証拠。

3.4.2.2.2.2　細区分1Bとなるヒトでの証拠には以下のものがある；
（a）>500μg/cm^2（HRIPT、HMT－誘導閾値）で陽性反応；
（b）比較的高レベルのばく露を受けた対象集団において、比較的低い率ではあるが相当程度の陽性反応を示すパッチテストのデータ；
（c）比較的高レベルのばく露を受けた対象集団において、アレルギー性接触皮膚炎の比較的低い率ではあるが相当程度の陽性反応を示す他の疫学的な証拠。

3.4.2.2.3　*動物試験*

3.4.2.2.3.1　皮膚感作性区分1について、アジュバントを用いる種類の試験方法が用いられる場合、動物の30%以上で反応があれば陽性であると考えられる。アジュバントを用いないモルモット試験方法では、動物の少なくとも15%以上で反応があれば陽性であると考えられる。区分1に関して、局所リンパ節検査において刺激指標値が3以上であれば陽性反応と考えられる。皮膚感作性に関する試験方法は、OECDガイドライン406（モルモットマキシマイゼーション試験およびBuehlerモルモット試験）とガイドライン429（局所リンパ節検定）に定められている。他の方法でも有効性が確認され科学的な根拠が得られているならば使用してもよい。マウス耳介腫脹試験（MEST）は、中程度から強い感作性物質検出に信頼できるスクリーニング法であると思われ、皮膚感作性評価の第一段階として用いることができる。

3.4.2.2.3.2　動物試験結果による細区分1Aは、下記の**表3.4.3**に示されている値による：

表3.4.3　動物試験結果による細区分1A

検査	判定基準
局所リンパ節検査	EC3値 ≦2%
モルモットマキシマイゼーション試験	皮内投与量≦0.1%で、≧30%の反応　または 皮内投与量＞0.1%、≦1%で、≧60%の反応
Buehlerモルモット試験	局所投与量≦0.2%で、≧15% の反応　または 局所投与量＞0.2%、≦20%で、≧60%の反応

3.4.2.2.3.3　動物試験結果による細区分1Bは、下記の**表3.4.4**に示されている値による：

表3.4.4　動物試験結果による細区分1B

検査	判定基準
局所リンパ節検査	EC3値 >2%
モルモットマキシマイゼーション試験	皮内投与量>0.1%、≦1%で、≧30%、<60%の反応　または 皮内投与量>1%で、≧30%の反応
Buehlerモルモット試験	局所投与量>0.2%、≦20%で、≧15%、<60%の反応　または 局所投与量>20%で、≧15%の反応

呼吸器または皮膚感作性の分類演習

【無水フタル酸】
CAS RN：85-44-9
分子式：$C_8H_4O_3$
構造式：

<u>データ・判定根拠</u>：

物理化学的性状：特徴的な鼻をつく臭気を持つ白色固体、融点 130.8℃、沸点 295℃、引火点 152℃、燃焼範囲1.7 ～10.4vol%

日本産業衛生学会で気道感作性物質の第1群に分類されている。また、喘息とアレルギー性鼻炎の最初の事例が1939年に報告されて以来、呼吸器感作物質として知られている。本物質を扱う作業者において喘息の報告が複数あり、118人の疫学調査で、13人（11%）に慢性気管支炎、21人（18%）に喘息の報告や、アルキド樹脂（ポリエステル樹脂の一種であるが、塗料や印刷インキの業界ではアルキド樹脂と呼ぶ。材料に無水フタル酸を用いるのが一般的）製造工場で働く作業者35人の調査において、5人に喘息、6人に慢性気管支炎がみられたとの報告がある。以上の結果から、区分1Aと判断した。

<u>分類結果</u>：呼吸器感作性　区分1A

【皮膚感作性の練習問題】
ある物質の動物試験結果は以下のとおりである。GHSの判定基準にしたがって分類しなさい。
<u>試験結果</u>：
局所リンパ節検査：EC（刺激指標）3値＝0.5%
モルモットマキシマイゼーション試験：皮内投与量0.375%で70%の陽性反応
＜解答は217頁＞

混合物の分類に関して、GHS文書では以下のように記述している。

3.4.3　混合物の分類基準

3.4.3.1　*混合物そのものについて試験データが入手できる場合の混合物の分類*

混合物について、物質に関する分類判定基準で記述されているとおり、ヒトの経験または適切な動物実験から信頼できる質のよい証拠が利用できる場合には、混合物はこのデータの証拠の重みの評価によって分類できる。混合物に関するデータを評価する際には、使用する用量が結論を不確かにさせていないかに注意を払うべきである（一部の所管官庁による特別なラベル表示要件については、本章の表3.4.5の注記および3.4.4.2を参照）。

3.4.3.2　*混合物そのものについて試験データが入手できない場合の混合物の分類：つなぎの原則（Bridging principle）*

3.4.3.2.1　混合物そのものは感作性を決定する試験がなされていないが、当該混合物の有害性を適切に特定するための、個々の成分および類似の試験された混合物の両方に関して十分なデータがある場合、これらのデータは以下の合意されたつなぎの原則にしたがって使用される。これによって、分類プロセスで動物試験を追加する必要もなく、混合物の有害性判定に入手されたデータを可能な限り最大限に用いられるようになる。

つなぎの原則：希釈、製造バッチ、毒性の高い混合物の濃縮、一つの有害性区分の中での内挿、本質的に類似した混合物、エアゾール、については本書1.3.1.1（10頁）を参照。

3.4.3.3　*混合物の全成分または一部の成分だけについてデータが入手できた場合の混合物の分類*

混合物は、少なくとも一つの成分が呼吸器感作性物質または皮膚感作性物質として分類され、固体／液体と気体についてそれぞれ**表3.4.5**に示したように、それぞれの生体影響に示されたカットオフ値／濃度限界以上で存在する場合、呼吸器感作性物質または皮膚感作性物質として分類されるべきである。

3.4.4　危険有害性情報の伝達

3.4.4.2　感作性ありと分類されている一部の化学品は、表3.4.5のカットオフ値よりも少ない量で混合物中に存在しても、すでに感作されている個人に反応を惹起することがあろう。これらの人々を保護するために、関係所管官庁は、混合物として感作性物質であるかないかにかかわらずラベルに補足的な情報として成分名の記載を要求することができる。

表3.4.5　混合物の分類基準となる呼吸器感作性物質または皮膚感作性物質として分類された混合物成分のカットオフ値／濃度限界

成分の分類：	混合物の分類基準となるカットオフ値／濃度限界		
	呼吸器感作性物質 区分1		皮膚感作性物質 区分1
	固体／液体	気体	すべての物理的状態
呼吸器感作性物質 区分1	≧0.1%（注記）	≧0.1%（注記）	
	≧1.0%	≧0.2%	
呼吸器感作性物質 細区分1A	≧0.1%	≧0.1%	
呼吸器感作性物質 細区分1B	≧1.0%	≧0.2%	
皮膚感作性物質 区分1			≧0.1%（注記）
			≧1.0%
皮膚感作性物質 細区分1A			≧0.1%
皮膚感作性物質 細区分1B			≧1.0%

***注記：**一部の所管官庁は、3.4.4.2に記載されているように0.1～1.0%（またはガス状の呼吸器感作性物質については0.1～0.2%）の間の濃度で感作性成分を含む混合物に対して、SDSおよび／または追加のラベル表示を要求してもよい。現行のカットオフ濃度は既存のシステムを反映したものであり、特別なケースでは、これ以下のレベルでも情報を伝えてもよいことは広く認められている。*

【混合物に関する呼吸器感作性の分類演習】

混合物コ（液体）の呼吸器感作性に関するデータ：

	重量%	呼吸器感作性分類
成分1	0.5	区分1
成分2	0.4	区分1B
成分3	3	-
成分4	96.1	-

★パターン1：対象国の法令等（米国HCS のタイプ）により区分1の成分のカットオフ値／濃度限界に≧0.1%が採用されている場合

判定根拠

- 混合物コは呼吸器感作性区分1の成分（成分1）を0.5%含んでおり、成分1の濃度は0.1%以上なので、混合物コは区分1の基準に該当する。
- 混合物コは呼吸器感作性区分1Bの成分（成分2）を0.4%含んでいるが、成分2の濃度は1.0%以上ではないので、混合物コは区分1の基準に該当しない。

分類結果：混合物コは呼吸器感作性区分1に分類される。

★パターン2：対象国の法令等（日本JIS、EU CLP等のタイプ）により区分1の成分のカットオフ値／濃度限界に≧1.0%が採用されている場合

判定根拠

- 混合物コは呼吸器感作性区分1の成分（成分1）を0.5%含んでいるが、成分1の濃度は1.0%以上ではないので、混合物コは区分1の基準に該当しない。
- 混合物コは呼吸器感作性区分1Bの成分（成分2）を0.4%含んでいるが、成分2の濃度は1.0%以上ではないので、混合物コは区分1の基準に該当しない。

分類結果：混合物コは呼吸器感作性の区分に該当しない。

【混合物に関する皮膚感作性の分類演習】

混合物物コ（液体）の皮膚感作性に関するデータ：

	重量%	皮膚感作性分類
成分1	0.5	区分1
成分2	0.4	区分1A
成分3	3	-
成分4	96.1	-

★パターン1：対象国の法令等（米国HCSのタイプ）により区分1の成分のカットオフ値／濃度限界に≧0.1%が採用されている場合

判定根拠

- 混合物コは皮膚感作性区分1の成分（成分1）を0.5%含んでおり、成分1の濃度は0.1%以上なので、混合物コは区分1の基準に該当する。
- 混合物コは皮膚感作性区分1Aの成分（成分2）を0.4%含んでおり、成分2の濃度は0.1%以上なので、混合物コは区分1Aの基準に該当する。

<u>分類結果</u>：混合物[コ]は皮膚感作性区分1に分類される。

★パターン2：対象国の法令等（日本JIS、EU CLP等のタイプ）により区分1の成分のカットオフ値／濃度限界に≧1.0%が採用されている場合

<u>判定根拠</u>

・混合物[コ]は皮膚感作性区分1の成分（成分1）を0.5%含んでいるが、成分1の濃度は1.0%以上ではないので、混合物[コ]は区分1の基準に該当しない。

・混合物[コ]は皮膚感作性区分1Aの成分（成分2）を0.4%含んでおり、成分2の濃度は0.1%以上なので、混合物[コ]は区分1の基準に該当する。

<u>分類結果</u>：混合物[コ]は皮膚感作性区分1に分類される。

第3.5章　生殖細胞変異原性

3.5.1　定義および一般事項

3.5.1.1　*生殖細胞変異原性*とは、物質または混合物へのばく露後に起こる、生殖細胞における構造的および数的な染色体の異常を含む、遺伝性の遺伝子変異をさす。

3.5.1.2　この有害性クラスは主として、ヒトにおいて次世代に受継がれる可能性のある突然変異を誘発すると思われる化学品に関するものである。一方、*in vitro*での変異原性／遺伝毒性試験、および*in vivo*での哺乳類体細胞を用いた試験も、この有害性クラスの中で分類する際に考慮される。

3.5.1.3　本文書では、変異原性、変異原性物質、突然変異および遺伝毒性についての一般的な定義が採用されている。ここで*突然変異*とは、細胞内遺伝物質の量または構造の恒久的変化として定義されている。

3.5.1.4　*突然変異*という用語は、表現型レベルで発現されるような経世代的な遺伝的変化と、その根拠となっているDNAの変化（例えば、特異的塩基対の変化および染色体転座など）の両方に適用される。*変異原性*および*変異原性物質*という用語は、細胞または生物の集団における突然変異の発生を増加させる物質について用いられる。

3.5.1.5　より一般的な用語である*遺伝毒性物質*および*遺伝毒性*とは、DNAの構造や含まれる遺伝情報、またはDNAの分離を変化させる物質あるいはその作用に適用される。これには、正常な複製過程の妨害によりDNAに損傷を与えるものや、非生理的な状況において（一時的に）DNA複製を変化させるものもある。遺伝毒性試験結果は、一般的に変異原性作用の指標として採用される。

3.5.2　物質の分類基準

3.5.2.1　本分類システムは、利用可能な証拠の重みを取り入れられるように、生殖細胞に対する変異原性物質に2種類の区分を設けている。この2種類の区分によるシステムを以下に示す。

図3.5.1　生殖細胞変異原性物質の有害性区分

<table>
<tr><td>

区分1：ヒト生殖細胞に経世代突然変異を誘発することが知られているかまたは経世代突然変異を誘発するとみなされている物質

区分1A：ヒト生殖細胞に経世代突然変異を誘発することが知られている物質

ヒトの疫学的調査による陽性の証拠。

区分1B：ヒト生殖細胞に経世代突然変異を誘発するとみなされるべき物質

(a) 哺乳類における *in vivo* 経世代生殖細胞変異原性試験による陽性結果、または

(b) 哺乳類における *in vivo* 体細胞変異原性試験による陽性結果に加えて、当該物質が生殖細胞に突然変異を誘発する可能性についての何らかの証拠。この裏付け証拠は、例えば生殖細胞を用いる *in vivo* 変異原性／遺伝毒性試験より、あるいは、当該物質またはその代謝物が生殖細胞の遺伝物質と相互作用する機能があることの実証により導かれる。または

(c) 次世代に受継がれる証拠はないがヒト生殖細胞に変異原性を示す陽性結果；例えば、ばく露されたヒトの精子中の異数性発生頻度の増加など。

区分２：ヒト生殖細胞に経世代突然変異を誘発する可能性がある物質

哺乳類を用いる試験、または場合によっては下記に示す *in vivo* 試験による陽性結果

(a) 哺乳類を用いる *in vivo* 体細胞変異原性試験、または

(b) *in vivo* 変異原性試験の陽性結果により裏付けられたその他の *in vivo* 体細胞遺伝毒性試験

注記： *哺乳類を用いる in vivo 変異原性試験で陽性となり、さらに既知の生殖細胞変異原性物質と化学的構造活性相関を示す物質は、区分2変異原性物質として分類されるとみなすべきである。*

</td></tr>
</table>

3.5.2.2　分類のためには、ばく露動物の生殖細胞または体細胞における変異原性または遺伝毒性作用を判定する実験より得られた試験結果が考慮される。*in vitro* 試験で判定された変異原性または遺伝毒性作用もまた考慮されてよい。

3.5.2.3　本システムは有害性に基づき、生殖細胞に突然変異を誘発する性質を本来持っている物質を分類する。したがって本スキームは、物質の（定量的）リスク評価のためのものではない。

3.5.2.4　ヒト生殖細胞に対する経世代的な影響の分類は、適切に実施され、十分に有効性が確認された試験に基づいて行う。OECDテストガイドラインに定められた方法にしたがった試験を用いるのが望ましい。試験結果は専門家の判断により評価され、入手可能な証拠すべてを比較検討して分類すべきである。

3.5.2.5　*in vivo* 生殖細胞経世代変異原性試験の例
- げっ歯類を用いる優性致死試験（OECD478）
- マウスを用いる相互転座試験（OECD485）
- マウスを用いる特定座位試験

3.5.2.6　*in vivo* 体細胞変異原性試験の例
- 哺乳類骨髄細胞を用いる染色体異常試験（OECD475）
- 哺乳類赤血球を用いる小核試験（OECD474）

3.5.2.7　生殖細胞を用いる *in vivo* 変異原性／遺伝毒性試験の例

(a) 変異原性試験

哺乳類精原細胞を用いる染色体異常試験（OECD483）
哺乳類精子細胞を用いる小核試験
(b) 遺伝毒性試験
哺乳類精原細胞を用いる姉妹染色分体交換（SCE）試験
哺乳類精巣細胞を用いる不定期DNA合成（UDS）試験

3.5.2.8　体細胞を用いる*in vivo*遺伝毒性試験の例
哺乳類肝臓を用いる不定期DNA合成（UDS）試験（OECD486）
哺乳類骨髄細胞を用いる姉妹染色分体交換（SCE）試験

3.5.2.9　*in vitro*変異原性試験の例
哺乳類培養細胞を用いる染色体異常試験（OECD473）
哺乳類培養細胞を用いる遺伝子突然変異試験（OECD476）
細菌を用いる復帰突然変異試験（OECD471）

3.5.2.10　個々の物質の分類は、専門家の判断を取り入れて、入手可能な証拠全体の重みに基づいて行うべきである。適切に実施された単一の試験を用いて分類する場合には、その試験から明確で疑いようのない陽性結果が得られているべきである。十分に有効性が確認された新しい試験法が開発されたならば、それらも考慮すべき総合的な証拠の重み付けのために採用することもできる。ヒトばく露経路と比較して、当該物質の試験に用いられたばく露経路が妥当であるかも考慮すべきである。

生殖細胞変異原性の分類演習

ヒトにおいて次世代に受け継がれる可能性のある突然変異を誘発すると思われる化学物質を分類するが、*in vitro*試験結果や、*in vivo*試験結果も考慮される。GHSでは、変異原性、変異原性物質、突然変異および遺伝毒性についての一般的な定義が採用されており、細胞内遺伝物質の量または構造の恒久的変化として定義されている。

【無水クロム酸】

CAS RN：1333-82-0
分子式：CrO_3

構造式：

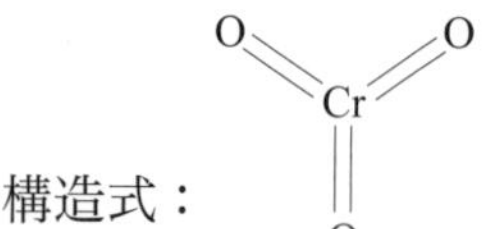

データ・判定根拠：

- 物理化学的性状：常温で暗赤色の無臭の固体（針状結晶）、沸点250℃（分解）、融点197℃、引火点（不燃性、GHS定義における固体）
- *in vivo*マウス骨髄細胞の染色体異常試験で陽性
- ヒトの末梢リンパ球を用いた染色体分析（モニタリング解析）で陽性
- 姉妹染色分体交換分析（モニタリング解析）で陽性
- *in vitro*試験（細菌の復帰突然変異試験、ヒト培養リンパ球および哺乳類培養細胞の染色体異常試験、姉妹染色分体交換試験）で陽性

・*in vivo*生殖細胞変異原性、*in vivo*生殖細胞遺伝毒性のデータはないが、水溶性Cr（VI）は*in vivo*生殖細胞変異原性を有する

<u>分類結果</u>：生殖細胞変異原性　区分1B

混合物の分類に関して、GHS文書では以下のように記述している。

3.5.3　混合物の分類基準

3.5.3.1　*混合物そのものについて試験データが入手できる場合の混合物の分類*

混合物の分類は、当該混合物の個々の成分について入手できる試験データに基づき、生殖細胞変異原性物質として分類される成分のカットオフ値／濃度限界を使用して行われる。当該混合物そのものの試験データが入手できる場合には、分類はケースバイケースで修正されることがある。このような場合、混合物そのものの試験結果は、生殖細胞変異原性試験系の用量や、試験期間、観察、分析（例えば、統計学的解析、試験感度）などの他の要因を考慮して決定的であることが示されなければならない。分類が適切であることの証拠書類を保持し、要請に応じて示すことができるようにするべきである。

3.5.3.2　*混合物そのものについて試験データが入手できない場合の混合物の分類：つなぎの原則（Bridging principle）*

3.5.3.2.1　混合物そのものは生殖細胞変異原性を決定する試験がなされていないが、当該混合物の有害性を適切に特定するための、個々の成分および類似の試験された混合物の両方に関して十分なデータがある場合、これらのデータは以下の合意されたつなぎの原則にしたがって使用される。これによって、分類プロセスで動物試験を追加する必要もなく、混合物の有害性判定に入手されたデータを可能な限り最大限に用いることができるようになる。

つなぎの原則：希釈、製造バッチ、本質的に類似した混合物、については本書1.3.1.1（10頁）を参照。

3.5.3.3　*混合物の全成分または一部の成分だけについてデータが入手できる場合の混合物の分類*

混合物は、少なくとも一つの成分が区分1または区分2変異原性物質として分類され、区分1と2それぞれについて**表3.5.1**に示したような適切なカットオフ値／濃度限界以上で存在する場合、変異原性物質として分類される。

表3.5.1　混合物の分類の基準となる混合物の生殖細胞変異原性物質として分類された成分のカットオフ値／濃度限界

成分の分類：	混合物の分類基準となるカットオフ値／濃度限界		
	区分1変異原性物質		区分2変異原性物質
	区分1A	区分1B	
区分1A変異原性物質	≧0.1%	--	--
区分1B変異原性物質	--	≧0.1%	--
区分2変異原性物質	--	--	≧1.0%

注記：上の表のカットオフ値／濃度限界は、気体（体積／体積単位）および、固体と液体（重量／重量単位）にも適用される。

混合物に関する生殖細胞変異原性の分類演習

混合物[サ]の成分に関するデータは以下のとおりである。

データ：

成分	重量％	分類
成分1	0.09	生殖細胞変異原性区分1B
成分2	5	生殖細胞変異原性区分1B
成分3	3	生殖細胞変異原性区分1A
成分4	91.91	－

判定根拠：

・混合物[サ]は生殖細胞変異原性区分1Bの成分（成分1）を0.09％含んでいるが、0.1％以上ではないので、区分1Bの基準には該当しない。

・混合物[サ]は生殖細胞変異原性区分1Bの成分（成分2）を5％含んでおり、0.1％以上であるので、区分1Bの基準に該当する

・混合物[サ]は生殖細胞変異原性区分1Aの成分（成分3）を3％含んでおり、0.1％以上であるので、区分1Aの基準に該当する

・混合物[サ]に対して分類基準が複数の区分に該当する場合には、最も厳しい区分が混合物[サ]の分類結果となる。

分類結果：生殖細胞変異原性　区分1Aに分類される。

第3.6章　発がん性

3.6.1　定義

*発がん性*とは、物質または混合物へのばく露後に起こる、がんを誘発またはその発生率の増加をさす。動物を用いて適切に実施された実験研究で良性および悪性腫瘍を誘発した物質および混合物もまた、腫瘍形成のメカニズムがヒトには関係しないとする強力な証拠がない限りは、ヒトに対する発がん性物質として推定されるかまたはその疑いがあると考えられる。

物質または混合物の発がん有害性を有するものとしての分類は、それら固有の特性に基づきなされるものであり、このように分類されることによって、当該物質または混合物の使用により生じる可能性のあるヒトのがんリスクの程度に関する情報を提供するものではない。

図3.6.1　発がん性物質の有害性区分

区分1：ヒトに対する発がん性が知られているあるいはおそらく発がん性がある

物質の区分1への分類は、疫学的データまたは動物データを元に行う。個々の物質はさらに次のように区別されることもある：

区分1A：ヒトに対する発がん性が知られている：主としてヒトでの証拠により物質をここに分類する

区分 1B：ヒトに対しておそらく発がん性がある：主として動物での証拠により物質をここに分類する

証拠の強さとその他の事項も考慮した上で、ヒトでの調査により物質に対するヒトのばく露と、がん発生の因果関係が確立された場合を、その証拠とする（ヒトに対する発がん性が知られている物質）。あるいは、動物に対する発がん性を実証する十分な証拠がある動物試験を、その証拠とすることもある（ヒトに対する発がん性があると考えられる物質）。さらに、試験からはヒトにおける発がん性の証拠が限られており、また実験動物での発がん性の証拠も限られている場合には、ヒトに対する発がん性があると考えられるかどうかは、ケースバイケースで科学的判定によって決定することもある。

分類：区分1（AおよびB）発がん性物質

区分 2：ヒトに対する発がん性が疑われる

物質の区分２への分類は、物質を確実に区分１に分類するには不十分な場合ではあるが、ヒトまたは動物での調査より得られた証拠を元に行う。証拠の強さとその他の事項も考慮した上で、ヒトでの調査で発がん性の限られた証拠や、または動物試験で発がん性の限られた証拠が証拠とされる場合もある。

分類：区分2発がん性物質

3.6.2　物質の分類基準

3.6.2.1　発がん性の分類では、物質は証拠の強さおよび追加検討事項（証拠の重み）を元に2種類の区分のいずれかに指定される。特殊な例では、経路に特化した分類を要すると判断される場合もある。

発がん性の分類演習

【無水クロム酸】

CAS RN：1333-82-0

分子式：CrO_3

構造式：

O=Cr(=O)=O

データ・判定根拠：

- 物理化学的性状：常温で暗赤色の無臭の固体（針状結晶）、沸点250℃（分解）、融点197℃、引火点 不燃性（GHS定義における固体）
- IARCでグループ1〔クロム（VI）として〕
- ACGIHでA1（クロムVI化合物として）
- NTPでK（6価クロム化合物として）
- 日本産業衛生学会で第1群〔クロム化合物（6価）として〕
- EUでカテゴリー1

分類結果：発がん性　区分1A

【ヒドラジン】

CAS RN：302-01-2

分子式：N_2H_4

構造式：

H　　　　H
　N―N
H　　　　H

データ・判定根拠：

- 物理化学的性状：常温で無色の液体、アンモニア類似臭、沸点113.5℃（分解）、融点2℃、引火点38℃（GHS定義における液体）
- ヒトでは小さな集団の疫学研究のみで腫瘍発生の増加の報告はないが、実験動物ではラットまたはハムスターへの経口（飲水）投与で肝臓腫瘍の増加、ラットの吸入ばく露で鼻腔のポリープ様腺腫の増加の報告がある。当初、IARCはヒドラジンの発がん性はヒトで不十分な証拠、実験動物で十分な証拠があるとしてグループ2Bに分類していたが、最近グループ2Aに引き上げた。国際機関等による分類結果としては、EPAがB2（probable human carcinogen）に、NTPがRに、EUがCarc. 1Bに、ACGIHがA3に、日本産業衛生学会が第2群Bに、それぞれ分類している。

分類結果：発がん性　区分1B

**【コラム】**

発がん性に関する分類区分：　発がん性に関してはさまざまな機関がその分類方法（カテゴリー、グループ、クラス等）について提案をしてきた。GHSに基づいて分類する際、既存物質の発がん性について調査し、ある機関の分類結果が入手できた場合、それをGHSの区分に当てはめることもできる。以下に参考までに政府向け分類ガイダンスに記載されている分類区分対応表（厚生労働省の資料を基に一部改変）を紹介する。

表　発がん性に関するGHS分類区分とさまざまな機関における分類カテゴリー等の対応表

GHS	IARC	産衛学会	ACGIH	EPA 1986	EPA 1996	EPA 1999/2005	NTP	EU
1A	1	1	A1	A	K/L	Ca H	K	1A
1B	2A	2A	A2	B1/B2		L	R	1B
2	2B	2B	A3	C		S		2
区分に該当しない	3/4	－	A4/A5	D/E	CBD/NL	I/NL	－	－

IARC：国際がん研究機機関、産衛学会：日本産業衛生学会、ACGIH：米国産業衛生専門家会議、EPA：米国環境保護庁、NTP：米国国家毒性プログラム、EU：欧州連合

厚生労働省の資料：

https://www.mhlw.go.jp/file/05-Shingikai-11201000-Roudoukijunkyoku-Soumuka/hatsugan263sannkou4.pdf

混合物の分類に関して、GHS文書では以下のように記述している。

3.6.3　混合物の分類基準

3.6.3.1　*混合物そのものについて試験データが入手できる場合の混合物の分類*

混合物の分類は、当該混合物の個々の成分について入手できる試験データに基づき、各成分の

カットオフ値／濃度限界を使用して行われる。当該混合物そのものの試験データが入手できる場合には、分類はケースバイケースで判断されることがある。このような場合、混合物そのものの試験結果は、発がん性試験系の用量や、試験期間、観察、分析などの他の要因（例えば、統計分析、試験感度）を考慮した上で確実であることが示されなければならない。分類が適切であることの証拠書類を保持し、要請に応じて示すことができるようにするべきである。

3.6.3.2　*混合物そのものについて試験データが入手できない場合の混合物の分類：つなぎの原則（Bridging principle）*

3.6.3.2.1　混合物そのものについては発がん性を決定する試験はなされていないが、当該混合物の有害性を適切に特定するための、個々の成分および類似の試験された混合物に関して十分なデータがある場合、これらのデータは以下の合意されたつなぎの原則にしたがって使用される。これによって、分類プロセスで動物試験を追加する必要もなく、混合物の有害性判定に入手されたデータを可能な限り最大限に用いることができるようになる。

つなぎの原則：希釈、製造バッチ、本質的に類似した混合物、については本書1.3.1.1（10頁）を参照。

3.6.3.3　*混合物の全成分または一部の成分だけについてデータが入手できる場合の混合物の分類*

少なくとも一つの成分が区分1または区分2発がん性物質として分類され、区分1と2それぞれについて**表3.6.1**に示したような適切なカットオフ値／濃度限界以上で存在する場合、混合物は、発がん性物質として分類される。

表3.6.1　混合物の分類基準となる発がん性成分のカットオフ値／濃度限界[a]

成分の分類：	混合物の分類基準となるカットオフ値／濃度限界：		
	区分1発がん性物質		区分2発がん性物質
	区分1A	区分1B	
区分1A発がん性物質	≧0.1%	--	--
区分1B発がん性物質	--	≧0.1%	--
区分2発がん性物質	--	--	≧0.1%（注記1）
			≧1.0%（注記2）

[a]　*この妥協案的分類体系は、既存システムの有害性に関する情報伝達の実施方法の相違を考慮したものである。影響を受ける混合物の数は少ないであろうし、そのシステム間の相違もラベル警告に限られるであろう。また、こうした状況は、時間と共に、より調和した手法に発展していくことが期待される。*

注記1：*区分2の発がん性物質成分が0.1%と1%の間の濃度で混合物中に存在する場合には、すべての規制所管官庁は、製品のSDSに関する情報を要求する。しかしながら、ラベル警告を求めるかどうかはそれぞれの判断（任意）となる。一部所管官庁は成分が0.1%と1%の間で混合物中に存在する場合にラベル表示を選択するであろうが、他の所管官庁は、通常、このような場合にはラベル表示を要求しないであろう。*

注記2：*区分2発がん性物質成分が≧1%の濃度で混合物中に存在する場合、一般にSDSとラベルの両方が期待される。*

混合物に関する発がん性の分類演習

混合物シの成分に関するデータは以下のとおりである。

<u>データ：</u>

成分	重量%	分類
成分1	0.03	発がん性区分1B
成分2	0.5	発がん性区分2
成分3	3	−
成分4	96.47	−

★パターン1：対象国の法令等（米国HCSのタイプ）により区分2の成分のカットオフ値／濃度限界に≧0.1%が採用されている場合

<u>判定根拠</u>

・混合物[シ]は発がん性区分1Bの成分（成分1）を0.03%含んでいるが、0.1%以上ではないので、区分1Bの基準には該当しない。

・混合物[シ]は発がん性区分2の成分（成分2）を0.5%含んでおり、成分2は0.1%以上であるので、混合物[シ]は区分2の基準に該当する。

<u>分類結果</u>：混合物[シ]は発がん性区分2に分類される。

★パターン2：対象国の法令等（日本JIS、EU CLP等のタイプ）により区分2の成分のカットオフ値／濃度限界に≧1.0%が採用されている場合

<u>判定根拠</u>

・混合物[シ]は発がん性区分1Bの成分（成分1）を0.03%含んでいるが、0.1%以上ではないので、区分1Bの基準に該当しない。

・混合物[シ]は発がん性区分2の成分（成分2）を0.5%含んでいるが、成分2は1.0%以上ではないので、混合物[シ]は区分2の基準に該当しない。

<u>分類結果</u>：混合物[シ]は発がん性の区分に該当しない。

第3.7章　生殖毒性

3.7.1　定義および一般事項

3.7.1.1　*生殖毒性*

*生殖毒性*とは、物質または混合物へのばく露後に起こる、雌雄の成体の性機能および生殖能に対する悪影響に加えて、子世代における発生毒性をさす。下記に示された定義は、IPCS/EHCの文書番号225、化学品へのばく露と関連する生殖に対する健康リスクの評価原則における仮の定義にしたがって作成したものである。分類という目的から、遺伝子要因に基づく子への遺伝的影響の誘発については、生殖細胞に対する変異原性という別の有害性クラスの方がより適切であると思われるため、*生殖細胞変異原性*（第3.5章）に示してある。

本分類システムでは、生殖毒性は以下の二つの主項目に分けられている。

(a)　性機能および生殖能に対する悪影響

(b)　子の発生に対する悪影響

ある種類の生殖毒性の影響は、性機能および生殖能の損傷によるものであるか、または発生毒性によるものであるか明確に評価することはできない。それにもかかわらず、これらの影響を持

つ物質および混合物は、一般的な危険有害性情報には生殖毒性物質と分類されるであろう。

3.7.1.2　*性機能および生殖能に対する悪影響*

化学品による性機能および生殖能を阻害するあらゆる影響。これには雌雄生殖器官の変化、生殖可能年齢の開始時期、配偶子の生成および移動、生殖周期の正常性、性的行動、受精能／受胎能、分娩、妊娠の予後に対する悪影響、生殖機能の早期老化、または正常な生殖系に依存する他の機能における変化などが含まれるが、必ずしもこれらに限られるわけではない。

授乳に対するまたは授乳を介した影響も生殖毒性に含められるが、この分類においては、別に扱っている（3.7.2.1 を参照）。なぜならば、特に授乳に対して悪影響を及ぼす化学品を分類することは、授乳中の母親に対して有害性情報を提供するためにも望ましいからである。

3.7.1.3　*子の発生に対する悪影響*

発生毒性を広義にとらえると、胎盤、胎児あるいは生後の子の正常な発生を妨害するあらゆる作用が含まれる。それは受胎の前のいずれかの親のばく露、胎児期における発生中の胎児のばく露、あるいは出生後の性的成熟期までのばく露によるものがある。 ただし、発生毒性という分類においては、妊娠女性および生殖能のある男女に対して有害性警告を提供することを第一の目的としていると考えることができる。したがって、分類するという目的のために、発生毒性とは本質的に妊娠中または親のばく露によって誘発される悪影響をいう。このような影響は、その生体の生涯のいかなる時点においても発現され得る。発生毒性の発現には主として (a) 発生中の生体の死亡、(b) 構造異常、(c) 生育異常、および (d) 機能不全が含まれる。

図3.7.1 (a)　生殖毒性物質の有害性区分

区分1：ヒトに対して生殖毒性があることが知られている、あるいはあると考えられる物質

この区分には、ヒトの性機能および生殖能あるいは発生に悪影響を及ぼすことが知られている物質、またはできれば他の補足情報もあることが望ましいが、動物試験によりその物質がヒトの生殖を阻害する可能性があることが強く推定される物質が含まれる。規制のためには、分類のための証拠が主としてヒトのデータによるものか（区分1A）、あるいは動物データによるものなのか（区分1B）によってさらに区別することもできる。

区分1A：ヒトに対して生殖毒性があることが知られている物質

この区分への物質の分類は、主にヒトにおける証拠を元にして行われる。

区分1B：ヒトに対して生殖毒性があると考えられる物質

この区分への物質の分類は、主に実験動物による証拠を元にして行われる。動物実験より得られたデータは、他の毒性作用のない状況で性機能および生殖能または発生に対する悪影響の明確な証拠を提供しているべきであるが、他の毒性作用も同時に生じている場合には、その生殖に対する悪影響が、他の毒性作用が原因となった２次的な非特異的影響ではないと考えるべきである。ただし、ヒトに対する影響の妥当性について疑いが生じるようなメカニズムに関する情報がある場合には、区分2に分類する方がより適切である。

<u>区分2</u>：ヒトに対する生殖毒性が疑われる物質

この区分に分類するのは次のような物質である。できれば他の補足情報もあることが望ましいが、ヒトまたは実験動物から、他の毒性作用のない状況で性機能および生殖能あるいは発生に対する悪影響についてある程度の証拠が得られている物質、または、他の毒性作用も同時に生じている場合には、他の毒性作用が原因となった2次的な非特異的影響ではないと考えるが、当該物質を区分1に分類するにはまだ証拠が十分でないような物質。例えば、試験に欠陥があり、証拠の信頼性が低いため、区分2とした方がより適切な分類であると思われる場合がある。

図3.7.1（b）　授乳影響の有害性区分

<u>授乳に対するまたは授乳を介した影響</u>

授乳に対するまたは授乳を介した影響は別の区分に振り分けられる。多くの物質には、授乳によって幼児に悪影響を及ぼす可能性についての情報がないことが認められている。ただし、女性によって吸収され、母乳分泌に影響を与える、または授乳中の子供の健康に懸念をもたらすに十分な量で母乳中に存在すると思われる物質（代謝物も含めて）は、哺乳中の乳児に対するこの有害性に分類して示すべきである。この分類は下記の事項を元に指定される。

(a) 吸収、代謝、分布および排泄に関する試験で、当該物質が母乳中で毒性を持ちうる濃度で存在する可能性が認められた場合、または

(b) 動物を用いた一世代または二世代試験の結果より、母乳中への移行による子への悪影響または母乳の質に対する悪影響の明らかな証拠が得られた場合、または

(c) 授乳期間中の乳児に対する有害性を示す証拠がヒトで得られた場合。

3.7.2　物質の分類基準

3.7.2.1　*有害性区分*

生殖毒性の分類目的に照らし、物質は2種類の区分に振り分けられる。性機能および生殖能に対する作用と発生に対する作用とは別の問題であるとみなされている。さらに、授乳に対する影響については、別の有害性区分が割り当てられている。

生殖毒性の分類演習

GHS分類における生殖毒性には、雌雄の成体の生殖機能および受精能力に対する悪影響に加えて、子の発生毒性も含まれる。ヒトに対して生殖毒性があることが知られている（1A)、あるいはあると考えられる（1B）物質に対して区分1、疑われる物質に区分2が与えられる他、授乳に対するまたは授乳を介した影響も考慮される。

【フタル酸ビス（2-エチルヘキシル）】

CAS RN：117-81-7

分子式：$C_{24}H_{38}O_4$

構造式：

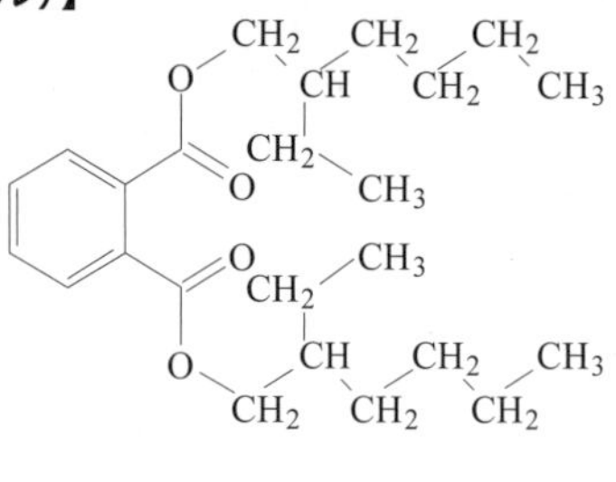

データ・判定根拠：

・物理化学的性状：特徴的な臭気の無色～薄く着色した液体、融点・凝固点　－55℃、沸点、初留点および沸騰範囲 384℃、引火点 195℃（密閉式）

・マウスを用いた経口経路（混餌）での連続交配試験において、親動物毒性にみられた用量に関して明確でないが妊娠率の低下、産児数および生存児数の減少がみられ、交差交配では雌雄両方の生殖能に関する影響が確認された。ラットを用いた経口経路（混餌）での3世代生殖毒性試験において、精巣毒性がみられ精巣毒性がみられる用量よりも高い用量で生殖能に対する影響がみられた。

・マウスを用いた経口経路（強制）催奇形性試験において、母動物毒性がみられない用量で、胎児毒性（吸収胚の増加、胎児死亡、外表奇形および内臓奇形の増加）がみられた。雌ラットを用い、妊娠期間中および授乳期間中に経口経路（飲水）でばく露した試験において、母動物毒性がみられない用量で児動物毒性（精巣の精細管上皮の変性、腎臓の糸球体腎炎の兆候を伴う糸球体萎縮）がみられた。

・日本産業衛生学会勧告（2014）において生殖毒性物質の第1群として分類されている。

分類結果：生殖毒性　区分1B、授乳に対するまたは授乳を介した影響に関する追加区分

混合物の分類に関して、GHS文書では以下のように記述している。

3.7.3　混合物の分類基準

3.7.3.1　*混合物そのものについて試験データが入手できる場合の混合物の分類*

混合物の分類は、当該混合物の個々の成分について入手できる試験データに基づき、成分のカットオフ値／濃度限界を使用して行われる。当該混合物そのものについて試験データが入手できる場合には、分類はケースバイケースで修正されることがある。このような場合、混合物そのものの試験結果は、生殖毒性試験系の用量や、試験期間、観察、分析などの他の要因（例えば、統計分析、試験感度）を考慮した上で確実であることが示されなければならない。分類が適切であることの証拠書類を保持し、要請に応じて示すことができるようにするべきである。

3.7.3.2　*混合物そのものについて試験データが入手できない場合の混合物の分類：つなぎの原則（Bridging principle）*

3.7.3.2.1　混合物そのものは生殖毒性を決定する試験がなされていないが、当該混合物の有害性を適切に特定するための、個々の成分および類似の試験された混合物の両方に関して十分なデータがある場合、これらのデータは以下の合意されたつなぎの原則にしたがって使用される。これによって、分類プロセスで動物試験を追加する必要もなく、混合物の有害性判定に入手されたデータを可能な限り最大限に用いることが可能になる。

つなぎの原則：希釈、製造バッチ、本質的に類似した混合物、については本書1.3.1.1（10頁）を参照。

3.7.3.3　*混合物の全成分または一部の成分だけについてデータが入手できた場合の混合物の分類*

3.7.3.3.1 混合物は、少なくとも一つの成分が区分1または区分2生殖毒性物質として分類され、区分1と2それぞれについて**表3.7.1**に示したような適切なカットオフ値／濃度限界以上で存在する場合、生殖毒性物質として分類される。

3.7.3.3.2 混合物は、少なくとも一つの成分が、授乳に対するまたは授乳を介した影響について分類され、授乳に対するまたは授乳を介した影響に関する追加区分のために表3.7.1に示したような適切なカットオフ値／濃度限界以上で存在する場合、授乳に対するまたは授乳を介した影響について分類される。

表3.7.1　混合物の分類基準となる生殖毒性物質成分のカットオフ値／濃度限界[a]

成分の分類：	混合物の分類基準となるカットオフ値／濃度限界：			
	区分1生殖毒性物質		区分2生殖毒性物質	授乳に対するまたは授乳を介した影響に関する追加区分
	区分1A	区分1B		
区分1A生殖毒性物質	≧0.1%（注記1）	–	–	–
	≧0.3%（注記2）			
区分1B生殖毒性物質	–	≧0.1%（注記1）	–	–
	–	≧0.3%（注記2）		
区分2生殖毒性物質	–	–	≧0.1%（注記3）	–
	–	–	≧3.0%（注記4）	–
授乳に対するまたは授乳を介した影響に関する追加区分	–	–	–	≧0.1%（注記1）
	–	–	–	≧0.3%（注記2）

[a] *この妥協の産物である分類方法は現行の危険有害性の情報伝達における相違を考慮して作成された。影響を受ける混合物の数が少なく、相違はラベル表示に限られ、さらなる調和により状況がよくなることが期待される。*

***注記1**：区分1生殖毒性成分あるいは授乳に対するまたは授乳を介した影響のための追加区分に分類される物質が0.1%と0.3%の間の濃度で混合物に存在する場合には、すべての規制所管官庁は、製品のSDSに情報の記載を要求することになろう。しかし、ラベルへの警告表示は任意となろう。一部の規制所管官庁は、成分が0.1%と0.3%の間で混合物に存在する場合に表示を選択するであろうが、他の所管官庁は、通常、この場合に表示を要求しないことになろう。*

***注記2**：区分1生殖毒性成分あるいは授乳に対するまたは授乳を介した影響のための追加区分に分類される物質が≧0.3%の濃度で混合物に存在する場合には、一般にSDSとラベル表示の両方に記載することになろう。*

***注記3**：区分2生殖毒性成分が0.1%と3.0%の間の濃度で混合物に存在する場合には、すべての規制所管官庁は、製品のSDSに情報の記載を要求することになろう。しかし、表示は任意である。一部の規制所管官庁は、成分が0.1%と3.0%の間で混合物に存在する場合に表示を選択するであろうが、他の所管官庁は、通常、この場合には表示を要求しないことになろう。*

***注記4**：区分2生殖毒性成分が≧3.0%の濃度で混合物に存在する場合には、一般にSDSと表示の両方に記載することになろう。*

混合物に関する生殖毒性の分類演習

混合物 ス の成分に関するデータは以下のとおりである。

データ：

成分	重量%	分類
成分1	0.07	生殖毒性区分1B
成分2	2.0	生殖毒性区分2
成分3	0.2	授乳影響追加区分
成分4	97.73	−

★パターン1：対象国の法令等（米国HCSのタイプ）により区分1、区分2、授乳影響に関する追加区分の成分のカットオフ値／濃度限界に≧0.1％が採用されている場合

<u>**判定根拠**</u>

（生殖毒性）

・混合物［ス］は生殖毒性区分1Bの成分（成分1）を0.07％含んでいるが、0.1％以上ではないので、区分1Bの基準に該当しない。

・混合物［ス］は生殖毒性区分2の成分（成分2）を2.0％含んでおり、成分2は0.1％以上であるので、混合物［ス］は区分2の基準に該当する。

（授乳影響に関する追加区分）

・混合物［ス］は授乳影響に関する追加区分の成分（成分3）を0.2％含んでおり、成分3は0.1％以上であるので、混合物［ス］は授乳影響に関する追加区分の基準に該当する。

<u>**分類結果**</u>：混合物スは生殖毒性区分2および授乳影響追加区分に分類される。

★パターン2：対象国の法令等（日本JIS、EU CLP等のタイプ）により区分1および授乳影響に関する追加区分の成分のカットオフ値／濃度限界に≧0.3％、区分2の成分のカットオフ値／濃度限界に≧3.0％が採用されている場合

<u>**判定根拠**</u>

（生殖毒性）

・混合物［ス］は生殖毒性区分1Bの成分（成分1）を0.07％含んでいるが、0.3％以上ではないので、区分1Bの基準に該当しない。

・混合物［ス］は生殖毒性区分2の成分（成分2）を2.0％含んでおり、成分2は3.0％以上ではないので、区分2の基準に該当しない。

（授乳影響に関する追加区分）

・混合物［ス］は授乳影響に関する追加区分の成分（成分3）を0.2％含んでいるが、成分3は0.3％以上ではないので、混合物［ス］は授乳影響に関する追加区分の基準に該当しない。

<u>**分類結果**</u>：混合物［ス］は生殖毒性および授乳影響の区分に該当しない。

第3.8章　特定標的臓器毒性・単回ばく露

3.8.1　定義および一般事項

3.8.1.1　*特定標的臓器毒性（単回ばく露）*とは、物質または混合物への単回のばく露後に起こる、特異的な非致死性の標的臓器への影響をさす。可逆的と不可逆的、あるいは急性および遅発性両方の、かつ第3.1章から3.7章において明確に扱われていない、機能を損ないうるすべての重大な健康への影響がこれに含まれる（3.8.1.6も参照）。

3.8.1.2　この分類は、ある物質または混合物に特定標的臓器毒性があるか、およびそれにばく露したヒトに対して健康に有害な影響を及ぼす可能性があるかどうかを確認する。

3.8.1.3　分類は、ある物質または混合物に対する単回ばく露がヒトにおける一貫性のある、かつ特定できる毒性影響を与えたこと、あるいは実験動物において、組織／臓器の機能または形態に影響する毒性学的に有意な変化が示されたか、または生物の生化学的項目または血液学的項目に重大な変化が示され、これらの変化がヒトの健康状態に関連性があるということについての信頼できる証拠が入手できるかに依存する。この有害性クラスに関しては、ヒトのデータを優先的な証拠とすることが確認されている。

3.8.1.4　評価においては、単一臓器または生物学的システムにおける重大な変化だけでなく、いくつかの臓器に対するそれほど重度でない一般的変化も考慮すべきである。

3.8.1.5　特定標的臓器毒性は、ヒトに関連するいずれの経路によっても、すなわち主として経口、経皮または吸入によって起こりうる。

3.8.1.6　反復ばく露による特定標的臓器毒性は、GHS（第3.9章）で評価され、それゆえに本章からは除外されている。物質および混合物は、単回および反復投与による毒性に関して独立に分類されるべきである。

急性毒性、皮膚腐食性/刺激性、重篤な眼に対する損傷性/眼刺激性、呼吸器または皮膚感作性、生殖細胞変異原性、発がん性、生殖毒性、および誤えん有害性のような、他の特定毒性影響はGHSの中で別に評価されるので、ここには含まれない。

3.8.1.7　この章における分類基準は、区分1および2の物質（3.8.2.1参照）の基準、区分3の物質（3.8.2.2参照）の基準および混合物の区分（3.8.3参照）の基準として体系化されている。**図3.8.1**参照。

3.8.2　物質の分類基準

3.8.2.1　*区分1よび区分2の物質*

3.8.2.1.1　物質は、勧告されたガイダンス値（3.8.2.1.9参照）の使用を含む入手されたすべての証拠の重み付けに基づく専門家の判断によって、急性と遅発性の影響に分けて分類される。そして、観察された影響の性質および重度によって区分1または2のいずれかに分類される（図3.8.1）。

3.8.2.1.9　*実験動物を用いて実施した試験で得られた結果に基づく区分1および2への分類を補助するガイダンス値*

3.8.2.1.9.1　物質を分類すべきであるか否か、また、どのランク（区分1か、区分2か）に分類するかについての決定を下すことを助ける目的で、重大な健康影響を生じることが認められた用量／濃度「ガイダンス値」を示した。そのようなガイダンス値を提案する主要な論拠は、すべての化学品は潜在的に有毒であり、それ以上ではある程度の毒性影響が認められる妥当な用量／濃度があるはずだからである。

図3.8.1　特定標的臓器毒性（単回ばく露）のための区分

区分1：ヒトに重大な毒性を示した物質、または実験動物での試験の証拠に基づいて単回ばく露によってヒトに重大な毒性を示す可能性があると考えられる物質

区分1に物質を分類するには、次に基づいて行う：

(a) ヒトの症例または疫学的研究からの信頼でき、かつ質のよい証拠、または、

(b) 実験動物における適切な試験において、一般的に低濃度のばく露でヒトの健康に関連のある有意な、または強い毒性作用を生じたという所見。証拠の重み付けの評価の一環として使用すべき用量／濃度ガイダンス値は後述する（3.8.2.1.9参照）。

区分2：実験動物を用いた試験の証拠に基づき単回ばく露によってヒトの健康に有害である可能性があると考えられる物質

物質を区分2に分類するには、実験動物での適切な試験において、一般的に中等度のばく露濃度でヒトの健康に関連のある重大な毒性影響を生じたという所見に基づいて行われる。ガイダンス用量／濃度値は分類を容易にするために後述する（3.8.2.1.9参照）。

例外的に、ヒトでの証拠も、物質を区分2に分類するために使用できる（3.8.2.1.9参照）。

区分3：一時的な特定臓器への影響

物質または混合物が上記に示された区分1または2に分類される基準に合致しない特定臓器への影響がある。これらは、ばく露の後、短期間だけ、ヒトの機能に悪影響を及ぼし、構造または機能に重大な変化を残すことなく合理的な期間において回復する影響である。この区分は、麻酔の作用および気道刺激性のみを含む。物質／混合物は、3.8.2.2において議論されているように、これらの影響に対して明確に分類できる。

注記：これらの区分においても、分類された物質によって一次的影響を受けた特定標的臓器／器官が明示されるか、または一般的な全身毒性物質であることが明示される。毒性の主標的臓器を決定し、その意義にそって分類する、例えば肝毒性物質、神経毒性物質のように分類するよう努力するべきである。そのデータを注意深く評価し、できる限り二次的影響を含めないようにすべきである。例えば、肝毒性物質は、神経または消化器官で二次的影響を起こすことがある。

（省略）

表3.8.1　単回ばく露に関するガイダンス値の範囲[a]

		ガイダンス値の範囲：		
ばく露経路	単位	区分1	区分2	区分3
経口（ラット）	mg/kg体重	C≦300	2,000≧C＞300	ガイダンス値は、適用しない[b]
経皮（ラットまたはウサギ）	mg/kg体重	C≦1,000	2,000≧C＞1,000	
吸入（ラット）気体	ppmV/ 4時間	C≦2,500	20,000≧C＞2,500	
吸入（ラット）蒸気	mg/l/ 4時間	C≦10	20≧C＞10	
吸入（ラット）粉塵／ミスト／ヒューム	mg/l/ 4時間	C≦1.0	5.0≧C＞1.0	

[a] *上記の表3.8.1に記載したガイダンス値および範囲は、あくまでもガイダンスとしてのためのものである。すなわち、証拠の重み付けの一環として、分類の決定を助けるためのものであって、厳密な境界値として意図されたものではない。*

[b] *この分類は主としてヒトのデータに基づいているので、ガイダンス値は示されていない。動物のデータは、証拠の重み付け評価に含まれうる。*

3.8.2.1.9.2　したがって、動物試験においては、分類を示す重大な毒性影響が認められた場合、提案されたガイダンス値に照らして、これらの影響の認められた用量／濃度の考察をすることは、分類の必要性を評価する有益な情報を提供する（毒性影響は、有害性と用量／濃度の結果であるから）。

3.8.2.1.9.3　重大な非致死性の毒性影響を生じる単回投与ばく露について提案されたガイダンス値の範囲は、以下に示すように急性毒性試験に適用されるものである。

3.8.2.2　*区分3の物質*

3.8.2.2.1　*気道刺激性の基準*

区分3としての気道刺激性の基準は以下のとおりである。

(a)　咳、痛み、息詰まり、呼吸困難等の症状で機能を阻害する（局所的な赤化、浮腫、かゆみあるいは痛みによって特徴付けられる）ものが気道刺激性に含まれる。この評価は、主としてヒトのデータに基づくと認められている。

(b)　主観的なヒトの観察は、明確な気道刺激性の客観的な測定により支持されうる。（例：電気生理学的反応、鼻腔または気管支肺胞洗浄液での炎症に関する生物学的指標）

(c)　ヒトにおいて観察された症状は、他にみられない特有の反応または敏感な気道を持った個人においてのみ誘発された反応であることより、むしろばく露された個体群において生じる典型的な症状でもあるべきである。「刺激性」という単なる漠然とした報告については、この用語は、この分類のエンドポイントの範囲外にある臭い、不愉快な味、くすぐったい感じや乾燥といった感覚を含む広範な感覚を表現するために一般に使用されるので除外するべきである。

(d)　明確に気道刺激性を扱う検証された動物試験は現在存在しないが、有益な情報は、単回および反復吸入毒性試験から得ることができる。例えば、動物試験は、毒性の症候（呼吸困難、鼻炎等）および可逆的な組織病理（充血、浮腫、微少な炎症、肥厚した粘膜層）について有益な情報を提供することができ、上記で述べた特徴的な症候を反映しうる。このような動物実験は証拠の重み付けに使用できるであろう。

(e)　この特別な分類は、呼吸器系を含むより重篤な臓器への影響は観察されない場合にのみ生じるであろう。

3.8.2.2.2　*麻酔作用の判定基準*

区分3としての麻酔作用の判定基準は以下のとおりである。

(a)　眠気、うとうと感、敏捷性の減少、反射の消失、協調の欠如およびめまいといったヒトにおける麻酔作用を含む中枢神経系の抑制を含む。これらの影響は、ひどい頭痛または吐き気としても現れ、判断力低下、めまい、過敏症、倦怠感、記憶機能障害、知覚や協調の欠如、反応時間（の延長）や嗜眠に到ることもある。

(b)　動物試験において観察される麻酔作用は、嗜眠、協調・立ち直り反射の欠如、昏睡、運動失調を含む。これらの影響が本質的に一時的なものでないならば、区分1また2に分類されると考えるべきである。

特定標的臓器毒性（単回ばく露）の分類演習

特定標的臓器毒性は2-3-1から2-3-7まで及び2-3-10では扱われない健康有害性で、単回ばく露で現れる非致死性の毒性である。反復ばく露による毒性は次節で扱われる。

【ジフェニルアミン】
CAS RN：122-39-4
分子式：$C_{12}H_{11}N$
構造式：（ベンゼン環—NH—ベンゼン環）

データ・判定根拠：
- 物理化学的性状：特異臭のある無色の結晶、融点53℃、沸点 302℃、引火点 153℃（密閉式）、自然発火温度 634℃、n-オクタノール／水分配係数 logKow 3.50
- ヒトで血液に影響を及ぼしてメトヘモグロビン血症、吸入ばく露や経口摂取によって、咳、咽頭痛、チアノーゼ、頭痛、眩暈、吐き気、錯乱、痙攣、意識喪失を起こすとの報告がある。また、経皮経路で吸収されてチアノーゼ等を引き起こすことがある。ヒトでの吸入ばく露により、気道（粘膜）刺激性を有する。

分類結果：特定標的臓器毒性（単回ばく露）区分1（中枢神経系、血液系）、区分3（気道刺激性）

混合物の分類に関して、GHS文書では以下のように記述している。

3.8.3　混合物の分類基準

3.8.3.1　混合物は、物質に対するものと同じ判定基準、または以下に述べる判定基準を用いて分類される。物質と同じように、混合物は特定標的臓器毒性に関して、単回ばく露および反復ばく露（第3.9章）に関して独立に分類されるべきである。

3.8.3.2　*混合物そのものについて試験データが入手できる場合の混合物の分類*

物質に関する判定基準で述べたように、混合物についてヒトでの経験または適切な実験動物での試験から信頼できる質のよい証拠が入手された場合、当該混合物はこのデータの証拠の重みの評価によって分類できる。混合物に関するデータを評価する際には、用量、ばく露期間、観察、または分析が、結論を不確かにさせることのないように注意を払うべきである。

3.8.3.3　*混合物そのものについてデータが入手できない場合の混合物の分類：つなぎの原則（Bridging principles）*

3.8.3.3.1　混合物そのものは特定標的臓器毒性有害性を決定する試験がなされていないが、当該混合物の有害性を適切に特定するための、個々の成分および類似の試験された混合物の両方に関して十分なデータがある場合、これらのデータは以下の合意されたつなぎの原則にしたがって使用される。これによって、分類プロセスで動物試験を追加する必要もなく、混合物の有害性判定に入手されたデータを可能な限り最大限に利用できるようになる。

3.8.3.3.2　*希釈*

試験された混合物が、毒性の最も低い成分と同等またはそれ以下の毒性分類に属する希釈剤で希釈され、希釈剤が他の成分の毒性に影響を与えないと予想されれば、新しい希釈された混合物は、試験された元の混合物と同等であると分類してもよい。

つなぎの原則：希釈、製造バッチ、毒性の高い混合物の濃縮、一つの有害性区分の中での内挿、本質的に類似した混合物、エアゾール、については本書1.3.1.1（10頁）を参照。

3.8.3.4　*混合物の全成分または一部の成分だけについてデータが入手できる場合の混合物の分類*

3.8.3.4.1　当該混合物自身について信頼できる証拠または試験データがなく、つなぎの原則を用いて分類できない場合には、混合物の分類は成分物質の分類に基づいて行われる。この場合、混合物の少なくとも一つの成分が区分１または区分２特定標的臓器毒性物質－単回ばく露として分類され、そして区分１または区分２それぞれについて以下の**表3.8.2**に示される適切なカットオフ値／濃度限界またはそれ以上で存在する場合、その混合物は、単回ばく露について特定標的臓器毒性物質（指定された特定の器官臓器の）として分類される。

表3.8.2　混合物の分類の分類基準となる特定標的臓器毒性物質として分類された混合物成分の区分１および２のカットオフ値／濃度限界値[a]

成分の分類	混合物の分類基準となるカットオフ値／濃度限界：	
	区分1	区分2
区分1 標的臓器毒性物質	≧1.0%（注記1）	1.0%≦成分＜10%（注記3）
	≧10%（注記2）	
区分2 標的臓器毒性物質	–	≧1.0%（注記4）
		≧10%（注記5）

[a]　*この妥協の産物である分類方法は現行の危険有害性の情報伝達における相違を考慮して作成された。影響を受ける混合物の数が少なく、相違はラベル表示に限られ、さらなる調和により状況がよくなることが期待される。*

注記1：*区分1の標的臓器毒性物質が1.0%と10%の間の濃度で成分として混合物中に存在する場合は、すべての規制所管官庁は、製品のSDSに情報の記載を要求することになろう。しかし、ラベルへの警告表示は任意となろう。ある規制所管官庁は、成分が1.0%と10%の間で混合物中に存在する場合に表示を選択し、他の所管官庁は通常この場合に表示を要求しないことになろう。*

注記2：*区分1の標的臓器毒性物質が、10%以上の濃度で成分として混合物中に存在する場合には、一般にSDSと表示の両方が対象となろう。*

注記3：*区分1の標的臓器毒性物質が1.0%と10%の間の濃度で成分として混合物中に存在する場合には、ある規制所管官庁は、この混合物を区分2の標的臓器毒性物質として分類するのに対して、他の所管官庁はそうしないことになろう。*

注記4：*区分2の標的臓器毒性物質が1.0%と10%の間の濃度で成分として混合物中に存在する場合には、すべての規制所管官庁は、製品のSDSに情報の記載を要求することになろう。しかし、ラベル表示は、任意となろう。ある規制所管官庁は、その成分が1.0%と10%の間で混合物中に存在する場合に表示を選択し、他の所管官庁は通常、この場合に表示を要求しないことになろう。*

注記5：*区分2の特定標的臓器毒性物質が、10%以上の濃度で成分として混合物中に存在する場合には、一般にSDSと表示の両方が対象となろう。*

3.8.3.4.2　これらのカットオフ値およびその結果として生じる分類は、単回および反復投与標的臓器毒性物質の両方に同等にそして適切に適用されるべきである。

3.8.3.4.3　混合物は、単回および反復投与毒性のいずれかまたは両方について、独立して分類されるべきである。

3.8.3.4.4　複数の臓器系に影響を与える毒性物質が組合せて使用される場合は、増強作用または相乗作用を考慮するように注意を払うべきである。なぜなら、一部の物質は、混合物中の他の成分がその毒性影響を増強することが知られている場合、＜1%の濃度で標的臓器毒性を引き起こす可能性があるからである。

3.8.3.4.5　区分3の成分を含む混合物の毒性を外挿する際には、注意を払うべきである。20%のカットオフ値が提案されてきた。しかしながら、区分3の成分によっては、このカットオフ値がさらに大きくなったり小さくなったりすることがあること、気道刺激性の影響はある濃度以下では生じないが、麻酔作用等他の影響はこの20%の値以下でも生じうるということを認識するべきである。専門家の判断が行われるべきである。気道刺激性と麻酔作用は3.8.2.2に示された判定基準にしたがって別々に評価される。これらの有害性について分類するときは、影響が相加的でないという証拠がない限り、それぞれの成分の寄与について相加的に考えるべきである。

3.8.3.4.6　区分3に加成方式が使われる場合、混合物の「関連する成分」とは、≥1%（固体、液体、粉じん、ミストおよび蒸気の場合の場合w/w、ガスの場合v/v）の濃度で存在するものである。ただし、気道刺激性または麻酔作用に関して混合物を分類するとき、<1% の濃度で存在する成分が関連していると疑われる理由がある場合を除く。

混合物に関する特定標的臓器毒性（単回ばく露）の分類演習

混合物セは特定標的臓器毒性（単回）の試験データが得られていない。
混合物セの各成分のデータは以下のように得られている。

データ：

成分	重量%	分類	
成分1	15	特定標的臓器毒性（単回）区分1（腎臓）	区分3（麻酔作用）
成分2	8	特定標的臓器毒性（単回）区分1（神経系、血液）	区分2（肝臓）
成分3	5	特定標的臓器毒性（単回）区分1（神経系）	区分3（麻酔作用）
成分4	72	―	

★パターン1：対象国の法令等（米国HCSのタイプ）により区分1および区分2の成分のカットオフ値／濃度限界に≧1.0%が採用されている場合

判定根拠

・混合物セは標的臓器毒性区分1（標的臓器：腎臓）の成分（成分1）を15%含んでおり、成分1の濃度は1.0%以上なので、混合物セは区分1の基準に該当する。
・混合物セは標的臓器毒性区分1（標的臓器：神経系、血液）および区分2（標的臓器：肝臓）の成分（成分2）を8%含んでおり、成分2の濃度は1.0%以上なので、混合物セは区分1および区分2の基準に該当する。
・混合物セは標的臓器毒性区分1（標的臓器：神経系）の成分（成分3）を5%含んでおり、成分3の濃度は1.0%以上なので、混合物セは区分1の基準に該当する。

・混合物セは標的臓器毒性区分3（麻酔作用）の成分（成分1 および成分3）を合計20%含んでおり、20%以上なので混合物セは区分3の基準に該当する。

<u>分類結果</u>：混合物セは特定標的臓器毒性（単回ばく露）区分1（標的臓器：腎臓、神経系、血液系）、区分2（標的臓器：肝臓）、区分3（麻酔作用）に分類される。

★パターン2：対象国の法令等（日本JIS、EU CLP等のタイプ）により区分1 の成分のカットオフ値／濃度限界に≧10%（区分1）および1.0%≦成分＜10%（区分2）が採用されている場合

<u>判定根拠</u>

・混合物セは標的臓器毒性区分1（標的臓器：腎臓）の成分（成分1）を15%含んでおり、成分1の濃度は10%以上なので、混合物セは区分1の基準に該当する。

・混合物セは標的臓器毒性区分1（標的臓器：神経系、血液）および区分2（標的臓器：肝臓）の成分（成分2）を8%含んでおり、成分2の濃度は10%以上ではないので、混合物セは区分1の基準には該当しない。成分2は1.0%以上10%未満で含まれているので成分2の区分1に由来する影響（神経系、血液系）は区分2の基準に該当するが、区分2に由来する影響（肝臓）は区分2の基準に該当しない。

・混合物セは標的臓器毒性区分1（標的臓器：神経系）の成分（成分3）を5%含んでおり、成分3の濃度は10%以上ではないので、混合物セは区分1の基準には該当しないが、1.0%以上10%未満で含まれているので混合物セは区分2の基準に該当する。

・混合物セは標的臓器毒性区分3（麻酔作用）の成分（成分1 および成分3）を合計20%含んでおり、20%以上なので混合物セは区分3の基準に該当する。

<u>分類結果</u>：混合物セは特定標的臓器毒性（単回ばく露）区分1（標的臓器：腎臓）、区分2（標的臓器：神経系、血液系）、区分3（麻酔作用）に分類される。

第3.9章　特定標的臓器毒性・反復ばく露

3.9.1　定義および一般事項

3.9.1.1　*特定標的臓器毒性（反復ばく露）*とは、物質または混合物への反復ばく露後に起こる、特異的な標的臓器への影響をさす。可逆的、不可逆的、あるいは急性または遅発性両方の、機能を損ないうる、第3.1～3.7および3.10章では検討されない、すべての重大な健康への影響がこれに含まれる（3.9.1.6も参照）。

3.9.1.2　この分類は、ある物質または混合物が特定標的臓器毒性があるか、およびそれにばく露したヒトに対して健康に有害な影響を及ぼす可能性があるかどうかを確認する。

3.9.1.3　分類は、ある物質または混合物に対する反復ばく露がヒトにおける一貫性のある、かつ特定できる毒性影響を与えたこと、あるいは実験動物において組織／臓器の機能または形態に影響する毒性学的に有意な変化が示されたか、または生物の生化学的項目または血液学的項目に重大な変化が示され、これらの変化がヒトの健康状態に関連性があるということについて信頼できる証拠が入手できるかに依存する。この有害性クラスに関しては、ヒトのデータを優先的な証拠とすることが確認されている。

3.9.1.4　評価においては、単一の臓器または生物学的システムにおける重大な変化だけでなく、いくつかの臓器に対するそれほど重度でない一般的変化も考慮すべきである。

3.9.1.5　特定標的臓器毒性は、ヒトに関連するいずれの経路によっても、すなわち主として経口、経皮または吸入によって、起こり得る。

3.9.1.6　GHSにおける単回ばく露での非致死性毒性の分類については*特定標的臓器毒性－ 単回ばく露*（第3.8章）に述べられており、したがって本章からは除外されている。物質および混合物は、単回および反復投与による毒性に関して独立に分類されるべきである。急性毒性、皮膚腐食性／刺激性、眼に対する重篤な損傷性／眼刺激性、皮膚および呼吸器の感作性、生殖細胞変異原性、発がん性、生殖毒性および誤えん有害性のような、他の特定毒性影響はGHSの中で別に評価されるので、ここには含まれない。

3.9.2　物質の分類基準

3.9.2.1　物質は、影響を生じるばく露期間および用量／濃度を考慮に入れて勧告されたガイダンス値（3.9.2.9参照）の使用を含む、入手されたすべての証拠の重みに基づいて専門家の行った判断によって、特定標的臓器毒性物質として分類される。そして、観察された影響の性質および重度によって２種の区分のいずれかに分類される。

図3.9.1　特定標的臓器毒性（反復ばく露）のための区分

区分1：ヒトに重大な毒性を示した物質、または実験動物での試験の証拠に基づいて反復ばく露によってヒトに重大な毒性を示す可能性があると考えられる物質

物質を区分1に分類するのは、次に基づいて行う：

(a) ヒトの症例または疫学的研究からの信頼でき、かつ質のよい証拠、または

(b) 実験動物での適切な試験において、一般的に低いばく露濃度で、ヒトの健康に関連のある重大な、または強い毒性影響を生じたという所見。証拠評価の重み付けの一環として使用すべき用量／濃度のガイダンス値は後述する（3.9.2.9参照）。

区分2：動物実験の証拠に基づき反復ばく露によってヒトの健康に有害である可能性があると考えられる物質

物質を区分2に分類するには、実験動物での適切な試験において、一般的に中等度のばく露濃度で、ヒトの健康に関連のある重大な毒性影響を生じたという所見に基づいて行う。分類に役立つ用量／濃度のガイダンス値は後述する（3.9.2.9参照）。

例外的なケースにおいてヒトでの証拠を、物質を区分２に分類するために使用できる（3.9.2.6参照）。

注記：*いずれの区分においても、分類された物質によって最初に影響を受けた特定標的臓器／器官が明示されるか、または一般的な全身毒性物質であることが明示される。毒性の主標的臓器を決定し（例えば肝毒性物質、神経毒性物質）、その目的にそって分類するよう努力すべきである。そのデータを注意深く評価し、できる限り二次的影響を含めないようにすべきである。例えば、肝毒性物質は、神経または消化器官に二次的影響を起こすことがある*

（省略）

3.9.2.9　実験動物を用いて実施した試験で得られた結果に基づいた分類を補助するガイダンス値

3.9.2.9.1　実験動物を使って行われた研究において、実験のばく露時間および用量／濃度を参照することなく影響の観察にのみ依存することは、「すべての物質は潜在的に毒性を有し、毒性は用量／濃度およびばく露時間の関数となる」という毒性学の基本概念の一つを無視していることになる。実験動物を使った研究の大半においては、試験指針には上限値の用量が使われている。

3.9.2.9.2　物質を分類すべきであるか否か、また、どのランク（区分1か、区分2か）に分類するかについての決定を下すことを助ける目的で、重大な健康影響を生じることが示されたことのある用量／濃度を考察するための用量／濃度「ガイダンス値」を**表3.9.1**に掲げる。そのようなガイダンス値を提案する主要な論拠は、すべての化学物質は潜在的に有毒であり、それ以上ではある程度の毒性影響が確認される妥当な用量／濃度が存在するに違いないからである。また、動物を用いて実施される反復投与試験は、試験目的を最も効果的にするために、使用した最高用量で毒性を生じるよう設計され、ほとんどの試験では、少なくとも最高用量ではいくつかの毒性影響を示す。したがって、決定すべきことは、どのような作用が生じるかだけでなく、どのような用量／濃度で作用が生じるか、そして、それをヒトに対してどのように関連付けるかである。

3.9.2.9.3　したがって、動物試験において、分類すべきかもしれない重大な毒性影響が認められた場合、提案されたガイダンス値と比較して、試験したばく露期間およびこれらの影響が認められた用量／濃度を考察することは、分類の必要性を評価するのを助けるための有益な情報を提供する（毒性影響は有害性と、ばく露期間および用量／濃度との結果であるから）。

3.9.2.9.4　ガイダンス値またはそれ以下の用量／濃度で重大な毒性影響が観察されたかを参照することで、分類の決定が影響されることがある。

3.9.2.9.5　提案されたガイダンス値は、基本的にはラットを用いて実施した標準の90日間毒性試験で認められた影響に基づいている。これらのガイダンス値は、より長期の、またはより短期のばく露による毒性試験に対する等価ガイダンス値を外挿するための基礎として使用できる。これは、吸入毒性についてのハーバー則（有効な用量はばく露濃度とばく露期間に比例する）と同様な、用量やばく露時間に関する外挿をするものである。その評価はケースバイケースを原則に行うべきである。例えば、28日間の試験については、下記のガイダンス値を3倍して使用する。

3.9.2.9.6　したがって区分1への分類に当たっては、実験動物を使った90日間の反復投与試験において、表3.9.1に示すガイダンス値（案）またはこれを下回る値で観察された重大な毒性影響が、分類を正当化するものとなる。

表3.9.1　区分1への分類を助けるガイダンス値

ばく露経路	単位	ガイダンス値（用量／濃度）
経口（ラット）	mg/kg体重/日	≦10
経皮（ラットまたはウサギ）	mg/kg体重/日	≦20

吸入（ラット）気体	ppmV/6時間/日	≦50
吸入（ラット）蒸気	mg/l/6時間/日	≦0.2
吸入（ラット）粉塵／ミスト／ヒューム	mg/l/6時間/日	≦0.02

3.9.2.9.7　区分2への分類については、実験動物を用いて実施した90日間反復投与試験で観察され、かつ**表3.9.2**に示すガイダンス値（案）の範囲内で起こることが認められた有意な毒性影響が、分類を正当化するものとなる。

表3.9.2　区分2への分類を助けるガイダンス値

ばく露経路	単位	ガイダンス値範囲（用量／濃度）
経口（ラット）	mg/kg体重/日	10＜C≦100
経皮（ラットまたはウサギ）	mg/kg体重/日	20＜C≦200
吸入（ラット）気体	ppmV/ 6時間/日	50＜C≦250
吸入（ラット）蒸気	mg/l/ 6時間/日	0.2＜C≦1.0
吸入（ラット）粉塵／ミスト／ヒューム	mg/l /6時間/日	0.02＜C≦0.2

3.9.2.9.8　3.9.2.9.6および3.9.2.9.7に記載したガイダンス値および範囲は、あくまでもガイダンスとしてのためのものである。すなわち、証拠の重み付けの一環として、分類の決定を助けるためのものであって、厳密な境界値として意図されたものではない。

3.9.2.9.9　反復投与動物試験においてガイダンス値以下の用量／濃度、例えば100mg/kg体重/日以下の経口投与で、ある毒性が観察されても、この影響を受けやすいことが知られている特定系統の雄ラットだけに認められた腎毒性のように、影響の性質によっては分類しないと決定することもありうる。逆に、特定の毒性プロフィールが、動物試験においてガイダンス値以上の用量／濃度、例えば100mg/kg体重／日以上の経口投与で起こることがあり、そして他の情報源からの補足情報、例えば、他の長期投与試験またはヒトでの症例経験などその結論を支持するものがある場合は証拠の重み付けを考慮して、分類することが賢明であろう。

特定標的臓器毒性（反復ばく露）の分類演習

反復ばく露で現れる、可逆的、不可逆的あるいは急性または遅発性の影響が含まれる。ばく露の期間としてはラットまたはマウスの試験であれば28日間、90日間または生涯（2年間まで）期間がある。

【1,2,3-トリクロロプロパン】

CAS RN：96-18-4

分子式：$C_3H_5Cl_3$

構造式： Cl　CH　Cl（CH に Cl）　CH_2　CH_2

Cl

Cl　CH　Cl

CH_2　CH_2

データ・判定根拠：

・特異臭のある無色の液体、融点－14℃、沸点157℃、引火点73℃、自然発火温度304℃、n-

オクタノール/水分配係数logPow 2.27

・ヒトに関する情報はない。

・実験動物では、ラットを用いた13週間吸入毒性試験において、区分1相当である4.5 ppm（ガイダンス値換算：0.02 mg/l）で肝臓への影響（肝細胞肥大）、血液への影響（脾臓の髄外造血亢進）、ラットを用いた11日間吸入毒性試験において区分1相当である2.9 ppm（ガイダンス値換算：0.0021 mg/l）で呼吸器（鼻甲介嗅上皮の菲薄化）、132 ppm（ガイダンス値換算：0.097 mg/l）で肝臓（肝細胞壊死）の報告があり、マウスを用いた11日間吸入毒性試験において同様に区分1相当の濃度で肝臓及び呼吸器への影響が報告されている。

・ラットを用いた強制経口投与による90日間反復投与毒性試験において、区分2相当の59 mg/kg/dayで肝臓への影響（胆管過形成、AST及びALT増加）、心臓への影響（心筋への影響、（AST増加）が報告されている。

・ラットを用いた強制経口投与による17週間反復投与毒性試験において、区分1の範囲である8～16 mg/kg/day（90日換算：3.6～7.1 mg/kg/day）で血液系への影響（ヘマトクリット値・赤血球数・ヘモグロビン濃度減少等）、マウスを用いた強制経口投与による17週間反復投与毒性試験において、区分2相当の63 mg/kg/day（90日換算：59.5 mg/kg/day）で前胃への影響（前胃の角質増殖と扁平上皮過形成）、呼吸器への影響（細気管支の再生変性）が報告されている。

・ラットを用いた強制経口投与による104週間反復投与毒性試験において、区分1相当の3 mg/kg/dayで前胃への影響（基底細胞及び扁平上皮の過形成）、膵臓への影響（腺房の限局性過形成）、10 mg/kg/dayで腎臓への影響（尿細管上皮の限局性過形成）が報告されている。これらの所見のうち、前胃の変化については刺激性に起因したものと考え標的臓器とはしなかった。

　以上、区分1（呼吸器、肝臓、血液系、膵臓、腎臓）、区分2（心臓）に該当する。

分類結果：特定標的臓器毒性（反復ばく露）区分1（呼吸器、肝臓、血液系、膵臓、腎臓）、区分2（心臓）

混合物の分類に関して、GHS文書では以下のように記述している。

3.9.3　混合物の分類基準

3.9.3.1　混合物は、物質に対するものと同じ判定基準、または以下に述べる基準を用いて分類される。物質と同じように、混合物は特定標的臓器毒性に関して、単回ばく露（第3.8章参照）および反復ばく露について独立して分類されるべきである。

3.9.3.2　*混合物そのものについて試験データが入手できる場合の混合物の分類*

物質に関する判定基準で述べたように、混合物についてヒトでの経験または適切な実験動物での試験から信頼できる質のよい証拠が入手された場合、当該混合物はこのデータの証拠の重みの評価によって分類できる。混合物に関するデータを評価する際には、用量、ばく露期間、観察、または分析が、結論を不確かにさせていないかに注意を払うべきである。

3.9.3.3　*混合物そのものについて試験データが入手できない場合の混合物の分類：つなぎの原則（Bridging principle）*

3.9.3.3.1　混合物そのものは、特定標的臓器毒性を決定するために試験が行われていないが、当該混合物の有害性を適切に特定するための、個々の成分および類似の試験された混合物の両方に関して十分なデータがある場合、これらのデータは以下の合意されたつなぎの原則にしたがって使用される。これによって、分類プロセスに動物試験を追加する必要もなく、混合物の有害性判定に入手されたデータを可能な限り最大限に用いることができる。

つなぎの原則：希釈、製造バッチ、毒性の高い混合物の濃縮、一つの有害性区分の中での内挿、本質的に類似した混合物、エアゾール、については本書1.3.1.1（10頁）を参照。

3.9.3.4　*混合物の全成分または一部の成分だけについてデータが入手できた場合の混合物の分類*

3.9.3.4.1　当該混合物自身について信頼できる証拠または試験データがなく、つなぎの原則を用いて分類できない場合には、混合物の分類は成分物質の分類に基づいて行われる。この場合、少なくとも一つの成分が特定標的臓器毒性物質–反復ばく露について区分１または区分２として分類され、そして区分１や区分２それぞれについて以下の**表3.9.3**に示される適切なカットオフ値／濃度限界またはそれ以上の濃度で存在する場合、その混合物は反復ばく露について、特定標的臓器毒性物質（指定された特定の器官臓器の）として分類される。

表3.9.3　混合物の分類のための、特定標的臓器毒性物質として分類された混合物の成分のカットオフ値／濃度限界[a]

成分の分類：	混合物の分類のためのカットオフ値/濃度限界：	
	区分1	区分2
区分1 標的臓器毒性物質	≧1.0%（注1）	1.0%≦成分＜10%（注3）
	≧10%（注2）	1.0%≦成分＜10%（注3）
区分2 標的臓器毒性物質		≧1.0%（注4）
		≧10%（注5）

[a]　*この妥協の産物である分類方法は現行の危険有害性の情報伝達における相違を考慮して作成された。影響を受ける混合物の数が少なく、相違はラベル表示に限られ、さらなる調和により状況がよくなることが期待される。*

注記1：*区分1の特定標的臓器毒性物質が1.0%と10%の間の濃度で成分として混合物中に存在する場合は、すべての規制所管官庁は、製品のSDSに情報の記載を要求することになろう。しかし、ラベルへの警告表示は任意となろう。ある規制所管官庁は、成分が1.0%と10%の間で混合物中に存在する場合に表示を選択し、他の所管官庁は通常この場合にラベル表示を要求しないことになろう。*

注記2：*区分1の特定標的臓器毒性物質が、10%以上の濃度で成分として混合物中に存在する場合には、一般にSDSと表示の両方が対象となろう。*

注記3：*区分1の特定標的臓器毒性物質が1.0%と10%の間の濃度で成分として混合物中に存在する場合には、ある規制所管官庁は、この混合物を区分2の標的臓器毒性物質として分類するのに対して、他の所管官庁はそうしないことになろう。*

注記4：*区分2の特定標的臓器毒性物質が1.0%と10%の間の濃度で成分として混合物中に存在する場合には、すべての規制所管官庁は、製品のSDSに情報の記載を要求することになろう。しかし、ラベル表示は、任意となろう。ある規制所管官庁は、その成分が1.0%と10%の間で混合物中に存在する場合に表示を選択し、他の所管官庁は通常、この場合にラベル表示を要求しないことになろう。*

注記5：*区分2の特定標的臓器毒性物質が、10%以上の濃度で成分として混合物中に存在する場合には、一般にSDSと表示の両方が対象となろう。*

混合物に関する特定標的臓器毒性（反復ばく露）の分類演習

混合物［ソ］は特定標的臓器毒性（反復）の試験データが得られていない。

混合物［ソ］の各成分のデータは以下のように得られている。

データ：

成分	重量％	分類
成分1	0.3	−
成分2	3.7	特定標的臓器毒性（反復）区分1（肝臓）
成分3	7	特定標的臓器毒性（反復）区分2（腎臓）
成分4	8	特定標的臓器毒性（反復）区分1（肺）
成分5	81	−

★パターン1：対象国の法令等（米国HCSのタイプ）により区分1および区分2の成分のカットオフ値／濃度限界に≧1.0％が採用されている場合

判定根拠

・混合物［ソ］は標的臓器毒性区分1（標的臓器：肝臓）の成分（成分2）を3.7％含んでおり、成分2の濃度は1.0％以上なので、混合物［ソ］は区分1の基準に該当する。
・混合物［ソ］は標的臓器毒性区分2（標的臓器：腎臓）の成分（成分3）を7％含んでおり、成分3の濃度は1.0％以上なので、混合物［ソ］は区分2の基準に該当する。
・混合物［ソ］は標的臓器毒性区分1（標的臓器：肺）の成分（成分4）を8％含んでおり、成分4の濃度は1.0％以上なので、混合物［ソ］は区分1の基準に該当する。

分類結果：混合物［ソ］は特定標的臓器毒性（反復ばく露）区分1（標的臓器：肝臓、肺）、区分2（標的臓器：腎臓）に分類される。

★パターン2：対象国の法令等（日本JIS、EU CLP等のタイプ）により区分1 の成分のカットオフ値／濃度限界に≧10％（区分1）および1.0％≦成分＜10％（区分2）が採用されている場合

判定根拠

・混合物［ソ］は標的臓器毒性区分1（標的臓器：肝臓）の成分（成分2）を3.7％含んでおり、成分1の濃度は10％以上ではないので、混合物［ソ］は区分1の基準に該当しないが、1.0％以上10％未満で含まれているので区分2の基準に該当する。
・混合物［ソ］は標的臓器毒性区分2（標的臓器：腎臓）の成分（成分3）を7％含んでおり、成分3の濃度は10％以上ではないので、混合物［ソ］は区分2の基準には該当しない。
・混合物［ソ］は標的臓器毒性区分1（標的臓器：肺）の成分（成分4）を8％含んでおり、成分4の濃度は10％以上ではないので、混合物［ソ］は区分1の基準には該当しないが、1.0％以上10％未満で含まれているので混合物［ソ］は区分2の基準に該当する。

分類結果：混合物［ソ］は特定標的臓器毒性（反復ばく露）区分2（標的臓器：肝臓、肺）に分類される。

第 3.10 章　誤えん有害性

3.10.1　定義および一般的事項

3.10.1.1　*誤えん*とは、液体または固体の化学品が口または鼻腔から直接、または嘔吐によって間接的に、気管および下気道へ侵入することをいう。
3.10.1.2　*誤えん有害性*とは、物質または混合物の吸引後に起こる、化学肺炎、肺損傷あるいは死のような重篤な急性影響をさす。

3.10.1.3　*誤えん*は、原因物質が喉頭咽頭部分の上気道と上部消化官の岐路部分に入り込むと同時になされる吸気により引き起こされる。

3.10.1.4　物質または混合物の*誤えん*は、それを摂取した後に嘔吐した時も起こりうる。このことは、急性毒性を有するため摂取後吐かせることを推奨している場合、表示に影響を及ぼすかもしれない。物質／混合物が*誤えん*の危険性に分類される毒性も示す場合は、吐かせることについての推奨は修正する必要があるであろう。

3.10.1.5　*特別に留意すべき事項*

3.10.1.5.1　化学品の誤えんに関する医学文献レビューでは、ある炭化水素（石油留分）およびある種の塩素化炭化水素は、ヒトに誤えん有害性を持つことを明らかにした。一級アルコール、およびケトンは動物実験にのみ誤えん有害性が示されている。

3.10.1.5.2　動物における誤えん有害性を決定するための方法論は活用されているが、標準化されたものはない。動物実験で陽性であるという証拠は、ヒトに対して、誤えん有害性に分類される毒性があるかもしれないという指針として役立つ程度である。誤えん有害性に関する動物データを評価する際は、特別な配慮をしなければならない。

3.10.1.5.3　分類基準は動粘性率を参照している。以下に、粘性率と動粘性率の変換を示す。

$$\text{粘性率 (mPa·s)} \div \text{密度 (g/cm}^3\text{)} = \text{動粘性率 (mm}^2\text{/s)}$$

3.10.1.5.4　3.10.1.2 における誤えん有害性の定義には呼吸器系への固体の侵入を含んでいるが、区分 1 あるいは区分 2 に対する**表 3.10.1** の（b）による分類は液体の物質および混合物のみへの適用を意図したものである。

3.10.1.5.5　*エアゾール／ミスト製剤の分類*

エアゾールおよびミスト製剤は、通常、自己加圧式容器や引き金ポンプ式噴霧器などの容器に入れられて供される。これらの製剤の分類の鍵は、製剤が噴霧後に誤えんされるほどに口内に溜まるかどうかである。加圧容器からのミストまたはエアゾールが微細であれば、口内には溜まらないかもしれないが、製剤が（霧状ではなく）流れのようになって供されれば、口内に溜まり誤えんされる可能性がある。通常、引き金ポンプ式噴霧器によって噴霧されるミストは粗い粒子であるため、口内に溜まり誤えんされる場合がある。ポンプ装置を取り外すことができ、直接内容物を飲み込むことが可能な場合には、分類を考慮すべきである。

(執筆者注：「誤えん有害性」は、GHS改訂6版までは「吸引性呼吸器有害性」と訳していた。英語は“Aspiration hazard”である。)

3.10.2　物質の分類基準

表3.10.1　誤えん有害性の区分

区分	判定基準
区分1：ヒトへの誤えん有害性があると知られている、またはヒトへの誤えん有害性があるとみなされる化学品	区分1に分類される物質： (a)　ヒトに関する信頼度が高く、かつ質の良い有効な証拠に基づく（注記1を参照）；．または (b)　40℃で測定した動粘性率が 20.5 mm^2/s 以下の炭化水素の場合。
区分2：ヒトへの誤えん有害性があると推測される化学品	40℃で測定した動粘性率が 14mm^2/s 以下で区分1に分類されない物質であって、既存の動物実験、ならびに表面張力、水溶性、沸点および揮発性を考慮した専門家の判断に基づく（注記2を参照）

***注記1**：区分1に含まれる物質の例はある種の炭化水素であるテレビン油およびパイン油である。*
***注記2**：この点を考慮し、次の物質をこの区分に含める所管官庁もあると考えられる：3以上13を超えない炭素原子で構成された一級のノルマルアルコール；イソブチルアルコールおよび13を超えない炭素原子で構成されたケトン。*

誤えん有害性の分類演習

いわゆる「誤えん性肺炎」の原因となる化学品として炭化水素（石油留分）が知られているが、このほかアルコールやケトンの一部も含まれる。動粘性率を考慮した判定もあるが、その値が小さい場合には専門家判断を必要とする。

【オルトーキシレン】
CAS RN：95-47-6
分子式：C_8H_{10}
構造式：

<u>**データ・判定根拠**</u>：

- 物理化学的性状：特徴的な臭気のある無色の液体、融点－25.2℃、沸点 144.5℃、引火点 32℃（密閉式）、自然発火温度 463℃、n-オクタノール／水分配係数 logKow 3.12
- 動粘性率は0.86mm^2/s（25℃、計算値）

一般に一定圧力下での液体は温度が上昇すると粘性率は低下するので、40℃で測定した動粘性率（粘性率÷密度）が 20.5mm^2/s 以下になると判断した。

<u>**分類結果**</u>：誤えん有害性　区分1

混合物の分類に関して、GHS文書では以下のように記述している。

3.10.3　混合物の分類基準

3.10.3.1　*混合物そのものについてデータが利用できる場合の分類*

混合物は、ヒトに関する信頼度が高く、かつ質のよい有効な証拠に基づき区分1に分類される。

3.10.3.2 *混合物そのものについてデータが利用できない場合の混合物の分類：つなぎの原則（Bridging Principles）*

3.10.3.2.1　混合物そのものは誤えん有害性を決定するための試験がなされていないが、当該混合物の有害性を適切に特定するための、個々の成分および類似の試験された混合物の両方に関して十分なデータがある場合、これらのデータは以下のつなぎの原則にしたがって利用される。これによって、分類プロセスで動物試験を追加する必要もなく、混合物の有害性判定に利用可能なデータを可能な限り最大限に用いられるようになる。

つなぎの原則：希釈、製造バッチ、区分1の混合物の濃縮、一つの有害性区分の中での内挿、本質的に類似した混合物、については本書1.3.1.1（10頁）を参照。

3.10.3.3 *混合物の全成分または一部の成分だけについてデータが利用できる場合の混合物の分類*

3.10.3.3.1　混合物の「関連する成分」は、≥1%の濃度で存在するものである。

3.10.3.3.2　*区分1*

3.10.3.3.2.1　区分1の成分の濃度の合計が≥10%で、しかも40℃における動粘性率が≤20.5 mm^2/sの時に混合物は区分1と分類される。

3.10.3.3.2.2　混合物が二つ以上の相に明確に分離している場合、もしどの明確に分離している相においても、区分1の成分の濃度の合計が≥10%で、しかも40℃における動粘性率が≤20.5 mm^2/s の時には、混合物全体としては区分1と分類される。

3.10.3.3.3　*区分2*

3.10.3.3.3.1　区分2の成分の濃度の合計が≥10%で、しかも40℃における動粘性率が≤14mm^2/sの時に混合物は区分2と分類される。

3.10.3.3.3.2　混合物をこの区分に分類する場合、表面張力、水溶解度、沸点、揮発性を検討する専門家判断は不可欠であり、特に区分2の成分が水と混合されている場合にはそうである。

3.10.3.3.3.3　混合物が二つ以上の層に明確に分離している場合、もしどの明確に分離している層においても、区分2の成分の濃度の合計が≥10%で、しかも40℃における動粘性率が≤14mm^2/sの時には、混合物全体としては区分2と分類される。

混合物に関する誤えん有害性の分類演習

混合物[タ]の動粘性率に関する試験データおよび各成分の誤えん有害性データは以下のように得られている。

データ：

製品の動粘性率：16mm²/s (40℃)

成分	重量%	分類
成分1	30	誤えん有害性区分1
成分2	20	誤えん有害性区分1
成分3	50	－

判定根拠：

誤えん有害性区分1の成分が合計50%（10%以上）含まれ、製品の動粘性率が20.5 mm²/s以下であるため、区分1の基準に該当する。

分類結果：混合物[タ]は誤えん有害性　区分1

第 4 部　環境に対する有害性に関する分類判定基準と分類例

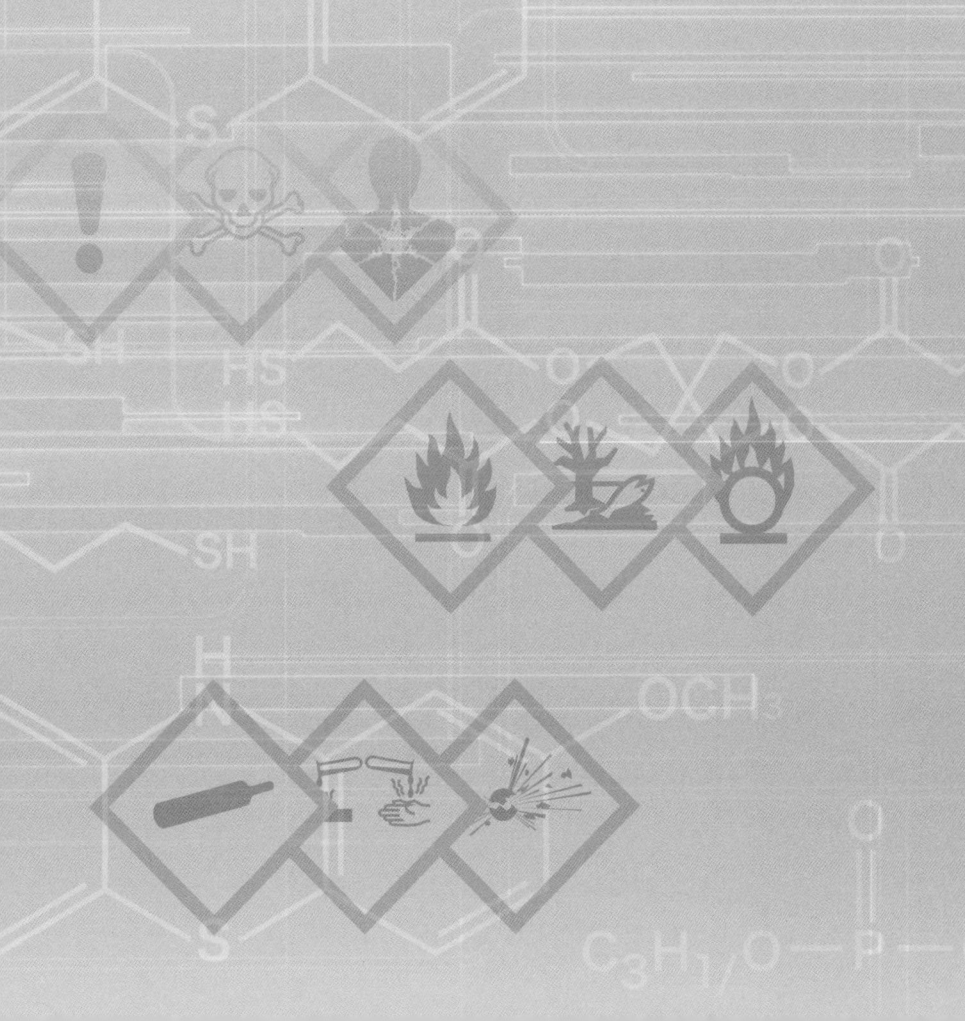

第4.1章　水生環境有害性

4.1.1　定義および一般事項

4.1.1.1　*定義*

急性水生毒性とは、物質への短期的な水生ばく露において、生物に対して有害な、当該物質の本質的な特性をいう。

物質の利用性とは、物質が溶解性ないし解離性を有するようになる程度を意味する。金属の利用性とは、金属化合物の金属イオン化した部分が同化合物の他の部分（分子）から解離する程度を意味する。

生物学的利用性とは、物質が生物に取り込まれ、生物内のある部位に分布する程度を意味する。これは物質の物理化学的特質、生物の体内組織および生理機能、ファーマコキネティクスならびにばく露の経路に依存する。単なる利用性は、生物学的利用性の必要条件とはならない。

生物蓄積性とは、あらゆるばく露経路（すなわち、空気、水、底質／土壌および食物）からの、生物体内への物質の取り込み、生物体内における物質の変化、および排泄からなる総体的な結果を意味する。

生物濃縮とは、水を媒体とするばく露による、生物体内への物質の取り込み・生物体内における物質の変化および排泄からなる総体的な結果を意味する。

慢性水生毒性とは、水生生物のライフサイクルに対応した水生ばく露期間に、水生生物に悪影響を及ぼすような、物質の本質的な特性を意味する。

複合混合物、または**多成分物質**もしくは**複合物質**とは、それぞれ異なる溶解性および物理化学的性質を有する個々の物質の複合体からなる混合物を意味する。多くの場合、これらはある範囲の炭素鎖の長さ／置換基の度数を持つ一連の類似物質として特徴付けられる。

分解とは、有機物分子がより小さな分子に、さらに最終的には二酸化炭素、水および塩類に分解することを意味する。

ECxとはx%の反応を示す濃度をいう。

長期（慢性）有害性とは、分類の目的では、水生環境における化学品への長期間のばく露を受けた後にその慢性毒性によって引き起こされる化学品の有害性を意味する。

NOEC（無影響濃度）とは、統計的に有意な悪影響を示す最低の試験濃度直下の試験濃度をいう。NOECでは対照区と比べて有意な悪影響は見られない。

短期（急性）有害性とは、分類の目的では、化学品への短期の水生ばく露の間にその急性毒性によって生物に引き起こされる化学品の有害性を意味する。

4.1.1.2　*基本的要素*

4.1.1.2.1　GHSにおいて用いられる基本的要素は下記のとおり。

(a)　急性水生毒性

(b)　慢性水生毒性

(c)　潜在的な、または実際の生物蓄積性

(d)　有機化学品の（生物的または非生物的）分解

4.1.1.2.2　国際的に調和された試験方法によるデータが望ましいが、実際には各国独自の方法より得られたデータでも、それが同等であると判断されたならば、使用してよいであろう。一般に、淡水種および海水種での毒性データは同等であると合意されている。これらについては、OECDテストガイドラインまたはGLP原則によって同等とみなせる方法でデータが導かれることが望ましい。こうしたデータが入手できない場合には、入手された最良のデータを基に分類を行うべきである。

4.1.1.3　*急性水生毒性*

急性水生毒性は通常、魚類の96時間LC_{50}（OECDテストガイドライン203またはこれに相当する試験）、甲殻類の48時間EC_{50}（OECDテストガイドライン202またはこれに相当する試験）または藻類の72時間もしくは96時間EC_{50}（OECDテストガイドライン201またはこれに相当する試験）により決定される。これらの生物種はすべての水生生物に代わるものとしてみなされるが、例えばLemna（アオウキクサ）等その他の生物種に関するデータも、試験方法が適切なものであれば、考慮されることもある。

4.1.1.4　*慢性水生毒性*

慢性毒性データは、急性毒性データほどは利用できるものがなく、一連の試験手順もそれほど標準化されていない。OECD テストガイドライン210（魚類の初期生活段階毒性試験）または211（ミジンコの繁殖試験）および201（藻類生長阻害試験）によって得られたデータは受け入れることができる（国連GHS文書附属書9の A9.3.3.2 参照）。その他、有効性が確認され、国際的に容認された試験も採用できる。NOECまたは相当するECxを採用するべきである。

4.1.1.5　*生物蓄積性*

生物蓄積性は通常、オクタノール/水分配係数を用いて決定され、一般的にはOECDテストガイドライン107、117または123により決定されたlogKowとして報告される。この値が生物蓄積性の潜在的な可能性を示しているのに対して、実験的に求められた生物濃縮係数（BCF）はより適切な尺度を与えるものであり、入手できればBCFの方を採用すべきである。BCFはOECDテストガイドライン305にしたがって決定されるべきである。

4.1.1.6　*急速分解性*

4.1.1.6.1　環境中での分解は生物的分解と非生物的分解（例えば加水分解）とがあり、採用される判定基準はこの事実を反映している（4.1.2.11.3参照）。易生分解性はOECDテストガイドライン301（A-F）にあるOECDの生分解性試験により最も容易に定義付けできる。これらの試験で急速分解性とされるレベルは、ほとんどの環境中での急速分解性の指標とみなすことができる。これらは淡水系での試験であるため、海水環境により適合しているOECDテストガイドライン306より得られる結果も取り入れることとされた。こうしたデータが利用できない場合には、BOD（5日間）／ COD比が0.5より大きいことが急速分解性の指標と考えられている。

4.1.1.6.2　加水分解などの非生物的分解、生物的および非生物的の両方の一次分解、非水系媒体中での分解性および環境中で証明された急速分解性はいずれも、急速分解性を判定する際に考慮されてよい。データの解釈に関する特別な手引きは、附属書9に示される。
(省略)

4.1.2　物質の分類基準

4.1.2.1　調和されたシステムは、三つの短期（急性）分類区分と四つの長期（慢性）分類区分で構成されているが、その主要部分を成すのは三つの短期（急性）分類区分と三つの長期（慢性）分類区分である（**表4.1.1（a）** および **（b）** を参照）。急性毒性および慢性毒性の分類区分は独立して適用される。急性1～3 に分類するための判定基準は、急性毒性データ（EC_{50} またはLC_{50}）のみに基づいて定義される。慢性1～3に分類するための判定基準は段階的なアプローチにしたがう。すなわち、まず第一ステップで慢性毒性について得られた情報が長期（慢性）有害性の区分に役立つかどうかを調べ、そして慢性毒性の十分なデータがない場合には、次のステップで、2 種類の情報すなわち急性毒性データと環境運命データ（分解性および生物蓄積性のデータ）を組み合わせることになる（**図4.1.1**を参照）。

4.1.2.2　調和されたシステムでは、利用できるデータからは正式の判定基準による分類ができないが、それにも関わらず何らかの懸念の余地がある場合に用いられるよう、分類の「セーフティネット」（区分：慢性4）を導入している。明確な判定基準が定められているわけではないが、例外が一つある。すなわち、水に難溶性の物質については、その毒性が証明されていなくてもその物質が速やかに分解せず、かつ生物蓄積性の可能性があるならば、分類されることがありうる。そのような難溶性物質に対しては、生物へのばく露レベルが低く、取り込み速度も遅いため、短期試験では毒性を適切に評価できていない可能性がある。その物質が水生の長期（慢性）有害性について分類する必要がないことを実証することによって、このように分類する必要性を否定できる。

4.1.2.3　急性毒性が1mg/lを十分に下回るか、または慢性毒性が（急速分解性がない場合に）0.1mg/lを十分に下回り、（急速分解性がある場合は）0.01mg/lを十分に下回る物質は、濃度が低くても混合物の成分として混合物の毒性に関与する。加算法を適用する際にはその重み付けを増加させるべきである（表4.1.1の注記2と4.1.3.5.5.5項を参照）。

4.1.2.4　次の判定基準（表4.1.1）にしたがって分類された物質は「水生環境有害性」の分類に入る。詳細な分類区分を表4.1.2に一覧表としてまとめた。

表4.1.1　水生環境有害性物質の区分 *(注記1)*

(a) 短期（急性）水生有害性

区分 急性1 *(注記2)*

96時間LC_{50}（魚類に対する）≦1mg/lまたは

48時間EC_{50}（甲殻類に対する）≦1mg/lまたは

72または96時間ErC_{50}（藻類または他の水生植物に対する）≦1mg/l *(注記3)*

規制体系によっては、急性1 をさらに細分して、$L(E)C_{50}$≦0.1mg/l という、より低い濃度帯を含む場合もある。

<u>区分 急性2</u>
　96時間LC_{50}（魚類に対する）>1mg/lだが≦10mg/lまたは
　48時間EC_{50}（甲殻類に対する）>1mg/lだが≦10mg/lまたは
　72または96時間ErC_{50}（藻類または他の水生植物に対する）>1mg/lだが≦10mg/l *(注記3)*

<u>区分急性3</u>
　96時間LC_{50}（魚類に対する）>10mg/lだが≦100mg/lまたは
　48時間EC_{50}（甲殻類に対する）>10mg/lだが≦100mg/lまたは
　72または96時間ErC_{50}（藻類または他の水生植物に対する）>10mg/lだが≦100mg/l *(注記3)*
　規制体系によっては、L(E)C_{50}が100mg/lを超える、別の区分を設ける場合もある。

(b) 長期（慢性）水生有害性（図4.1.1も参照）

(i) 慢性毒性の十分なデータが得られる、急速分解性のない物質 *(注記4)*

<u>区分 慢性1</u>：*(注記2)*
　慢性NOECまたはECx（魚類に対する）≦0.1mg/lまたは
　慢性NOECまたはECx（甲殻類に対する）≦0.1mg/lまたは
　慢性NOECまたはECx（藻類または他の水生植物に対する）≦0.1mg/l

<u>区分 慢性2</u>：
　慢性NOECまたはECx（魚類に対する）≦1mg/lまたは
　慢性NOECまたはECx（甲殻類に対する）≦1mg/lまたは
　慢性NOECまたはECx（藻類または他の水生植物に対する）≦1mg/l

(ii) 慢性毒性の十分なデータが得られる、急速分解性のある物質

<u>区分 慢性1</u> *(注記2)*
　慢性NOECまたはECx（魚類に対する）≦0.01mg/lまたは
　慢性NOECまたはECx（甲殻類に対する）≦0.01mg/lまたは
　慢性NOECまたはECx（藻類または他の水生植物に対する）≦0.01mg/l

<u>区分 慢性2</u>
　慢性NOECまたはECx（魚類に対する）≦0.1mg/lまたは
　慢性NOECまたはECx（甲殻類に対する）≦0.1mg/lまたは
　慢性NOECまたはECx（藻類または他の水生植物に対する）≦0.1mg/l

<u>区分 慢性3</u>
　慢性NOECまたはECx（魚類に対する）≦1mg/lまたは
　慢性NOECまたはECx（甲殻類に対する）≦1mg/lまたは
　慢性NOECまたはECx（藻類または他の水生植物に対する）≦1mg/l

(iii) 慢性毒性の十分なデータが得られない物質

区分 慢性1：*(注記2)*

96時間LC_{50}（魚類に対する）≦1mg/lまたは

48時間EC_{50}（甲殻類に対する）≦1mg/lまたは

72または96時間ErC_{50}（藻類または他の水生植物に対する）≦1mg/l *(注記3)*

であって急速分解性がないか、または実験的に求められたBCF≧500（またはデータがないときはlogKow≧4）であること *(注記4および5)*

区分 慢性2：

96時間LC_{50}（魚類に対する）>1mg/lだが≦10mg/lまたは

48時間EC_{50}（甲殻類に対する）>1mg/lだが≦10mg/lまたは

72または96時間ErC_{50}（藻類または他の水生植物に対する）>1mg/lだが≦10mg/l *(注記3)*

であって急速分解性がないか、または実験的に求められたBCF≧500（またはデータがないときはlogKow≧4）であること *(注記4および5)*

区分 慢性3：

96時間LC_{50}（魚類に対する）>10mg/lだが≦100mg/lまたは

48時間EC_{50}（甲殻類に対する）>10mg/lだが≦100mg/lまたは

72または96時間ErC_{50}（藻類または他の水生植物に対する）>10mg/lだが≦100mg/l *(注記3)*

であって急速分解性がないか、または実験的に求められたBCF≧500（またはデータがないときはlogKow≧4）であること *(注記4および5)*

(c)「セーフティネット」分類

区分 慢性4

水溶性が低く水中溶解度までの濃度で急性毒性がみられないものであって、急速分解性ではなく、生物蓄積性を示すlogKow≧4であるもの。他に科学的証拠が存在して分類が必要でないことが判明している場合はこの限りでない。そのような証拠とは、実験的に求められたBCF＜500 であること、または慢性毒性NOEC＞1mg/lであること、あるいは環境中において急速分解性であることの証拠などである。

注記1：　*魚類、甲殻類および藻類といった生物は、一連の栄養段階と分類群をカバーする代表種として試験されており、その試験方法は高度に標準化されている。その他の生物に関するデータも考慮されることもあるが、ただし同等の生物種およびエンドポイントによる試験であることが前提である。*

注記2：　*物質を急性1または慢性1と分類する場合は、同時に、加算法を適用するための適切な毒性乗率M (4.1.3.5.5.5参照) を示す必要がある。*

注記3：　*藻類に対する毒性値ErC_{50} [すなわちEC_{50}（生長率）]が、次に感受性の高い種より100倍以上小さく、この作用のみによって分類されることになる場合、この毒性が水生植物に対する毒性を代表しているかどうかについて考慮する必要がある。もし代表していないことが認められた場合には、分類すべきかどうかの決定には専門家の判断を用いる必要がある。分類はErC_{50}により行う必要がある。EC_{50} を得た根拠が特定されず、かつErC50が記録されていないような状況では、入手されたEC_{50}最低値によって分類すべきである。*

注記4：　*急速分解性の欠如は、易生分解性の欠如、または急速分解性が欠如していることについてのその他の証拠より判断する。実験的に求められたデータ、または推定により求められたデータのいずれにせよ、分解性に関する有用なデータが得られない場合は、その物質は急速分解性がないものとみなすべきである。*

注記5：　*生物蓄積性は、実験により求められたBCFが500以上であるか、またはそのようなBCFが求められていない場合にはlogKow≧4が適切な指標である。実測により求められたlogKow値の方が推定により求められたlogKow値より優先され、またlogKow値よりBCF実測値の方が優先される。*

図4.1.1：水生環境に対して長期（慢性）有害性のある物質の分類

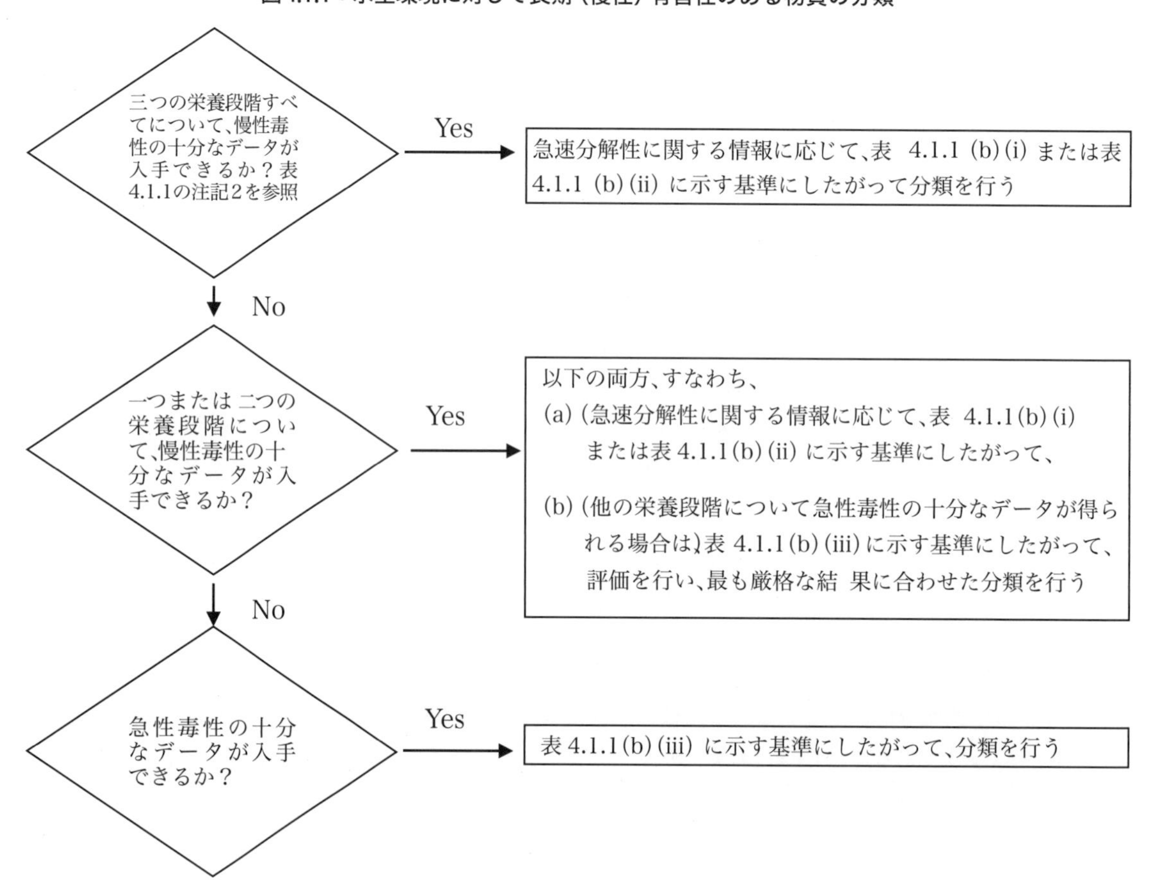

4.1.2.5　GHS では、水生生物に対する固有の主要な有害性は、物質の急性および慢性両方の毒性によって代表されると認識されており、その相対的な重要性は、施行されている特定の規制システムによって決まる。短期（急性）有害性と長期（慢性）有害性を区別することが可能であるため、この双方の性質についてはそれぞれ有害性レベルの段階によって有害性区分が定められている。適切な有害性区分を決定するには、通常、異なる栄養段階（魚類、甲殻類、藻類）について入手された毒性値のうちの最低値が用いられる。しかし、証拠の重み付けが用いられるような場合もある。急性毒性データは最も容易に入手でき、試験も最も標準化されている。

4.1.2.6　急性毒性は、ある物質の大量輸送の事故または大量漏出が原因となって、短期の危険が生じる場合の有害性を決定する重要な性質を表す。このためにL(E)C_{50} 値が100mg/l に至る有害性区分が定められているが、特定の規制の枠組みにおいては1,000mg/l までの区分が用いられてもよい。区分急性1 はさらに細分化して、例えばMARPOL 条約73/78 附属書IIに定められているように、特定の規制システムにおいては、急性毒性L(E)C_{50}≦0.1mg/l の区分を設けてもよい。その用途は、ばら積み輸送に関する規制システムに限られるであろうと予想される。

4.1.2.7　包装された物質の場合、主要な有害性は慢性毒性で決まると考えられているが、L(E)C_{50} 値が≦1mg/l の急性毒性もまた有害であると考えられる。通常の使用および廃棄後に、水生環境中の物質濃度は1mg/l までになることもあり得ると考えられる。これより毒性レベルが上回る場合は、急性毒性そのものでは、長い時間スケールで影響を及ぼすような低濃度によって生じる根本的な有害性を説明できないと考えられる。したがって、慢性水生毒性のレベルに基づいて多くの有害性区分が定められている。しかし、多くの物質では慢性毒性データを利用できず、こうした場合は、慢性毒性を評価するのに入手できる急性毒性のデータを用いなければならない。急速分解性の欠如または生物蓄積性の可能性といった本質的な特性と急性毒性とを組み合わせて、物質を長期(慢性)有害性区分に指定することもできよう。また、慢性毒性データが利用でき、NOECが水溶解度よりも大きいか1mg/lを超える場合、これは長期（慢性）有害性区分慢性1～3に分類する必要はないことを意味する。同様に、$L(E)C_{50}$＞100mg/l の物質については、ほとんどの規制システムで、その毒性を分類する根拠になるほどではないと考えられている。

4.1.2.8　MARPOL条約 73/78附属書IIの分類目標にも考慮した。この規則は船舶タンクによるばら積み輸送を対象としたもので、船舶からの操業に伴う排出を規制すること、およびふさわしい船型要件を指定することを目標としている。水圏生態系の保護も明らかに対象に含まれているが、それにとどまらない目標を目指している。したがって、物理化学的性質や哺乳類に対する毒性等の要因を考慮に加えた追加の有害性区分が用いられるかもしれない。

4.1.2.9　*水生毒性*

4.1.2.9.1　魚類、甲殻類および藻類といった生物は、一連の栄養段階および分類群をカバーする代表種として試験されており、その試験方法は高度に標準化されている。その他の生物に関するデータも考慮されることもあるが、ただし同等の生物種およびエンドポイントによる試験であることが前提である。藻類生長阻害試験は慢性試験ではあるが、そのEC_{50}は分類の目的では急性値として扱われる。このEC_{50}は通常、生長速度阻害を基に得られるべきである。生物量の減少に基づくEC_{50}（訳注：面積法によるEC_{50}）しか得られない場合、またはどのEC_{50}が報告されているか示されていない場合でも、これらの数値を同様に使用してもよいであろう。

4.1.2.9.2　水生毒性試験はその性格上、試験対象物質を、使用している水媒体に溶かし、生物学的利用性のあるばく露濃度を試験期間中に安定して維持することを必要とする。物質によっては標準手順で試験することが困難であり、したがってそうした物質に関するデータの解釈に関して、および分類基準に適用する際にどのようにデータを利用すべきかについて、特別の指針が策定されるであろう。

4.1.2.10　*生物蓄積性*

実際の物質の水中濃度は低くても、長い時間スケールで毒性影響を発現しうるのが、水生生物への蓄積である。生物蓄積性は、n-オクタノール／水分配係数により測定される。有機物質の分配係数と、魚類を用いたBCFにより測定された生物濃縮性との関連性は、多くの科学文献により支持されている。GHSにおいてカットオフ値としてlog Kow≧4を採用しているのは、現実的に生物濃縮性のあるような物質のみを識別するためである。log KowはBCF測定値の不完全な代替値にすぎないことから、BCF実測値が常に優先されるべきである。魚類におけるBCF<500という値は生物濃縮性が低レベルであることを意味すると考えられる。毒性が身体への負荷に関係があることから、慢性毒性と生物蓄積性との間には何らかの関係が認められる。

4.1.2.11　*急速分解性*

4.1.2.11.1　急速分解性を示す物質は、環境から速やかに除去される。特に漏出や事故などの際には影響が起こることもありうるが、それは局所的で短期間のものになろう。急速分解性を示さないということは、水中において物質が時間的にも空間的にも広い範囲で毒性を発現する可能性があることを意味する。急速分解性を示す一つの方法として、物質が「容易に生分解可能」かどうかを決定するよう設計された生分解性スクリーニングテストが採用されている。このスクリーニングテストに合格する物質は、水中環境で「速やかに」生分解する可能性のある物質であり、したがって残留する見込みは小さい。しかし、このスクリーニング試験に不合格となったとしても、必ずしもその物質が環境中で速やかに分解しないことを意味するわけではない。そのため、その物質が水中環境において生物的または非生物的に 28 日間に 70% 以上、実際に分解したことを示すデータを用いたさらなる基準が追加された。したがって、もし現実的な環境条件下で分解が実証できた場合、「急速分解性」の定義に適合するであろう。多くの分解データは分解の半減期という形で入手されるが、これらもまた急速分解性を定義するのに用いることができる。これらデータの解釈の詳細に関しては附属書 9 の手引書に記述されている。いくつかの試験はその物質の究極の生分解性、すなわち完全な無機化の達成を測定するものである。分解生成物が水生環境有害性という分類判定基準を満足しない限り、急速分解性の評価において、通常は一次生分解性を用いないであろう。

4.1.2.11.2　環境中の分解は生物学的な場合もあれば非生物学的（例えば加水分解）な場合もあり、用いられる判定基準はこの事実を反映しているということが認識されなければならない。それと同様に、OECD 試験で易生分解性の判定基準に適合しなくとも、その物質が現実の環境中で速やかに分解しないことを必ずしも意味するものではないことも認識されなければならない。したがって、こうした急速分解性が示されれば、その物質は急速分解性を示すと考えるべきである。加水分解による生成物が、水生環境有害性の分類基準を満たさないのであれば、加水分解性についても考慮に入れてよい。急速分解性の明確な定義を次項に示す。環境中の急速分解性についての別の証拠も考慮してよく、その物質が標準的試験で用いられる濃度レベルで微生物活性を阻害する場合には特に重要になろう。利用可能なデータ範囲とその解釈に関する指針は附属書 9 の手引きに示されている。

4.1.2.11.3　下記の判定基準にあてはまれば、物質は環境中で速やかに分解するとみなされる。

(a)　28 日間の易生分解性試験で下記のいずれかの分解レベルが達成された場合：

(i)　溶存有機炭素による試験：70%

(ii)　酸素消費量または二酸化炭素生成量による試験：理論的最高値の 60%

その物質が構造的に類似した構成要素を持つ複合的な多成分物質であると認められない場合、これらの生分解レベルは、分解開始後 10 日以内に達成されなければならず、分解開始点は物質の 10% が分解された時点とする。多成分物質と認められる場合、附属書 9（A9.4.2.2.3）で説明するように、十分な根拠があれば、10 日間の時間ウィンドウ条件は免除され、28 日間の合格レベルが適用される。

(b)　BOD または COD データしか利用できないような場合には、BOD_5/COD が 0.5 以上となった場合。

(c)　28日間以内に70%を超えるレベルで水生環境において分解（生物的または非生物的に）されることを証明するようなその他の有力な科学的証拠が入手された場合。

4.1.2.12　*無機化合物および金属*

4.1.2.12.1　無機化合物および金属については、有機化合物に適用される分解性の概念は限定された意味しか持たないか、または全く意味を持たない。これらの物質は分解というよりも、むしろ、通常の環境プロセスによって変換され、有毒な化学種の生物学的利用能を増加または減少させることがある。同様に、生物蓄積性データも注意して取扱わなければならない。これらの物質のデータを、分類基準の要求事項に適合させて、どのように使用するかに関しては特別な手引きが作成されることになろう。

4.1.2.12.2　難溶性の無機化合物と金属は、生物学的利用性のある無機化学種固有の毒性、およびこの無機化学種が溶液中に溶け込む速度と量に応じて、水生環境において急性毒性または慢性毒性を持つ可能性がある。これらの難溶性物質に関する試験手順は、附属書10に記載する。すべての証拠は分類判定の際に重み付けされなければならない。これは特に、変化／溶解プロトコールでボーダーラインの結果を示す金属にあてはまる。

4.1.2.13　*QSARの利用*

実験によって導かれた試験データの方が好ましいが、実験データが入手できない場合には、水生毒性とlog Kowについての、有効性が確認されている定量的構造活性相関（QSAR）を分類プロセスに利用することもできる。このような有効性が確認されているQSARは、その作用機序および適用可能性がよく把握されている化学品に限定されるなら、合意された判定基準に適用できるであろう。信頼できる算定毒性値とlog Kow の値は、上記のセーフティネットにおいて有効だろう。易生分解性を予測するためのQSARは、現在のところまだ急速分解性を予測するのに十分正確ではない。

4.1.2.14　*物質の分類基準の概要表*

表4.1.2：水生環境有害性物質の分類スキーム

<table>
<tr><th colspan="4">分類区分</th></tr>
<tr><th rowspan="3">短期（急性）有害性
(注記1)</th><th colspan="3">長期（慢性）有害性 *(注記2)*</th></tr>
<tr><th colspan="2">慢性毒性データが十分に入手できる場合</th><th rowspan="2">慢性毒性データが十分に入手できない場合
(注記1)</th></tr>
<tr><th>急速分解性のない物質
(注記3)</th><th>急速分解性のある物質
(注記3)</th></tr>
<tr><td>**区分：急性1**
$L(E)C_{50} \leq 1.00$</td><td>**区分：慢性1**
NOECまたは
ECx≦0.1</td><td>**区分：慢性1**
NOECまたは
ECx≦0.01</td><td>**区分：慢性1**
$L(E)C_{50} \leq 1.00$で急速分解性がないか、あるいは
BCF≧500または、データがない場合
logKow≧4</td></tr>
<tr><td>**区分：急性2**
$1.00 < L(E)C_{50} \leq 10.0$</td><td>区分：慢性2
0.1＜NOECまたは
ECx≦1</td><td>**区分：慢性2**
0.01＜NOECまたは
ECx≦0.1</td><td>**区分：慢性2**
$1.00 < L(E)C_{50} \leq 10.0$で急速分解性がないか、あるいは
BCF≧500または、データがない場合
logKow≧4</td></tr>
</table>

区分：急性3 10.0＜L(E)C_{50}≦100		**区分：慢性3** 0.1＜NOECまたはECx≦1	**区分：慢性3** 10.0＜L(E)C_{50}≦100で急速分解性がないか、あるいは BCF≧500または、データがない場合logKow≧4
	区分：慢性4 *(注記4)* **例：** *(注記5)* NOECs＞1mg/lでない場合であって、急性毒性はなく、また急速分解性のデータもなく、さらにBCF≧500または、データがない時はlogKow≧4		

注記1： *急性毒性データの帯域は、魚類、甲殻類または藻類あるいはその他の水生植物に対するL(E)C_{50}(mg/l)(または実験データがない場合にはQSAR推定値)に基づく。*

注記2： *三つの栄養段階すべてで水溶解度または1mg/lを超える十分な慢性毒性データが存在する場合以外は、物質はさまざまな長期(慢性)区分に分類される。(「十分」というのは、データが対象のエンドポイントを十分にカバーしているという意味である。一般的にはこれは測定された試験データを意味するが、不必要な試験を回避するため、ケース・バイ・ケースで、推定値、例えば(Q)SAR推定値、もしくは明白な場合には専門家の判断ということもありうる)。*

注記3： *慢性毒性データの帯域は、魚類、甲殻類に対するNOEC(mg/l)または等価ECx(mg/l)か、その他慢性毒性に関して公認されている手段に基づく。*

注記4： *このシステムは、利用できるデータからは正式な判定基準による分類ができないが、それにも関わらず何らかの懸念の余地がある場合に用いられるよう、分類の「セーフティネット」(区分 慢性4という。)を導入している。*

注記5： *溶解度の限界地点で急性毒性がないことが示されており、速やかに分解されず、生物蓄積性がある難溶性の物質については、その物質が水生の長期(慢性)有害性に区分する必要がないと立証されない場合は、この区分を適用すべきである。*

【コラム】

水生環境有害性に関する急性毒性データの大小、毒性の強弱、感受性の高低： 水生環境有害性は毒性値が小さいほど毒性が強く、区分の数字も小さくなる。また、毒性値が小さく、毒性が強いほど感受性が高い。

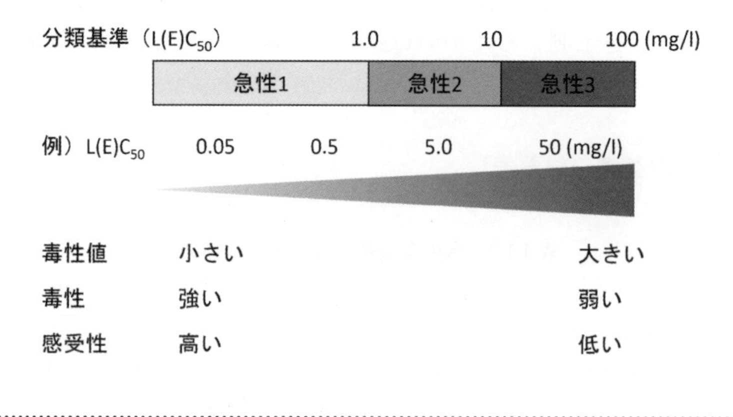

水生環境有害性の分類演習

水生環境有害性については、魚類、甲殻類、藻類等の水生植物に対する試験データが使用されるが、すべての生物種に対して試験データがそろっていない場合でも、最も厳しい区分となった生物種の試験データを用いて水生環境有害性の区分を決定することができる。またこれらの生物間での優先順位はない。

【o－クロロアニリン】

CAS RN：95-51-2
分子式：C_6H_6ClN

構造式：

データ：引用元の記載のないデータは「職場の安全サイト」のモデルSDSより引用
物理化学的性状：

外観、性状等	特有の臭気を持つ無色～黄色の液体
融点	－2℃
沸点	208.8℃
n-オクタノール／水分配係数（log Kow）	1.92
水溶解度（温度）	5,130 mg/l（20℃）

生分解性データ：BODによる分解度＝2.7%
生物濃縮性データ：濃度設定0.1、0.01 ppmにおけるBCF：5.4 ～9.0、＜14 ～32

水生環境有害性データ：引用元の記載のないデータは政府分類結果参照

	急性L（E）C_{50}	慢性NOEC等
魚類	ゼブラフィッシュ96時間LC_{50}＝5.2 mg/l（NITE初期リスク評価書，2005他）	メダカ40日間NOEC＝1.9 mg/l（環境庁生態影響試験，2000他）
甲殻類	オオミジンコ48時間LC_{50}＝0.13 mg/l	オオミジンコ21日間NOEC＝0.032 mg/l
藻類	ムレミカヅキモ72時間ErC_{50}＝27.6 mg/l（環境庁生態影響試験，2000他）	ムレミカヅキモ72時間NOEC＝3.2 mg/l（環境庁生態影響試験，2000他）

分類の考え方：
急性分類の判断：
報告されている急性毒性データのうち、最も小さい値であるオオミジンコ48時間LC_{50}値の0.13 mg/lについて、急性毒性区分の基準に照らして急性1と判断する。

慢性毒性データに基づく慢性分類の判断：
報告されている慢性毒性データのうち、最も小さい値であるオオミジンコ21日間NOEC値の0.032 mg/lについて、慢性毒性区分の急速分解性のない物質の基準に照らして慢性1と判断する。

判定根拠：
- 甲殻類（オオミジンコ）48時間LC_{50} = 0.13 mg/lである。
- 急速分解性がなく（BODによる分解度：2.7%）、甲殻類（オオミジンコ）の21日間NOEC = 0.032 mg/lである。

分類結果：
水生環境有害性区分　急性1、慢性1

【メタクリル酸2-エチルヘキシル】

CAS RN：688-84-6

分子式：$C_{12}H_{22}O_2$

構造式：

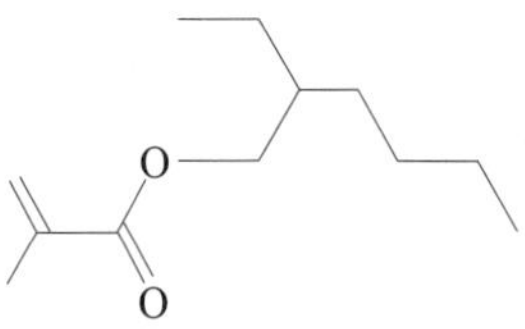

データ：引用元の記載のないデータは「職場の安全サイト」のモデルSDSより引用

物理化学的性状

外観、性状等	エステル臭の無色の液体
融点	－50℃
沸点	218℃
n-オクタノール／水分配係数（log Kow）	4.54
水溶解度（温度）	5,920 mg/l（25℃）

生分解性データ：BODによる分解度＝88%

生物濃縮性データ：情報なし

水生環境有害性データ：引用元の記載のないデータは政府分類結果参照

	急性L（E）C_{50}	慢性NOEC等
魚類	メダカ96時間LC_{50}＝2.78 mg/l	－
甲殻類	オオミジンコ48時間EC_{50}＝4.56 mg/l （NITE初期リスク評価書，2008他）	オオミジンコ21日間NOEC＝0.105 mg/l
藻類	ムレミカヅキモ72時間ErC_{50}＝4.8 mg/l （環境省リスク評価第3巻，2004）	ムレミカヅキモ72時間NOEC＝0.81 mg/l （環境庁生態影響試験，1997他）

分類の考え方：

急性分類の判断

報告されている急性毒性データのうち、最も小さい値であるメダカ96時間LC_{50}値の2.78 mg/lについて、急性毒性区分の基準に照らして急性2と判断する。

慢性分類の判断：

本物質では、藻類、甲殻類の二つの栄養段階において慢性毒性データが得られていることから、図4.1.1の分類フローにそって、(a) 慢性毒性データを用いて表4.1.1(b)(i)又は表4.1.1(b)(ii)に示す基準にしたがった評価（慢性毒性データに基づく慢性分類の判断）、(b) 慢性毒性の得られていない栄養段階について急性毒性の十分なデータが得られる場合には急性毒性データを用いて表4.1.1(b)(iii)に示す基準にしたがった評価（急性毒性データに基づく慢性分類の判断）を行い、厳しい方の結果を採用して分類を行う。

(a) 慢性毒性データに基づく慢性分類の判断

報告されている慢性毒性データのうち、最も小さい値であるオオミジンコ21日間NOEC値の

0.105 mg/lについて、慢性毒性区分の急速分解性のある物質の基準に照らして慢性3と判断する。
(b) 急性毒性データに基づく慢性分類の判断
慢性毒性データが得られていない栄養段階の急性毒性データのうち、最も小さい値であるメダカ96時間LC_{50}値は2.78 mg/lであり、急速分解性があるが、生物蓄積性があると推定される（log Kow=4.54）ことから、慢性2と判断する。
(a)、(b)の厳しい方を採用し、慢性2と判断する。

判定根拠：
- 魚類（メダカ）96時間LC_{50} = 2.78 mg/lである。
- 慢性毒性データを用いた場合、急速分解性があり（28日間でのBOD分解度=88%、GC分解度=100%）、甲殻類（オオミジンコ）の21日間NOEC（繁殖）= 0.105 mg/lである。
- 慢性毒性データが得られていない栄養段階に対して急性毒性データを用いた場合、魚類(メダカ)の96時間LC_{50} = 2.78 mg/lであり、急速分解性があるが、生物蓄積性があると推定される（log Kow=4.54（>4.0））。

分類結果：水生環境有害性区分　急性2、慢性2

【フタル酸ビス2-エチルヘキシル】
CAS RN：117-81-7
分子式：$C_{24}H_{38}O_4$
構造式：

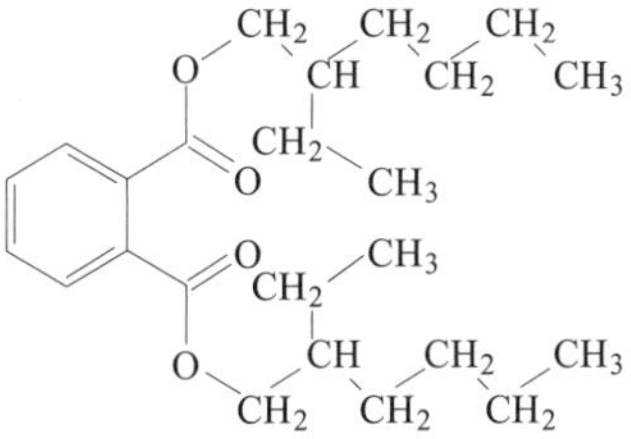

データ：引用元の記載のないデータは「職場の安全サイト」のモデルSDSより引用
物理化学的性状：

外観、性状等	特徴的な臭気を持つ無色の液体
融点	−55℃
沸点	384℃
n-オクタノール／水分配係数（log Kow）	7.6
水溶解度（温度）	0.285mg/l（24℃）

生分解性データ：28日後のBOD分解度=69%
生物蓄積性データ：濃度設定1、0.1ppmにおけるBCF：1.0～3.4、<0.7～29.7（NITE：J-CHECK）

水生環境有害性データ：

	急性L(E)C_{50}	慢性NOEC等
魚類	メダカ96時間LC_{50} > 0.67mg/l*	−
甲殻類	ミジンコ48時間EC_{50} = 0.133mg/l	オオミジンコ21日間NOEC = 0.077mg/l
藻類	−	−

＊NITE初期リスク評価書，2005他

判定根拠：
- 甲殻類（ミジンコ）による48時間EC_{50} = 0.133mg/lである。
- 急速分解性があり（28日後のBOD分解度=69%）、甲殻類（オオミジンコ）の21日間NOEC = 0.077mg/lである。

分類結果：水生環境有害性区分　急性1、慢性2

【水生環境有害性の練習問題】

1,1-ジクロロエタン（CAS RN 75-34-3）のデータは以下のとおりである。GHSの判定基準にしたがって分類しなさい。

分子式：$C_2H_4Cl_2$

構造式：
```
Cl
  \
   CH—CH3
  /
Cl
```

データ・判定根拠：

物理科学的性状：

外観、性状等	特徴的な臭気（クロロホルム類似）を持つ無色の液体
融点	－97.6℃
沸点	57.4℃
n-オクタノール／水分配係数（log Kow）	1.79
水溶解度（温度）	5040mg/l（25℃、実測値）

生分解性データ：異性体である1,2-ジクロロエタンのBOD分解度=0%（ハロゲン化脂肪族炭化水素は一般的に生分解しにくいと考えられている）。

生物蓄積性データ：なし

水生環境有害性データ：

	急性LC_{50}/EC_{50}	慢性NOEC等
魚類	メダカ96時間LC_{50}>112mg/l	－
甲殻類	ミジンコ48時間EC_{50}=34.3mg/l	オオミジンコ21日間NOEC=0.525mg/l
藻類	ムレミカヅキモ72時間ErC_{50}>94.3mg/l*	ムレミカヅキモ72時間NOEC（r）=94.3mg/l*

*：環境省生態影響試験，2008他
引用元の記載のないデータは「職場の安全サイト」のモデルSDSおよび政府分類結果より引用

＜解答は218頁＞

混合物の分類に関して、GHS文書では以下のように記述している。

4.1.3　混合物の分類基準

4.1.3.1　混合物のための分類システムは、物質の分類のために用いるすべての分類区分、すなわち区分急性1～3および区分慢性1～4をカバーしている。混合物の水生環境有害性を分類するために入手できるすべてのデータを用いるために、以下の仮定が設定され、必要に応じて適用される。

混合物の「考慮すべき成分」とは、急性1または慢性1と分類される成分については濃度0.1%(w/w) 以上で存在するもの、および他の成分については濃度1% (w/w) 以上で存在するものをいう。ただし、0.1%未満の成分でも、その混合物の水生環境有害性を分類することに関連すると予想される場合 (例えば毒性が強い成分の場合など) は、この限りではない。

4.1.3.2　水生環境有害性を分類するアプローチは段階的であり、混合物そのものおよびその各成分について入手できる情報の種類に依存する。この段階的アプローチの要素には、試験された混合物に基づく分類、つなぎの原則 (Bridging Principles) に基づく分類、「分類済み成分の加算」または「加算式」の使用、が含まれる。**図4.1.2**にしたがうべきプロセスの概略を示す。

4.1.3.3　*混合物そのものについて入手できるデータがある場合の混合物の分類*

4.1.3.3.1　混合物そのものが水生毒性を判定するために試験されている場合には、物質に関して合意された判定基準にしたがって、その情報を混合物の分類に用いることができる。その場合、分類は通常、魚類、甲殻類、藻類／水生植物のデータに基づいて行うべきである (4.1.1.3および

図4.1.2　短期 (急性) および長期 (慢性) 水生環境有害性に関する混合物の分類のための段階的アプローチ

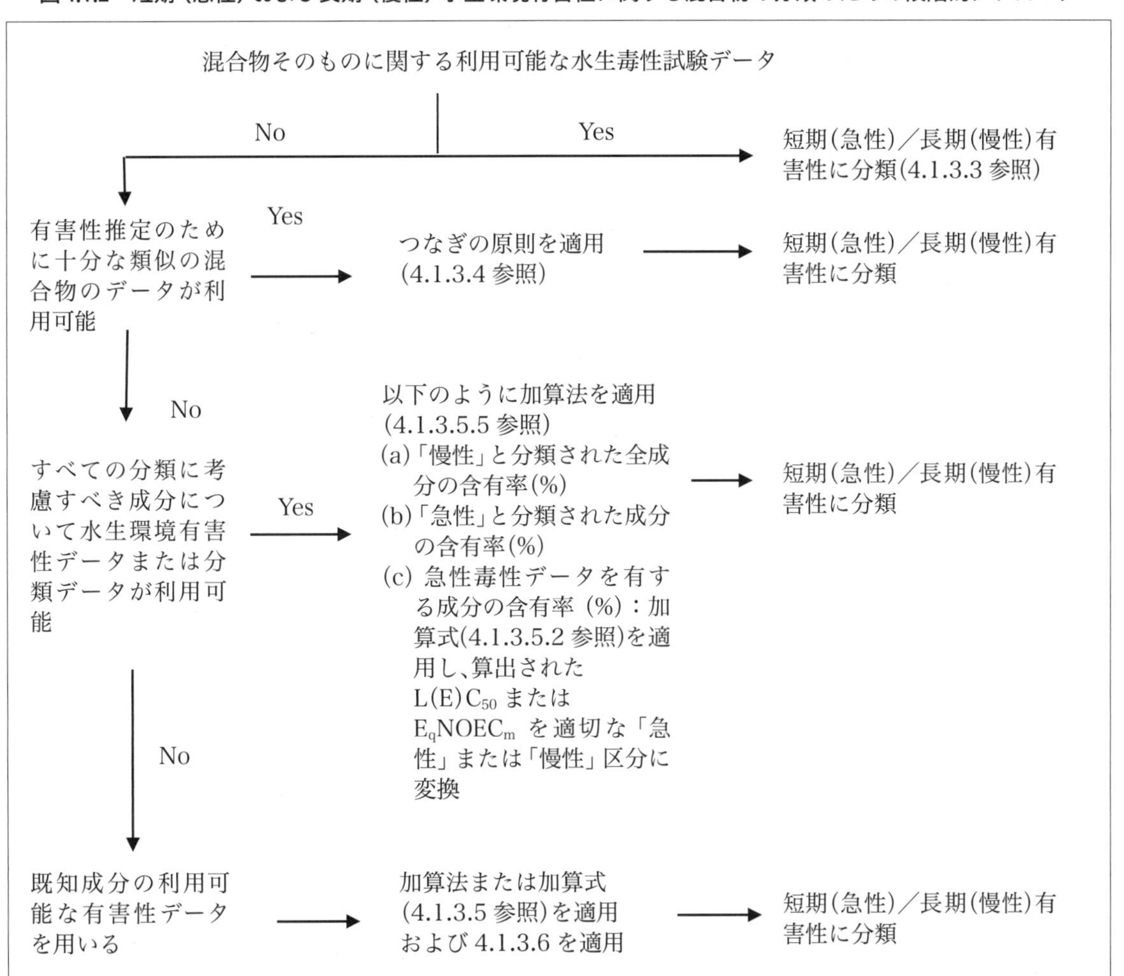

4.1.1.4を参照）。混合物そのもの全体について急性または慢性の十分なデータがない場合は、「つなぎの原則」または「加算法」を適用すべきである（4.1.3.4および4.1.3.5並びに判定論理4.1.5.2.2を参照）。

4.1.3.3.2　混合物の長期（慢性）有害性に係る分類を行うにあたっては、分解性や、一部のケースでは生物蓄積性に関する追加の情報が必要である。混合物そのものについては分解性や生物蓄積性に関するデータはない。混合物の分解性や生物蓄積性の試験のデータは、通常は解釈するのが難しいので用いられることがなく、そうした試験が有意義なのは単一の物質に対してだけである。

4.1.3.3.3　*急性1、2および3の区分の分類*

(a)　混合物そのもの全体について、$L(E)C_{50} \leqq 100mg/l$という急性毒性試験の十分なデータ（LC_{50}またはEC_{50}）が得られる場合：
混合物を急性1、2または3に分類する（表4.1.1 (a) を参照）。

(b)　混合物そのもの全体について、$L(E)C_{50}$が$> 100mg/l$または水溶解度より大きいという急性毒性試験のデータ（$LC_{50}(s)$または$EC_{50}(s)$）が得られる場合：
短期（急性）有害性についての分類は不要である。

4.1.3.3.4　*慢性1、2および3の区分の分類*

(a)　試験された混合物のEC_XまたはNOECが$\leqq 1mg/l$を示す混合物そのものについて、慢性毒性（EC_XまたはNOEC）の十分なデータが得られる場合：
　(i)　入手した情報から混合物の関連成分すべてが急速分解性があるとの結論が認められた場合、表4.1.1（b）(ii)（急速分解性がある）にしたがって、その混合物を慢性1、2または3に分類する；
　(ii)　他のすべてのケースでは、表4.1.1（b）(i)（急速分解性がない）にしたがって、その混合物を慢性1、2または3に分類する；

(b)　試験された混合物の$EC_X(s)$またはNOEC(s)が$> 1mg/l$または水溶解度より大きいことを示す混合物そのもの全体について、慢性毒性（EC_XまたはNOEC）の十分なデータが得られる場合：
それでも懸念の余地がある場合を除き、長期（慢性）有害性についての分類は不要である。

4.1.3.3.5　*慢性4の区分の分類*

それでも懸念の余地がある場合は：
表4.1.1 (c) にしたがって、その混合物を慢性4（セーフティネット分類）に分類する。

4.1.3.4　*混合物そのものについて水生試験毒性データが入手できない場合の混合物の分類：つなぎの原則（Bridging Principles）*

4.1.3.4.1　混合物そのものの水生環境有害性を決定する試験は行われていないが、当該混合物の有害性を適切に特定するための、個々の成分および類似の試験された混合物に関して十分なデータがある場合、以下のような合意されたつなぎの原則にしたがって、これらのデータが使用される。これによって、分類プロセスのために、追加の動物試験を行う必要なく入手できるデータを可能な限り最大限に用いて、混合物の有害性判定が可能になる。

4.1.3.4.2　*希釈*

混合物が、試験された混合物または物質を、毒性が最も低い元の成分と比べて水生環境有害性分類が同等以下でありかつ他の成分の水生環境有害性に影響を与えることが予想されない希釈剤で希釈されて作られたものである場合、その結果生じる混合物は元の試験された混合物または物質と同等のものとして分類してもよい。また代わりに、4.1.3.5 で説明した方法を適用することもできる。

4.1.3.4.3　*製造バッチ*

混合物の試験された製造バッチの水生環境有害性は、同じ製造業者によって生産されるか、またはその業者の管理下で生産された同じ製品の別の試験されていない製造バッチの有害性と実質的には同等とみなすことができる。ただし、その試験されていないバッチの水生環境有害性分類が変わってしまうような、有意な変動があると考えられる理由がある場合は、この限りではない。このような場合、新しい分類が必要である。

4.1.3.4.4　*最も重度の分類区分（慢性 1 および急性 1）に分類される混合物の濃縮*

ある試験された混合物が慢性1 または急性1 に分類され、その混合物の慢性1 または急性1 に分類される成分がさらに濃縮される場合は、試験されていないより濃縮された混合物は、追加試験なしで、元の試験された混合物と同じ分類区分に分類すべきである。

4.1.3.4.5　*有害性区分内での内挿*

成分が同じ三つの混合物（A、B および C）については、混合物 A と混合物 B が試験されて同じ有害性区分に分類される場合および、試験されていない混合物 C が混合物 A および B と同じ毒性成分を持つが、その毒性成分の濃度が混合物 A と B の中間であるような場合、混合物 C は混合物 A および B と同じ有害性区分にあるとみなされる。この 3 種類の混合物において、成分内容は同じであることに注意すること。

4.1.3.4.6　*本質的に類似した混合物*

次を仮定する：

(a)　二つの混合物：(i)　A+B
　　　　　　　　　(ii)　C+B

(b)　成分 B の濃度は、両方の混合物で本質的に同じである。

(c)　混合物 (i) の成分 A の濃度は、混合物 (ii) の成分 C の濃度に等しい。

(d)　A と C の水生有害性のデータが得られており、これらが実質的に同等である、すなわち、これらは同じ有害性区分に属し、かつ、B の水生毒性に影響を与えることはないと判断される。

混合物 (i) または (ii) が既に試験データに基づいて分類されている場合は、他の混合物は同じ有害性区分に分類されうる。

4.1.3.5 *混合物の全成分または一部の成分だけについて毒性データが入手できる場合の混合物の分類*

4.1.3.5.1　混合物の分類は、その成分の分類の加算に基づいて行われる。「急性」または「慢性」に分類された成分の含有率は、そのままで、この加算法に用いられることになる。この加算法の詳細については4.1.3.5.5で説明する。

4.1.3.5.2　混合物は、分類済みの成分（急性1、2、3または慢性1、2、3、4）と十分な試験データが入手できる成分との組み合せで構成されていることもある。混合物中の成分2種類以上について十分な毒性データが入手できる場合には、毒性データの性質に応じて下記の加算式 (a) または (b) にしたがって、これらの成分の毒性加算値を算出できる。

(a)　急性水生毒性に基づく場合：

$$\frac{\sum C_i}{L(E)C_{50m}} = \sum_n \frac{C_i}{L(E)C_{50i}}$$

ここで、

C_i ＝ 成分iの濃度（重量%）
$L(E)C_{50i}$ ＝ 成分iのLC_{50}またはEC_{50}(mg/l)
n ＝ 成分数（iは1からnまでの値をとる）
$L(E)C_{50m}$ ＝ 混合物の中で試験データが存在している部分の$L(E)C_{50}$

この毒性計算値を用いてその混合物の部分に短期（急性）有害性区分を割り振り、その後これを加算法に適用してもよい。

(b)　慢性水生毒性に基づく場合:

$$\frac{\sum C_i + \sum C_j}{E_qNOEC_m} = \sum_n \frac{C_i}{NOEC_i} + \sum_n \frac{C_j}{0.1 \times NOEC_j}$$

ここで、

C_i ＝ 急速分解性のある成分iの濃度（重量%）；
C_j ＝ 急速分解性のない成分を含む成分jの濃度（重量%）；
$NOEC_i$ ＝ 急速分解性のある成分iのNOEC（あるいはその他慢性毒性に関して公認されている手段）(mg/l)；
$NOEC_j$ ＝ 急速分解性のない成分jのNOEC（あるいはその他慢性毒性に関して公認されている手段）(mg/l)；
n ＝ 成分数（iとjは1からnまでの値をとる）；
E_qNOEC_m ＝ 混合物のうち試験データが存在する部分の等価NOEC；

等価毒性は、急速分解性のない成分は急速分解性のある物質よりも一つ「厳しい」有害性区分レベルに分類されるという事実を反映している。
この等価毒性計算値を用いて、急速分解性物質の判定基準（表4.1.1(b)(ii)）に基づいて、その混合物の部分に長期(慢性)有害性区分を割り振り、その後これを加算法に適用してもよい。

4.1.3.5.3　混合物の一部にこの加算式を適用する場合、同一分類群（すなわち、魚類、甲殻類または藻類）について各物質の毒性値を用いて混合物のこの部分の毒性を計算し、得られた計算値の中の毒性が最も強い値（最小毒性値、これら三つの分類群のうち感受性が最も高い群で得られた値）を採用することが望ましい。ただし、同一分類群での各成分の毒性データが入手できない場合には、物質の分類に毒性値を選択するのと同じやり方で各成分の毒性値を選択する。すなわち毒性が最も強い値（感受性が最も高い試験生物種で得られた値）を採用する。この計算された急性および慢性の毒性値を使い、物質の分類に関する判定基準と同じ基準を用いて、この混合物の一部を急性1、2または3あるいは慢性1、2 または3と分類してもよい。

4.1.3.5.4　混合物の分類が1種類以上の方法で行われる場合、より保守的な（安全側の）結果となるような方法を採用すべきである。

4.1.3.5.5　*加算法*

4.1.3.5.5.1　原則の説明

4.1.3.5.5.1.1　急性1／慢性1から急性3／慢性3に至る、物質の分類区分では、ある区分から一つ区分を移ると、その根拠となっている毒性判定基準には10倍の差がある。このため、毒性の強い段階に分類されている物質が、より弱い段階にある混合物の分類に寄与することがある。したがって、これら分類区分の計算では、急性1／慢性1から急性3／慢性3の区分に分類される物質すべての関与を考慮する必要がある。

4.1.3.5.5.1.2　ある混合物に区分急性1または区分慢性1として分類される成分が含まれている場合、こうした成分では急性毒性データが1mg/lをはるかに下回る場合、または慢性毒性濃度が(急速分解性がない時に) 0.1mg/lをはるかに下回るか（急速分解性がある時に）0.01mg/lをはるかに下回る場合、低濃度でもその混合物の毒性に関与するという事実に注意を払うべきである（1.3章1.3.3.2.1 *有害性物質および混合物の分類*も参照のこと）。農薬中の活性成分は、しばしば有機金属化合物のような強い水生毒性を有するが、同時に他の毒性も有する成分を含んでいる。そうした状況では、標準的なカットオフ値／濃度限界を適用すると、その混合物を「本来の毒性よりも低い区分に分類（過小評価）」してしまうこともある。したがって、4.1.3.5.5.5で説明するように、強い毒性を持つ物質を考慮するには、毒性乗率Mを適用すべきである。

4.1.3.5.5.2　分類手順

一般的に、混合物に対するより厳しい分類は、厳しくない分類より優先して採用される。例えば、慢性1の分類は慢性2の分類より優先される。その結果、分類結果が慢性1であれば、それで分類手順はすでに完了している。慢性1よりも厳しい分類はありえないため、さらに分類手順を進める必要はない。

4.1.3.5.5.3　区分急性1、2および3への分類

4.1.3.5.5.3.1　まず急性1として分類されたすべての成分を検討する。これらの該当するM因子をかけた成分の濃度（%）の合計が25%以上ならば、その混合物は全体として区分急性1として分類される。計算の結果、混合物の分類が急性1となった場合、分類プロセスはこれで完了である。

4.1.3.5.5.3.2　混合物が急性1に分類されない場合、その混合物が急性2として分類されないかを検討する。該当するM因子をかけて急性1として分類されるすべての成分の濃度（%）の合計の10倍と急性2として分類されるすべての成分の濃度（%）の合計の総和が25%以上ならば、その混合物は急性2として分類される。計算の結果、混合物の分類が区分急性2となった場合、分類プロセスはこれで完了である。

4.1.3.5.5.3.3　混合物が急性1にも急性2にも分類されない場合、その混合物が急性3として分類されないかを検討する。該当するM因子をかけて急性1として分類されるすべての成分の濃度（%）の合計の100倍と急性2として分類されるすべての成分の濃度（%）の合計の10倍および急性3として分類されるすべての成分の濃度（%）の合計の総和が25%以上ならば、その混合物は急性3として分類される。

4.1.3.5.5.3.4　分類された成分濃度（%）をこのように加算して行う混合物の短期（急性）有害性分類について、下記の**表4.1.3**に要約する。

表4.1.3　分類された成分の濃度の加算による混合物の短期（急性）有害性分類

分類される成分の濃度（%）の合計		混合物の分類
急性1×M[a]	≧25%	急性1
(M×10×急性1)＋急性2	≧25%	急性2
(M×100×急性1)＋(10×急性2)＋急性3	≧25%	急性3

[a]　*毒性乗率Mの説明は、4.1.3.5.5.5を参照*

4.1.3.5.5.4　区分慢性1、2、3および4への分類

4.1.3.5.5.4.1　まず慢性1に分類されたすべての成分について考える。これらの該当するM因子をかけた成分の濃度（%）の合計が25%以上ならば、その混合物は区分慢性1に分類される。計算の結果、混合物の分類が区分慢性1となった場合、分類プロセスはこれで完了である。

4.1.3.5.5.4.2　混合物が慢性1に分類されない場合、その混合物が慢性2として分類されないかを検討する。該当するM因子をかけて慢性1として分類されたすべての成分の濃度（%）の合計の10倍と慢性2として分類されたすべての成分の濃度（%）の合計の総和が25%以上ならば、その混合物は慢性2として分類される。計算の結果、混合物の分類が区分慢性2となった場合、分類プロセスはこれで完了である。

4.1.3.5.5.4.3　混合物が慢性1にも慢性2にも分類されない場合、その混合物が慢性3として分類されないかを検討する。該当するM因子をかけて慢性1として分類されたすべての成分の濃度（%）の合計の100倍と慢性2として分類されたすべての成分の濃度（%）の合計の10倍および慢性3と

して分類されたすべての成分の濃度（%）の合計の総和が25%以上ならば、その混合物は慢性3として分類される。

4.1.3.5.5.4.4　その混合物が慢性1、2または3のいずれにも分類されない場合、その混合物が慢性4として分類されないかを検討するべきである。慢性1、2、3および4に分類された成分の濃度(%)の合計が25%以上ならば、混合物は慢性4として分類される。

4.1.3.5.5.4.5　分類済み成分の濃度をこのように加算して行う混合物の長期（慢性）有害性分類について、下記の**表4.1.4**に要約する。

表4.1.4　分類された成分の濃度の加算による混合物の長期（慢性）有害性分類

分類される成分の濃度（%）の合計		混合物の分類
慢性1×M[a]	≧25%	慢性1
(M×10×慢性1）+慢性2	≧25%	慢性2
(M×100×慢性1）+（10×慢性2）+慢性3	≧25%	慢性3
慢性1+慢性2+慢性3+慢性4	≧25%	慢性4

[a]　*毒性乗率Mの説明は、4.1.3.5.5.5を参照*

4.1.3.5.5.5　強い毒性を持つ成分を含む混合物

急性毒性データが1mg/lをはるかに下回るか、または慢性毒性データが（急速分解性がない時に）0.1mg/lをはるかに下回るか、（急速分解性がある時に）0.01mg/lをはるかに下回る場合の急性1または慢性1の成分は、混合物の毒性に影響する可能性があり、分類手法に加算法を適用する際にはその重み付けを増加させるべきである。急性1または慢性1として分類される成分が混合物に含まれている場合、4.1.3.5.5.3 および4.1.3.5.5.4 に記載した段階的手法、単に含有率を加算するのではなく、急性1または慢性1に分類される成分の濃度に毒性乗率をかけた、重み付け加算を用いるべきである。すなわち、表4.1.3 の左側欄の「急性1」の濃度および表4.1.4 の左側欄の「慢性1」の濃度に、適切な毒性乗率をかけることを意味する。こうした成分に適用される毒性乗率は、次項の**表4.1.5**にまとめたように、毒性値を用いて定義される。したがって、急性／慢性1の成分を含む混合物を分類するには、分類担当者はこの加算法を適用するために毒性乗率Mの値を教えられておく必要がある。または、その混合物中の高毒性成分すべてについては毒性データが入手でき、かつその他の成分については、個々の急性または慢性毒性データがそろっていないような成分も含めて、毒性が弱いかまたはなく、その混合物の環境有害性に有意に影響しないという説得力のある証拠があれば、加算式（4.1.3.5.2）を用いてもよい。

表4.1.5　混合物中の高毒性成分に関する毒性乗率M

急性毒性	毒性乗率M	慢性毒性	毒性乗率M	
$L(E)C_{50}$値		NOEC値	NRD[a]成分	RD[b]成分
0.1＜$L(E)C_{50}$≦1	1	0.01＜NOEC≦0.1	1	-
0.01＜$L(E)C_{50}$≦0.1	10	0.001＜NOEC≦0.01	10	1

0.001＜ L(E)C_{50}≦0.01	100	0.0001＜ NOEC≦0.001	100	10
0.0001＜ L(E)C_{50}≦0.001	1,000	0.00001＜ NOEC≦0.0001	1,000	100
0.00001＜ L(E)C_{50}≦0.0001	10,000	0.000001＜ NOEC≦0.00001	10,000	1,000
（以降10倍ずつ続く）		（以降10倍ずつ続く）		

[a] *急速分解性がない*
[b] *急速分解性がある*

4.1.3.6　*利用可能な情報がない成分を含む混合物の分類*

関連成分のうち1種類以上について急性または慢性水生毒性に関して利用可能な情報がそろっていない混合物については、決定的な有害性区分に帰属させることはできないと結論付けられる。そのような状況では、混合物は既知成分のみに基づいて分類され、「本混合物の成分x%については水生環境有害性が不明である」という記述を追加しておくべきである。所管官庁はその追加的な記述をラベルまたはSDSあるいはその両方で伝達することを明記するかどうか、またその記述をどこにするかの選択を製造者／供給者に委ねるかどうかを決めることができる。

混合物に関する水生環境有害性の分類演習

【加算法例題】

混合物[チ]の水生環境有害性試験のデータは得られていない。
混合物[チ]の各成分のデータは以下のように得られている。

<u>データ</u>：

成分	重量％	水生環境有害性（急性）（毒性乗率M）	水生環境有害性（慢性）（毒性乗率M）
成分1	0.01	急性1（毒性乗率M=10）	慢性1（毒性乗率M=10）
成分2	1.3	急性2	慢性2
成分3	30	区分に該当しない	慢性4
成分4	68.69	区分に該当しない	区分に該当しない

★急性分類

<u>**判定根拠**</u>：

混合物[チ]が急性1に分類されるか確認する。
成分1は0.01％で0.1％未満であるが、急性1で毒性乗率M=10であり、分類を考慮する。
（急性1）×M＝（0.01％ ×10）＝0.1％（＜25％）
➡　急性1に該当しない
混合物[チ]が急性2に分類されるか確認する。
（M×10×急性1）＋急性2　＝（10×10×0.01％）＋1.3％＝2.3％（＜25％）
➡　急性2に該当しない
混合物[チ]が急性3に分類されるか確認する。

（M×100× 急性1）＋（10× 急性2）＝（10×100×0.01％）＋（10×1.3％）＝23％（＜25％）

➡　急性3に該当しない

<u>分類結果</u>：水生環境有害性（急性）：区分に該当しない

★慢性分類

<u>判定根拠</u>：

混合物チが慢性1に分類されるか確認する。

（慢性1）×M＝（0.01％ ×10）＝0.1％（＜25％）

➡　慢性1に該当しない

混合物チが慢性2に分類されるか確認する。

（M×10× 慢性1）＋慢性2 ＝（10×10×0.01％）＋1.3％＝2.3％（＜25％）

➡　慢性2に該当しない

混合物チが慢性3に分類されるか確認する。

（M×100× 慢性1）＋（10× 慢性2）＝（10×100×0.01％）＋（10×1.3％）＝23％（＜25％）

➡　慢性3に該当しない

混合物チが慢性4に分類されるか確認する。

慢性1＋慢性2＋慢性3＋慢性4 ＝0.01％＋1.3％＋30％＝31.31％（≧25％）

➡　慢性4に該当する

<u>分類結果</u>：混合物チは水生環境有害性区分　慢性4

【加算式と加算法の両方を使う方法例題】

混合物ツの水生環境有害性（急性）試験のデータは得られていない。

混合物ツの各成分のデータは以下のように得られている。

<u>データ・判定根拠</u>：

成分	重量％	急性毒性データ			水生環境有害性（急性）分類
		魚類	甲殻類	藻類	
成分1	18	LC_{50}：0.11 mg/l	EC_{50}：13 mg/l	EC_{50}：35 mg/l	急性1 毒性乗率M=1
成分2	22	LC_{50}：11 mg/l	EC_{50}：1.1 mg/l	EC_{50}：50 mg/l	急性2
成分3	60	LC_{50}：80 mg/l	EC_{50}：90 mg/l	EC_{50}：95 mg/l	急性3

①加算式による方法

$$\frac{\sum C_i}{L(E)C_{50m}} = \sum_n \frac{C_i}{L(E)C_{50i}}$$

ここで、

C_i ＝ 成分 i の濃度（重量％）

$L(E)C_{50i}$ ＝ 成分 i の LC_{50} または EC_{50}（mg/l）

n ＝ 成分数（i は1から n までの値をとる）

$L(E)C_{50m}$ ＝ 混合物の中で試験データが存在している部分の $L(E)C_{50}$

魚類、甲殻類、藻類それぞれに対して、加算式を使用して$L(E)C_{50m}$を計算する。

魚類

$$\frac{18+22+60}{LC_{50m}} = \frac{18}{0.11} + \frac{22}{11} + \frac{60}{80}$$

魚類LC_{50m}　$= 100/(18/0.11+22/11+60/80)$
$= 0.60mg/l$　➡　急性1

甲殻類

$$\frac{18+22+60}{EC_{50m}} = \frac{18}{1.3} + \frac{22}{1.1} + \frac{60}{90}$$

甲殻類LC_{50m}　$= 100/(18/13+22/1.1+60/90)$
$= 4.53mg/l$　➡　急性2

藻類

$$\frac{18+22+60}{EC_{50m}} = \frac{18}{35} + \frac{22}{50} + \frac{60}{95}$$

藻類LC_{50m}　$= 100/(18/35+22/50+60/95)$
$= 63.1mg/l$　➡　急性3

混合物[ツ]は加算式を使用すると魚類のLC_{50}値が1mg/l未満であるので区分急性1に分類される。

②加算法による方法

急性1：　(急性1)×M＝18%×1＝18%　(＜25%)　➡　急性1に該当しない

急性2：　(M×10×急性1)＋急性2
(加算式の結果と混合物の成分からのデータを使うと)
＝(1×10×18%)＋22%＝202%　(≧25%)　➡　急性2に該当する

混合物[ツ]は加算法を使用すると区分急性2に該当する。

分類結果：(加算法と加算式で求められた厳しい方の分類を採用する) 混合物[ツ]は水生環境有害性区分　急性1

第4.2章　オゾン層への有害性

4.2.1　定義

*オゾン破壊係数(ODP)*とは、ハロカーボンによって見込まれる成層圏オゾンの破壊の程度を、CFC-11に対して質量ベースで相対的に表した積算量であり、ハロカーボンの種類ごとに異なるものである。ODPの正式な定義は、等量のCFC-11排出量を基準にした、特定の化合物の排出に伴う総オゾンの擾乱量の積算値の比の値である。

*モントリオール議定書*とは、議定書の締約国によって調整および/または修正された、オゾン層破壊物質に関するモントリオール議定書をいう。

4.2.2　分類基準

物質または混合物は次表にしたがって区分1に分類される。

表4.2.1：オゾン層への有害性のある物質および混合物の基準

区分	基準
1	モントリオール議定書の附属書に列記された、あらゆる規制物質; または モントリオール議定書の附属書に列記された成分を、濃度≧0.1%で少なくとも一つ含むあらゆる混合物

オゾン層への有害性の分類演習

オゾン層への有害性はモントリオール議定書に列記された規制物質かどうかにより判断される。本演習の最後に追加した「モントリオール議定書規制対象物質（オゾン層破壊物質)」を参照のこと。

【1,1,1-トリクロロエタン】

CAS RN：71-55-6

分子式：$C_2H_3Cl_3$

構造式：

```
         Cl
         |
   Cl —— C —— CH3
         |
         Cl
```

<u>**データ・判定根拠**</u>：

・物理科学的性状：特徴的な臭気（クロロホルム類似）を持つ無色の液体、融点－32.5℃、沸点 74.1℃、n-オクタノール／水分配係数 logKow 2.47

・モントリオール議定書の附属書BのグループIIIに列記されている。

<u>**分類結果**</u>：オゾン層への有害性　区分1

混合物に関するオゾン層への有害性の分類演習

混合物テのオゾン層への有害性に関する各成分のデータは以下のように得られている。

<u>**データ・判定根拠**</u>：

成分	重量%	分類
成分1（モントリオール議定書リスト物質）	0.07	区分1
成分2（モントリオール議定書リスト物質）	0.08	区分1
成分3（非規制物質）	99.85	－

オゾン層有害性 区分1の成分はそれぞれ0.1%を超えていないため、区分1の基準に該当しない。

<u>**分類結果**</u>：混合物テはオゾン層への有害性区分に該当しない。

GHS文書には記載されていないが、参考のために次項にモントリオール議定書の規制対象物質を示す。

モントリオール議定書規制対象物質（オゾン層破壊物質）

附属書	グループ	物質
A	I	CFCs （CFC-11、CFC-12、CFC-113、CFC-114、CFC-115）
	II	ハロン （ハロン-1211、ハロン-1301、ハロン-2402）
B	I	その他のCFCs （CFC-13、CFC-111、CFC-112、CFC-211、CFC-212、CFC-213、CFC-214、CFC-215、CFC-216、CFC-217）
	II	四塩化炭素
	III	1・1・1-トリクロロエタン（メチルクロロホルム）
C	I	HCFCs （HCFC-21、HCFC-22、HCFC-31、HCFC-121、HCFC-122、HCFC-123、HCFC-123、HCFC-124、HCFC-124、HCFC-131、HCFC-132、HFCF-133、HCFC-141、HCFC-141b、HCFC-142、HCFC-142b、HCFC-151、HCFC-221、HCFC-222、HCFC-223、HCFC-224、HCFC-225、HCFC-225ca、HCFC-225cb、HCFC-226、HCFC-231、HCFC-232、HCFC-233、HCFC-234、HCFC-235、HCFC-241、HCFC-242、HCFC-243、HCFC-244、HCFC-251、HCFC-252、HCFC-253、HCFC-261、HCFC-262、HCFC-271）
	II	HBFC （CHFBr2、HBFC-22B1、CH2FBr、C2HFBr4、C2HF2Br3、C2HF3Br2、C2HF4Br、C2H2FBr3、C2H2F2Br2、C2H2F3Br、C2H3FBr2、C2H3F2Br、C2H4FBr、C3HFBr6、C3HF2Br5、C3HF3Br4、C3HF4Br3、C3HF5Br2、C3HF6Br、C3H2FBr5、C3H2F2Br4、C3H2F3Br3、C3H2F4Br2、C3H2F5Br、C3H3FBr4、C3H3F2Br3、C3H3F3Br2、C3H3F4Br、C3H4FBr3、C3H4F2Br2、C3H4F3Br、C3H5FBr2、C3H5F2Br、C3H6FBr）
	III	ブロモクロロメタン
E	I	臭化メチル

モントリオール議定書（附属書F）に追加された18物質（キガリ改正）

HFC-134	CHF_2CHF_2
HFC-134a	CH_2FCF_3
HFC-143	CH_2FCHF_2
HFC-245fa	$CHF_2CH_2CF_3$
HFC-365mfc	$CF_3CH_2CF_2CH_3$
HFC-227ea	CF_3CHFCF_3
HFC-236cb	$CH_2FCF_2CF_3$
HFC-236ea	CHF_2CHFCF_3
HFC-236fa	$CF_3CH_2CF_3$

HFC-245ca	$CH_2FCF_2CHF_2$
HFC-43-10mee	$CF_3CHFCHFCF_2CF_3$
HFC-32	CH_2F_2
HFC-125	CHF_2CF_3
CHF-143a	CH_3CF_3
HFC-41	CH_3F
HFC-152	CH_2FCH_2F
HFC-152a	CH_3CHF_2
HFC-23	CHF_3

これらは、オゾン層への有害性 区分1 となる。

第5部　混合物の分類例

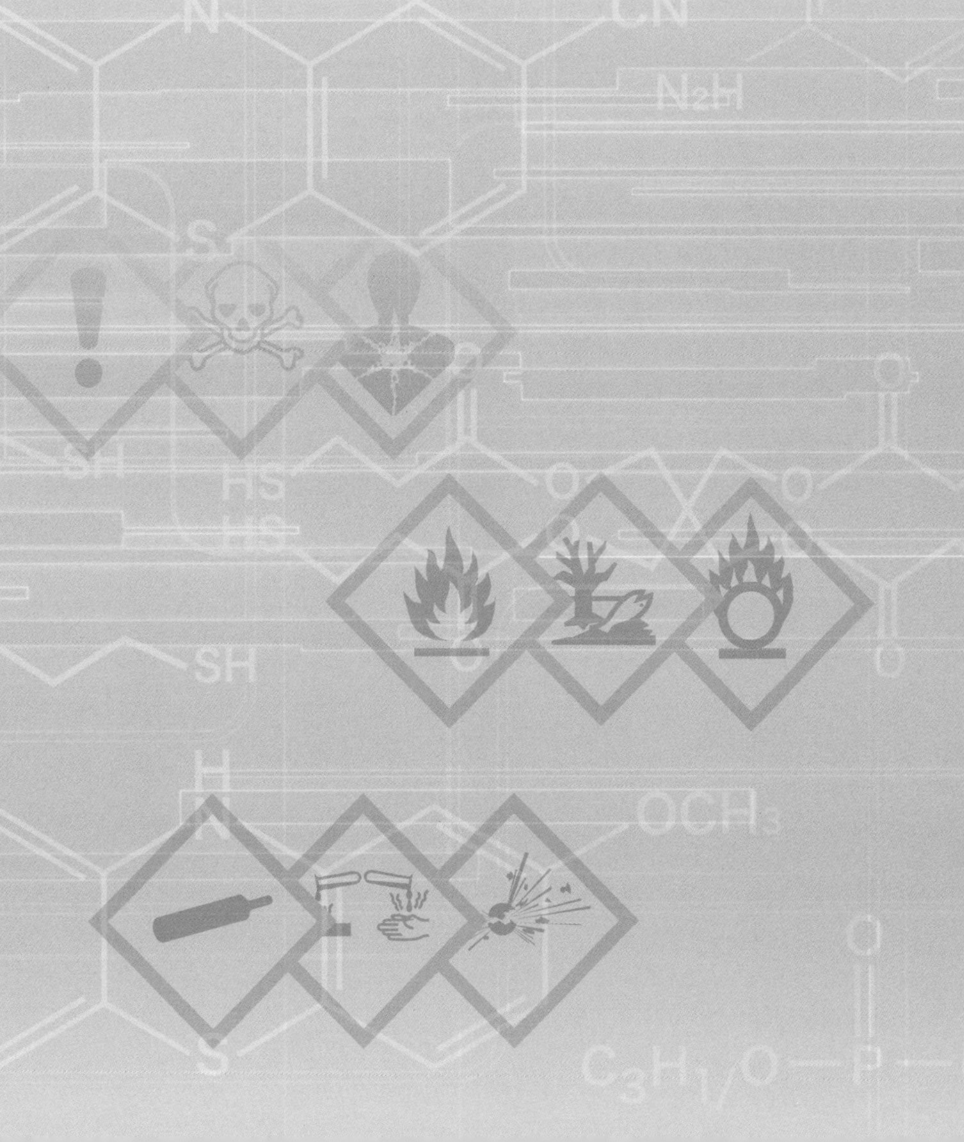

第5.1章　モデル混合物Xの分類例

本章の例題では、JIS Z 7252で採用している分類基準をベースにした分類方法を解説しており、GHS文書に記載されたその他の基準の分類方法を参考に紹介している。

混合物Xの物理化学的性状は以下のとおりである。外観等：常温液体、引火点：67℃、初留点：80℃、動粘性率40℃：25mm^2/s

以下に混合物Xの成分表を示す。

混合物Xの成分表

成分	重量%
成分1	12
成分2	6
成分3	8
成分4	74

混合物Xの健康有害性情報

	急性毒性		
	経口	経皮	吸入
成分1	ラットLD_{50}：2,800mg/kg	ウサギLD_{50}：5,400mg/kg	データなし
成分2	ラットLD_{50}：>2,000mg/kg	ウサギLD_{50}：>5,000mg/kg	データなし
成分3	ラットLD_{50}：5,800mg/kg	ウサギLD_{50}：1,800mg/kg	ラットLC_{50}(蒸気／4時間)：25mg/l
成分4	ラットLD_{50}：>2,000mg/kg(毒性症状なし)	ウサギLD_{50}：>2,000mg/kg(毒性症状なし)	ラットLC_{50}(蒸気／4時間)：＞20mg/l(毒性症状なし)

	皮膚刺激性	眼刺激性	特定標的臓器毒性(単回ばく露)	誤えん有害性
成分1	－	区分2A	－	－
成分2	－	区分2A	区分3：麻酔作用	区分1
成分3	区分2	区分2A	区分3：麻酔作用 区分3：気道刺激性	区分1
成分4	－	－	－	－

混合物Xの水生環境有害性情報

	急性毒性データ			水生環境有害性分類
	魚類	甲殻類	藻類	
成分1	－	－	－	急性3*
成分2	LC_{50}：36mg/l	EC_{50}：220mg/l	EC_{50}：12mg/l	急性3
成分3	LC_{50}：22mg/l	EC_{50}：0.5mg/l	EC_{50}：3.7mg/l	急性1 毒性乗率M＝1
成分4	－	－	－	分類できない

＊：　顧客等から提供されたSDSにおいて毒性データの情報がなく、分類区分のみが伝達される場合を想定

	慢性毒性データ			急速分解性	生物蓄積性	水生環境有害性分類
	魚類	甲殻類	藻類			
成分1	−	−	−	あり	なし	区分に該当しない
成分2	−	−	NOEC：0.9mg/l	あり	なし	慢性3
成分3	−	NOEC：0.04mg/l	−	なし	なし	慢性1 毒性乗率M＝1
成分4	−	−	−	不明	データなし	分類できない

分類根拠および分類結果：

物理化学的危険性：

引火点：67℃、初留点：80℃から混合物Xの引火性液体の分類は区分4となる。

分類結果：引火性液体　区分4

健康有害性：

・急性毒性

①　経口

混合物Xの急性毒性（経口）データ

	重量%	急性毒性（経口）
成分1	12	ラットLD$_{50}$：2,800mg/kg
成分2	6	ラットLD$_{50}$：>2,000mg/kg
成分3	8	ラットLD$_{50}$：5,800mg/kg
成分4	74	ラットLD$_{50}$：>2,000mg/kg （毒性症状なし）

GHS文書3.1.3.6.1の式を適用する

$$\frac{100}{\mathrm{ATE_{mix}}} = \sum_{n} \frac{\mathrm{C}_i}{\mathrm{ATE}_i}$$

成分2および成分4はLD$_{50}$>2,000mg/kgの不確定値であり、成分3はLD$_{50}$ が5,000mg/kg超の確定値であることからこれらの値は3.1.3.6.1の式においてATE$_{mix}$の計算に考慮されない（計算式においてATE$_i$値として無限大を割り当てるのと同義である）。

$$\frac{100}{\mathrm{ATE_{mix}}} = \frac{12}{2800}$$

ATE$_{mix}$=100/（12/2800）

ATE$_{mix}$=23,333mg/kg

混合物Xの急性毒性（経口）は区分に該当しない。

②　経皮

混合物Xの急性毒性（経皮）データ

	重量%	急性毒性（経皮）
成分1	12	ウサギLD$_{50}$：5,400mg/kg
成分2	6	ウサギLD$_{50}$：>5,000mg/kg

成分3	8	ウサギLD_{50}：1,800mg/kg
成分4	74	ウサギLD_{50}：>2,000mg/kg (毒性症状なし)

GHS文書3.1.3.6.1の式を適用する

$$\frac{100}{ATE_{mix}} = \sum_{n} \frac{C_i}{ATE_i}$$

成分2および成分4はLD_{50}>2,000mg/kg、成分1はLD_{50}が5,000mg/kg超の確定値であることからこれらの値は3.1.3.6.1の式においてATE_{mix}の計算に考慮されない。

$$\frac{100}{ATE_{mix}} = \frac{8}{1800}$$

ATE_{mix}=100/(8/1800)
ATE_{mix}=22,500mg/kg
混合物Xの急性毒性（経皮）は区分に該当しない。

③　吸入
混合物Xの急性毒性（吸入）データ

	重量%	急性毒性（吸入）
成分1	12	データなし
成分2	6	データなし
成分3	8	ラットLC_{50}（蒸気／4時間）：25mg/l
成分4	74	ラットLC_{50}（蒸気／4時間）：＞20mg/l (毒性症状なし)

この混合物において得られている成分の毒性データに基づくと吸入毒性（蒸気）に対する区分に該当する可能性はなく、ATE_{mix}の計算は必要ない。

分類結果：急性毒性　区分に該当しない。

・皮膚腐食性／刺激性
混合物Xの皮膚腐食性／刺激性分類情報

	重量%	皮膚刺激性分類
成分1	12	－
成分2	6	－
成分3	8	区分2
成分4	74	－

混合物Xには皮膚刺激性区分2の成分が8%含有されており、1%以上10%未満であることから、混合物Xの皮膚刺激性は区分3に分類される。ただし、日本のJISでは区分3は採用されていないため、区分に該当しない。

分類結果：皮膚腐食性／刺激性　区分に該当しない（JIS Z 7252の分類基準）
（ただし、国連GHSの分類基準では区分3に分類される。）

・眼に対する重篤な損傷性／眼刺激性
混合物Xの眼に対する重篤な損傷性／眼刺激性分類情報

	重量%	眼刺激性分類
成分1	12	区分2A
成分2	6	区分2A
成分3	8	区分2A
成分4	74	－

眼刺激性区分2Aの成分が26%（12%＋6%＋8%）含有されている。
眼刺激性区分2A濃度の合計は26%であり、10%以上であることから、混合物Xの眼刺激性は区分2Aに分類される。

分類結果：眼刺激性　区分2A

・特定標的臓器毒性（単回ばく露）
混合物Xの標的臓器毒性（単回ばく露）分類情報

	重量%	標的臓器毒性（単回ばく露）分類
成分1	12	－
成分2	6	区分3：麻酔作用
成分3	8	区分3：麻酔作用、気道刺激性
成分4	74	－

区分3の成分を含むが混合物のデータが得られていない場合の外挿については十分な注意が必要である。
カットオフ／濃度限界値は20%が提案されているが専門家判断が行われるであろう。
麻酔作用と気道刺激性は個別に評価され、それぞれ影響が加算されないという証拠がない限り、それぞれが加算される。

麻酔作用と気道刺激性に関する混合物Xの分類
麻酔作用に寄与する成分の合計濃度：6%＋8%＝14%
気道刺激性に寄与する成分の合計濃度：8%

麻酔作用を示す成分の濃度の合計は14%、気道刺激性を示す成分の濃度の合計は8%であり、ともに20%未満であることから、特定標的臓器毒性（単回ばく露）区分3に該当しない。

分類結果：特定標的臓器毒性（単回）　区分に該当しない

・誤えん有害性
混合物Xの誤えん有害性分類情報

	重量%	誤えん有害性分類
成分1	12	－
成分2	6	区分1
成分3	8	区分1
成分4	74	－

誤えん有害性の基準は、区分1に該当する成分の濃度を加算して10%以上、かつ混合物の40℃での動粘性率が20.5mm²/s以下である。

混合物Xの区分1の成分の合計濃度は、6%＋8%＝14%で、10%以上であるが、混合物Xの動粘性率（40℃）は：25mm²/sであり、20.5mm²/s以下という基準を満たさない。

分類結果：誤えん有害性　区分に該当しない

水生環境有害性　短期（急性）

水生環境有害性の分類においては、加算法、加算式のいずれの方法を用いて分類してもよい。複数の分類方法で分類した場合には、最も厳しい（安全側の）分類結果を採用することが望ましい。

本分類例では三つの方法で検討する。

＜方法1＞ 全ての栄養段階のデータが得られている成分について、栄養段階ごとに加算式を適用して毒性加算値を算出する。算出された毒性加算値の最小値を用いて、その混合物の一部分（本事例では成分2及び成分3）に短期（急性）区分を割り振り、その後に加算法に適用する。

＜方法2＞　いずれかの栄養段階でデータが得られている成分について、最も感受性が強い（毒性値が小さい）生物種のデータを用いて加算式を適用して毒性加算値を算出する。算出された毒性加算値から短期（急性）区分を割り振り、その後に加算法に適用する。

＜方法3＞　加算法のみを適用する。

＜方法1＞

- すべての栄養段階のデータが得られている成分について、栄養段階ごとに加算式を適用して毒性加算値を算出する。➡　(1)、(2)、(3) のそれぞれで計算
- 算出された毒性加算値を用いて、その混合物の部分に短期（急性）区分を割り振り、その後に加算法に適用する。➡　成分2及び成分3を一つの成分（混合物の一部分）とみなして区分を割り振り、成分1の分類区分である (4) を考慮

	重量%	急性毒性データ			水生環境有害性分類
		魚類	甲殻類	藻類	
成分1	12	－	－	－	(4) 急性3
成分2	6	(1) LC_{50}：36mg/l	(2) EC_{50}：>220mg/l	(3) EC_{50}：12mg/l	急性3
成分3	8	LC_{50}：22mg/l	EC_{50}：0.5mg/l	EC_{50}：3.7mg/l	急性1 毒性乗率M=1
成分4	74	－	－	－	分類できない

加算式

$$\frac{\sum C_i}{L(E)C_{50m}} = \sum_n \frac{C_i}{L(E)C_{50i}}$$

急性毒性：

(1) 魚類

$$\frac{6+8}{LC_{50m}} = \frac{6}{36} + \frac{8}{22}$$

LC_{50m} = (6%+8%) / ((6%/36mg/l) + (8%/22mg/l))

LC_{50m} =26.4mg/l (急性3)

(2) 甲殻類

$$\frac{6+8}{EC_{50m}} = \frac{6}{220} + \frac{8}{0.5}$$

EC_{50m} = (6%+8%) / ((6%/220mg/l) + (8%/0.5mg/l))

EC_{50m} =0.874mg/l (急性1)

(3) 藻類

$$\frac{6+8}{EC_{50m}} = \frac{6}{12} + \frac{8}{3.7}$$

EC_{50m} = (6%+8%) / ((6%/12mg/l) + (8/3.7))

EC_{50m} =5.26mg/l (急性2)

これらの毒性加算値をもとに、成分2及び3を一つの成分とみなして区分を割り振り、さらに、区分情報のみ得られている成分1の区分を考慮して加算法を適用する。なお、成分1の急性分類（急性3）は魚類、甲殻類、藻類のそれぞれに適用する。

	重量%	急性毒性データ、急性分類		
		魚類	甲殻類	藻類
成分1	12	急性3	急性3	急性3
成分2 成分3	14	LC_{50m}：26.4 mg/l (急性3)	EC_{50m}：0.875 mg/l (急性1、M=1)	EC_{50m}：5.26 mg/l (急性2)
成分4	74	分類できない	分類できない	分類できない

魚類：加算法で急性3への該当性を検討する

(M×100×急性1の濃度) + (10×急性2の濃度) ＋急性3の濃度

(1×100×0%) + (10×0%) + (12% + 14%) = 26%　≧25%　➡　急性3に該当する

甲殻類：加算法で急性2への該当性を検討する

(M×10×急性1の濃度) ＋急性2の濃度

(1×10×14%) ＋0% = 140%　≧ 25%　➡　急性2に該当する

藻類：加算法で急性3への該当性を検討する

(M×100×急性1の濃度) + (10×急性2の濃度) ＋急性3の濃度

(1×100×0%) + (10×14%) ＋12% = 152%　≧ 25%　➡　急性3に該当する

方法1による分類結果：水生環境有害性区分　急性2

<方法2>

いずれかの栄養段階でデータが得られている成分（成分2および3）について、最も感受性が高い（毒性が強い）生物種のデータを用いてGHS文書4.1.3.5.2項の加算式を適用する。

	重量%	急性毒性データ			水生環境有害性分類
		魚類	甲殻類	藻類	
成分1	12	−	−	−	急性3
成分2	6	LC_{50}：36mg/l	EC_{50}：220mg/l	EC_{50}：12mg/l *	急性3
成分3	8	LC_{50}：22mg/l	EC_{50}：0.5mg/l *	EC_{50}：3.7mg/l	急性1 毒性乗率M=1
成分4	74	−	−	−	分類できない

*成分ごとに最も感受性が高い（毒性が強い）生物種が分類に用いられる。

加算式

$$\frac{\sum C_i}{L(E)C_{50m}} = \sum_n \frac{C_i}{L(E)C_{50i}}$$

$$\frac{6+8}{L(E)C_{50m}} = \frac{6}{12} + \frac{8}{0.5}$$

EC_{50m}=（6%+8%）/（6%/12mg/l + 8%/0.5mg/l）

EC_{50m}=0.848mg/l（急性1）

ここで計算した値を次に、14%分の急性1として成分加算に適用する。

	重量%	分類
成分1	12	急性3
成分2	14	急性1
成分3		
成分4	74	分類できない

加算法で急性2への該当性を検討する。

（M×10×急性1の濃度）＋急性2の濃度　≧　25%

（1×10×14%）＋　0%　＝　140%　≧　25%　➡　急性2に該当する

方法2による分類結果：水生環境有害性区分　急性2

＜方法3＞

加算法のみを適用する。

混合物Xの水生環境有害性急性分類情報

	重量%	分類
成分1	12	急性3
成分2	6	急性3
成分3	8	急性1 毒性乗数M＝1
成分4	74	分類できない

加算法：

急性1への該当性：（M×急性1の濃度）≧25%

（1×8%）　　　　＜25%　➡　急性1に該当しない

急性2への該当性：（M×10×急性1の濃度）＋急性2の濃度 ≧25%

（1×10×8%）　　　　＋0%＝80%≧25%　➡　急性2に該当する

方法3による分類結果：水生環境有害性区分　急性2

方法1から3のいずれを用いた場合も水生環境有害性区分急性2に分類された。したがって、
分類結果：水生環境有害性区分　急性2

水生環境有害性　長期（慢性）

本分類例ではすべての栄養段階のデータが得られている成分がないため、二つの方法で検討する。

＜方法1＞　いずれかの栄養段階でデータが得られている成分について、最も感受性が高い（毒性が強い）生物種のデータを用いて加算式を適用して毒性加算値を算出する。算出された毒性加算値から長期（慢性）区分を割り振り、その後に加算法に適用する。

＜方法2＞　加算法のみを適用する。

＜方法1＞

成分2および3に対して得られている慢性毒性データを用いてGHS文書4.1.3.5.2項の加算式を適用する

	重量%	水生環境有害性慢性毒性データ			急速分解性	生物蓄積性	水生環境有害性分類
		魚類	甲殻類	藻類			
成分1	12	－	－	－	あり	なし	区分に該当しない
成分2	6	－	－	NOEC：0.9mg/l	あり	なし	慢性3
成分3	8	－	NOEC：0.04mg/l	－	なし	なし	慢性1 毒性乗率M＝1
成分4	74	－	－	－	不明	データなし	分類できない

加算式：

$$\frac{\sum C_i + \sum C_j}{E_q NOEC_m} = \sum_n \frac{C_i}{NOEC_i} + \sum_n \frac{C_j}{0.1 \times NOEC_j}$$

$$\frac{6+8}{E_q NOEC_m} = \frac{6}{0.9} + \frac{8}{0.1 \times 0.04}$$

E_qNOEC_m=（6%+8%）/（6%/0.9mg/l + 8%/（0.1×0.04mg/l））

E_qNOEC_m=0.007mg/l（慢性1）

ここで計算した値を次に、14%分の慢性1として成分加算に適用する。

	重量%	分類
成分1	12	区分に該当しない

<table>
<tr><td>成分2</td><td rowspan="2">14</td><td rowspan="2">慢性1</td></tr>
<tr><td>成分3</td></tr>
<tr><td>成分4</td><td>74</td><td>分類できない</td></tr>
</table>

加算法で慢性2への該当性を検討する。

（M×10× 慢性1の濃度）＋慢性2の濃度　≧　25%

（1×10×14%）＋　0%　＝　140%　≧　25%　➡　慢性2に該当する

方法1による分類結果：水生環境有害性区分　慢性2

＜方法2＞

加算法のみを適用する場合

混合物Xの水生環境有害性慢性分類情報

	重量%	分類
成分1	12	区分に該当しない
成分2	6	慢性3
成分3	8	慢性1 毒性乗数M＝1
成分4	74	分類できない

加算法：

慢性1への該当性：（M× 慢性1の濃度）≧25%

（1×8%）　　　　＜25%

慢性2への該当性：（M×10× 慢性1の濃度）＋慢性2の濃度 ≧25%

（1×10×8%）　　　　＋0%＝80%≧ 25%　➡　慢性2に該当する

方法2による分類結果：水生環境有害性区分　慢性2

方法1および2のいずれを用いた場合も水生環境有害性区分慢性2に分類された。したがって、
分類結果：水生環境有害性区分　慢性2

以上の分類作業結果（クラス、区分）および該当するシンボル、注意喚起語、危険有害性情報をまとめると次のようになる。

混合物Xのクラス、区分、シンボル、注意喚起語、危険有害性情報

クラス	区分	シンボル	注意喚起語	危険有害性情報
引火性液体	4	シンボルなし	警告	可燃性液体
急性毒性（経口）	区分に該当しない	－	－	－
急性毒性（経皮）	区分に該当しない	－	－	－
急性毒性（吸入）	区分に該当しない	－	－	－
皮膚刺激性 （JIS Z 7252）	区分に該当しない	－	－	－

クラス	区分	シンボル	注意喚起語	危険有害性情報
皮膚刺激性 （GHS国連文書）	3	シンボルなし	警告	軽度の皮膚刺激
眼刺激性	2	感嘆符	警告	強い眼刺激
特定標的臓器毒性－ 単回ばく露	区分に該当しない	－	－	－
誤えん有害性	区分に該当しない	－	－	－
水生環境有害性 短期（急性）	2	シンボルなし	注意喚起語なし	水生生物に毒性
水生環境有害性 長期（慢性）	2	環境	注意喚起語なし	長期継続的影響により水生生物に毒性

第5.2章　多成分からなる製品（混合物）の分類例

樹脂塗料の分類例を以下にあげる。分類のための各成分の基礎データは、独立行政法人製品評価技術基盤機構（NITE）のウェブに掲載されている「政府によるGHS分類結果」を参考にしている。分類に直接的に関係しない情報もそのまま記載した。これは実際にさまざまなデータから必要なものを取捨選択する訓練を想定したためである。また、データの出典については削除してある。この製品の成分モデルは一般社団法人日本塗料工業会からの提供を受けたものであり、混合物の物理化学的性状についてもデータの提供を受けた。なお、物理化学的な性状については、厚生労働省の「職場のあんぜんサイト」の「GHSモデルSDS情報」も参考にした。

なお、本章の例題では、JIS Z 7252のカットオフ値／濃度限界（大きな値）をベースにした分類方法を解説して、GHS文書に記載されたもう一方の小さな値（米国等で採用）の考え方を参考として紹介している。

メラミンアルキド樹脂塗料（黄色）の分類

メラミンアルキド樹脂塗料

物理化学的性状：有機溶剤臭の黄色い液体、比重1.20、引火点19.5℃、初留点130～230℃、40℃動粘性率14mm²/s以下

メラミンアルキド樹脂塗料（黄色）の成分

成分名	含有率（重量%）	CAS RN
ピグメントイエロー74（粉体）	6.0	6358-31-2
ピグメントイエロー151（粉体）	2.4	31837-42-0
キシレン異性体（*o*-、*m*-、*p*-）混合物（含エチルベンゼン） （以下、「キシレン混合物」という）	22.4	1330-20-7
イソブタノール（イソブチルアルコール）	4.8	78-83-1
ミネラルスピリット	5.0	8052-41-3
メチルエチルケトン	4.0	78-93-3
酸化チタン（粉体）	9.5	13463-67-7
アルキド樹脂（固形）	14.3	-
メラミン樹脂（固形）	27.4	-
その他の添加剤（液体）	4.2	-

各成分の物理化学的危険性、健康有害性および環境有害性をまとめると以下のようになる。

・**ピグメントイエロー74** (CAS RN 6358-31-2) $C_{18}H_{18}N_4O_6$

物理化学的性状：無臭の黄色い固体、融点275～293℃
健康有害性：分類できない(政府によるGHS分類未実施)。
水生環境有害性：分類できない(政府によるGHS分類未実施)。

・**ピグメントイエロー151** (CAS RN 31837-42-0) $C_{18}H_{15}N_5O_5$

物理化学的性状：無臭の黄色い固体、融点330℃
健康有害性：分類できない(政府によるGHS分類未実施)。
水生環境有害性：分類できない(政府によるGHS分類未実施)。

・**キシレン混合物** (CAS RN 1330-20-7) C_8H_{10}

物理化学的性状：液体、沸点範囲113.6～140℃、引火点25℃(密閉式)、n-オクタノール／水分配係数情報なし

健康有害性：

急性毒性：ラットの経口LD_{50}値は、3,500～8,800mg/kgの範囲内での複数の報告に基づき、区分に該当しない(国連分類基準の区分5または区分に該当しない)。ウサギのLD_{50}値として、1,700mg/kg、4,300mg/kgの2件の報告があり、急性毒性(経皮)はそれぞれ区分4および区分に該当しない(国連分類基準の区分5)ため、LD_{50}値の小さい方が該当する区分4とした。ラット吸入LC_{50}値(4時間) 6,350～6,700ppmの範囲内での複数の報告に基づき、区分4とし

た。なお、各報告での異性体混合率は不明であるが、主成分と思われる*m*-異性体の蒸気圧を用いて飽和蒸気圧濃度（7,897ppm）を得た。

皮膚腐食性／刺激性：本物質をウサギの皮膚に適用した結果（適用時間は不明）、紅斑、浮腫、壊死がみられたとの報告のほかに、ウサギ、マウスおよびモルモットに本物質を適用した結果（適用時間は不明）、軽度から強度の刺激がみられたとの報告があるが、いずれも回復性についての記載はない。以上より区分2とした。

眼に対する重篤な損傷性／眼刺激性：本物質の原液0.05～0.5mlをウサギの眼に適用した結果、軽度の結膜刺激性と軽微な角膜壊死による不快、間代性眼瞼痙攣がみられたとの報告や、本物質0.1ml（87mg）を適用した結果、軽度から中等度の刺激性がみられたとの報告がある。その他にウサギを用いた眼刺激性試験の報告が複数あり、軽度から中等度の影響がみられたとの報告がある。以上の結果から区分2とした。

生殖毒性：工業用キシレン（エチルベンゼンを含む異性体混合物）について情報が得られた。ラットを用いた異性体混合物の吸入経路での催奇形性試験において、母動物性がみられない用量でわずかな胎児に対する影響（胎児体重の減少）がみられたとの報告がある。また、母動物毒性に関する記載がない、あるいは、試験条件等に批判はあるものの、ラットを用いた異性体混合物の吸入経路での催奇形性試験において、母動物毒性がない用量で吸収胚の増加がみられたとの報告、ラットを用いた異性体混合物の吸入経路での催奇形性試験において、母動物毒性は不明であるが胎児に吸収胚の増加、小眼、水頭症がみられたとの報告がある。さらに、工業用キシレンには通常エチルベンゼンが含有されており、エチルベンゼンの生殖毒性試験では、マウスを用いた吸入経路での催奇形性試験において母動物毒性がみられない用量で尿路系の奇形（奇形についての具体的な記載なし）の増加、ラットを用いた吸入経路での催奇形性試験において母動物毒性は不明であるが尿路系の奇形（奇形についての具体的な記載なし）の増加、ウサギを用いた吸入経路での催奇形性試験において弱い母動物毒性（体重増加制がみられた用量で流産（3例中3例）が見られたとの報告がある。したがって区分1Ｂ）とした。

特定標的臓器毒性（単回ばく露）：ヒトについては事故例や職業ばく露等による吸入、経口経路の複数のデータがある。吸入ばく露では、気道刺激、頭痛、吐き気、嘔吐、めまい、昏睡、麻酔作用、協調運動失調、中枢神経系障害、反応低下、疲労感、興奮、錯乱、振戦、死亡例では呼吸困難、意識混濁、記憶障害、重度の呼吸器傷害（肺うっ血、肺胞出血及び肺浮腫）、肝傷害（肝臓の腫大を伴ううっ血および小葉中心性の肝細胞の空胞化）、腎傷害、脳の神経細胞損傷がみられ、同事例での生存者においても、四肢のチアノーゼ、肝臓傷害および重度の腎傷害、記憶喪失の症状がみられたとの報告がある。経口ばく露では、昏睡、急性肺水腫、肝臓の損傷、吐血、肺のうっ血、浮腫、中枢性の呼吸抑制が原因で死亡の報告がある。実験動物では、ラットの1,300ppm吸入ばく露で協調運動失調、ラットの6,000mg/kg経口投与で鈍麻、知覚麻痺、昏睡など中枢神経毒性の報告があるほか、用量等ばく露条件不明であるが、ラット、マウス等で麻酔作用、衰弱、後肢運動減少、円背位姿勢、刺激過敏性、振戦、衰弱、努力呼吸、呼吸数低下、筋肉痙攣、視覚及び聴覚の障害、肺の浮腫、肺の出血・炎症、肝臓相対重量増加など肝毒性を示唆する所見がある。また、急性ばく露による動物への影響は、神経系、肺、肝臓であるとの記載、ラット、マウスで、経口、吸入、経皮の急毒症状は中枢神経系抑制であるとの記載もある。以上により、本物質は麻酔作用があるほか、中枢神経系、呼吸器、肝臓、腎臓に影響を与えるため、区分1（中枢神経系、呼吸器、肝臓、腎臓）、区分3（麻酔作用）とした。

特定標的臓器毒性（反復ばく露）：総ばく露量の70％以上をキシレン異性体混合物が占める溶

剤（キシレン以外にトルエン、エチルベンゼンを含むがベンゼンは含まない）への吸入ばく露（幾何平均濃度14ppm、平均ばく露年数7年）により、非ばく露群と比較して、不安、健忘、集中力の低下、めまい、吐き気、食欲不振、握力低下、筋力低下の発生頻度の有意な増加がみられた。しかし、血液検査項目、並びに肝機能の指標など血液生化学検査の測定項目には有意差はみられなかった。また、職場でキシレンに慢性的にばく露された結果、努力呼吸、肺機能障害がみられたとの報告、キシレン製造工場の作業者（15～40ppm、6ヶ月～5年間）の33％に頭痛、興奮、不眠症、消化不良、心拍数上昇が、20％に神経衰弱、自律神経失調症がみられたとの報告、さらにキシレンを溶剤として扱う塗装業者を対象とした疫学調査で、頭痛、記憶喪失、疲労感や溶剤による脳症、神経衰弱症、脳機能の低下、脳波の異常、器質的精神障害及び痴呆などの発症がみられたとの報告などがあり、キシレン以外の物質を含む複合ばく露影響による報告例が多いが、ばく露状況を考慮しても本物質単独影響として慢性吸入ばく露により、神経系及び呼吸器系への有害影響が発生するおそれがあると考えられる。この他、従前は血液系への影響（貧血、白血球減少など）も懸念されたが、溶剤中に混入したベンゼンによる影響の可能性があり、冒頭のベンゼンを含まないことが明白なばく露症例による報告では血液検査で異常はみられていないと記述されている。一方、実験動物では、本物質（蒸気と推定）をラットに6週～2年間吸入ばく露した複数の反復投与試験（ガイダンス値換算：1.30～5.23mg/l/6時間（最小影響濃度））、およびイヌの13週間吸入ばく露試験（同3.51mg/l/6時間（最大無影響濃度））で、いずれもガイダンス値範囲内を上回る濃度まで無影響であり、標的臓器を特定可能な所見は得られていない。以上により、ヒトでの知見に基づき、区分1（神経系、呼吸器）に分類した。

誤えん有害性：炭化水素であり、動粘性率は混合物のため基になる数値が得られず求められないが、*o*-、*m*-、*p*-キシレン異性体の各動粘性率計算値（25℃）は 各々0.86、0.67および0.70mm^2/sとほぼ同様の低値を示すことから、混合物の動粘性率も各異性体の値と大きく異なることはないと推定され、区分1とした。

水生環境有害性：

短期（急性）：魚類（ニジマス）の96時間LC_{50}=3.3mg/lであることから、急性2とした。

長期（慢性）：慢性毒性データを用いた場合、急速分解性がないが（BODによる分解度：39%）、魚類（ニジマス）のNOECが1.3mg/lであることから、区分に該当しない。 慢性毒性データが得られていない栄養段階に対して急性毒性データを用いた場合、急速分解性がなく（BODによる分解度：39%）、甲殻類（グラスシュリンプ）の96時間LC_{50}=7.4mg/lであることから、区分2となる。 以上の結果を比較し、慢性2とした。

・<u>イソブタノール</u>（CAS RN 78-83-1）$C_4H_{10}O$

CH_3
CH　OH
H_3C　C
H_2

物理化学的性状：特徴的な臭気の無色の液体、融点－108℃、沸点108℃、引火点28℃（密閉式）、爆発範囲1.7～10.9vol％、n-オクタノール／水分配係数 logKow 0.8

健康有害性：

急性毒性：ラットに対するLD_{50}は、2,460～3,350mg/kgで急性毒性（経口）は区分に該当しない（国連分類基準の区分5）。ウサギに対するLD_{50}値は、2,460～4,240mg/kgで急性毒性

（経皮）は区分に該当しない（国連分類基準の区分5）。ラットに対する吸入LC_{50}（4時間）値は、6,336ppm（19.3mg/l）、8,000ppmとの報告に基づき区分4とした。なお、LC_{50}値が飽和蒸気圧濃度（11,881ppm）の90%よりも低いため、ミストがほとんど混在しないものとして、ppmを単位とする基準値を適用した。

皮膚腐食性／刺激性：ウサギを用いた皮膚刺激性試験で、本物質を適用した6匹すべてに発赤と浮腫を生じ、適用後14日目にも4匹に軽度の刺激症状が残ったとの記述、ヒトの皮膚への適用で軽度の発赤を生じたとの記述から、区分2とした。

眼に対する重篤な損傷性／眼刺激性：液体をヒトに適用した例はないが、本物質及び酢酸ブチルを含む被覆剤を製造していた工場労働者8人に、重度の結膜刺激の後に角膜上皮における空胞形成で視覚障害を生じたとの報告や、ウサギを用いた眼刺激性試験 で、軽度から中等度の角膜損傷、虹彩炎、重度の結膜刺激を生じ、適用後21日目でも軽度の結膜発赤がみられたとの記述から、区分1とした。

特定標的臓器毒性(単回ばく露):本物質のヒトでの単回ばく露の情報はない。実験動物ではラットの6時間単回吸入ばく露試験において、9.09mg/l（4時間換算値: 11.13mg/l）以上で活動性低下、驚愕反射の反応低下がみられたとの報告がある。また、ラットに本物質の飽和蒸気を6時間吸入ばく露した試験で、活動性低下、流涙、昏睡、虚脱、短呼吸、浅呼吸が認められたが、死亡例はなかったとの報告がある。この試験では正確なばく露濃度は測定されていないが、飽和蒸気圧濃度11,881ppm（36mg/l）より4時間ばく露量に換算した濃度は44mg/lと算出され、区分2超に相当する。さらに、ラットとウサギを用いた4時間単回吸入ばく露試験において、区分2範囲の15.7mg/lで気道刺激がみられ、3日後に中枢神経系抑制が認められたとの報告がある。以上より区分3（気道刺激性、麻酔作用）とした。

水生環境有害性：

短期（急性）：甲殻類（オオミジンコ）の24時間EC_{50}=1,250mg/lから区分に該当しない。

長期（慢性）：難水溶性でなく（水溶解度=85,000mg/l）、急性毒性が低いことから、区分に該当しない。

・<u>ミネラルスピリット</u>（CAS RN 8052-41-3）

（触媒の存在で石油留分を水素処理して得られる炭化水素混合物。主に炭素数C9からC16で沸点範囲約150℃から280℃の炭化水素からなる）（ミネラルシンナー、ペトロリウムスピリット、ホワイトスピリットおよびミネラルターペンを含む）

物理化学的性状：特異臭のある無色の液体、沸点範囲150～205℃、引火点42℃

健康有害性：

急性毒性：経口では、ラットを用いた試験において5,000mg/kgで死亡が認められなかったことから区分に該当しない。

皮膚腐食性／刺激性：ウサギの皮膚に4時間適用した試験で中等度の刺激性および軽度の浮腫が認められたことから区分2とした。

眼に対する重篤な損傷性／眼刺激性：ウサギの眼に適用した試験において24時間後には眼の反応が消失したことから、刺激性の判定基準に適応しないと判断し、区分に該当しない。

皮膚感作性：モルモットを用いたBuehler testにおいて感作性は認められなかったことから区

分に該当しない。

生殖毒性：ラットを用いた妊娠中吸入ばく露試験において母動物に一般毒性が認められる用量でも明確な生殖毒性は認められなかったことから区分に該当しない。

特定標的臓器毒性（単回ばく露）：ラットまたはイヌを用いた吸入ばく露試験において活動の低下、運動失調、振戦、痙攣などの一過性の神経系への影響を示唆する症状が認められた。ヒトばく露例で頭痛、吐き気、眩暈などの神経系への影響を示唆す症状および鼻の刺激性が認められた。以上から区分3（麻酔作用、気道刺激性）とした。

特定標的臓器毒性（反復ばく露）：モルモットを用いた吸入ばく露試験において肝臓への影響が区分2のガイダンス値で認められた。ラットを用いた吸入ばく露試験において精子運動性低下が認められた。以上から区分2（肝臓、精巣）とした。

誤えん有害性：炭化水素であり、かつホワイトスピリット（C7からC12で沸点範囲約130℃から230℃の炭化水素からなる）の粘性率から算出される25℃の動粘性率は0.87～1.94mm^2/sであり、40℃では20.5mm^2/s以下であると推測されること、さらに成書で化学性肺炎を引き起こす可能性が指摘されている。以上により区分1とした。

水生環境有害性：

短期（急性）：甲殻類（オオミジンコ）の48時間LC_{50}が0.42～2.3mg/lから、急性1とした。

長期（慢性）：短期有害性区分が急性1、急速分解性がなく（BODによる分解度12～13%）、生物蓄積性が不明であることから、慢性1とした。

・<u>メチルエチルケトン</u>（CAS RN 78-93-3）C_4H_8O

O
CH3　CH3

物理化学的性状：特徴的な臭気の無色の液体。融点－86℃、沸点80℃、引火点－9℃、n-オクタノール／水分配係数logKow 0.29

健康有害性：

急性毒性：ラットのLD_{50}値として、2,737mg/kg、5,522mg/kg、2,000～6,000mg/kg、2,600～5,400mg/kgとの報告に基づき、急性毒性（経口）は区分に該当しない。ウサギのLD_{50}値として、>5,000mg/kg、6,480mg/kg、>8,000mg/kg、6,400～8,000mg/kg、13,000mg/kgとの報告に基づき、急性毒性（経皮）は区分に該当しない。ラットのLC_{50}値（4時間）として、11,700ppmの報告があり、急性毒性（吸入：蒸気）は区分4とした。

皮膚腐食性／刺激性：ウサギの皮膚に適用した結果、軽度から中等度の刺激性ありとの報告から、区分2とした。

眼に対する重篤な損傷性／眼刺激性：ウサギの眼に適用した結果、重度の刺激性がみられたとの報告や、角膜障害や強膜の出血、まぶたの浮腫、化学火傷がみられたとの報告がある。ウサギへの適応試験において、24時間後の評点の平均値は角膜混濁2.5、結膜発赤2であったが、7日以内にほぼ回復との報告がある。以上から区分2Aとした。

特定標的臓器毒性（単回ばく露）：本物質は気道刺激性および麻酔作用がある。ヒトにおいては、吸入ばく露で、頭痛、めまい、悪心、嘔吐、運動失調、眼のかすみ、ふらつき、過呼吸、めまい、嗜眠、中枢神経系抑制作用、代謝性アシドーシス、意識喪失、経口摂取では意識喪失の報告がある。実験動物では、麻酔作用、ラットの経口投与1,080mg/kgで腎臓の軽度の腎尿細管壊死が認められている。以上により区分2（腎臓）、区分3（気道刺激性、麻酔作用）とした。

特定標的臓器毒性（反復ばく露）：ヒトでは本物質以外に他の溶媒へのばく露を含まない有害性知見として、慢性的な職業ばく露により、ニューロパシー（神経症）との診断には至らないが、神経伝達速度の低下がみられたとする報告、および手指と腕の無感覚感を訴えた工場作業者の例が報告されている。これらの証拠は限定的で不確実ではあるものの、中枢および末梢神経系への有害性影響が生じる懸念はあるために、区分1（神経系）とした。

水生環境有害性：

短期（急性）：藻類（*Pseudokirchneriella subcapitata*）の72時間ErC_{50}>1,200mg/l、甲殻類（オオミジンコ）の48時間LC_{50}>1,000mg/l、魚類（ニジマス）の96時間LC_{50}>100mg/lから区分に該当しない。

長期（慢性）：慢性毒性データを用いた場合、急速分解性があり（20日後のBOD分解度=89%、藻類（*Pseudokirchneriella subcapitata*）の72時間NOEC=93mg/lから区分に該当しない。慢性毒性データが得られていない栄養段階に対して急性毒性データを用いた場合、魚類では急性毒性が区分に該当せず、難水溶性ではない（水溶解度=223,000mg/l）ことから区分に該当しない。 以上の結果から、区分に該当しない。

・**酸化チタン**（CAS RN 13463-67-7）TiO_2

$$O=Ti=O$$

物理化学的性状：無臭で無色から白色の固体、融点1,855℃、不燃性

健康有害性：

急性毒性：本分類は、1～100nmの範囲の粒子の酸化チタンについて分類を実施したものである。 ラットのLD_{50}値として、>5,000mg/kgの報告に基づき、急性毒性（経口）は区分に該当しない。

皮膚腐食性/刺激性：二酸化チタンナノ粒子を含有したエマルジョンを用いたボランティア実験において明確な皮膚刺激性は認められなかったとの報告や、動物に対して皮膚刺激性は認められなかったとのことから、区分に該当しない。

眼に対する重篤な損傷性/眼刺激性：動物に対して眼刺激性は認められなかったことから、区分に該当しない。

発がん性：雌ラットに酸化チタンナノ粒子（P25（アナターゼ80%/ルチル20%、平均一次粒子径：25nm））を平均重量濃度 10mg/m^3で2年間吸入 ばく露した試験（18時間/日、5日/週）で、肺腫瘍発生動物数はばく露群で増加した。肺腫瘍の内訳は扁平上皮がん、腺腫および腺がんであった。雌雄ラットに一次粒子径0.5μmが99.9%の酸化チタン（結晶型不記載）を15.95mg/m^3で12週間吸入ばく露（6時間/日、5日/週）し、140週後に腫瘍誘発性を検討した試験では死亡率が高かった（雄88%、雌90%）が、生存例において気道の腺腫、扁平上皮乳頭腫が雄各1例に、細気管支肺胞腺腫が雌1例にみられた。また、P25（アナターゼ80%/ルチル20%、平均粒子径：25nm）とAL23（アナターゼ、平均粒子径：200nm 以下）という2種類の酸化チタン微細粒子をラットに3回ないし6回気管内注入した試験で高率に肺腫瘍の発生が

みられている。以上、酸化チタンのナノ粒子についても実験動物で発がん性を示す証拠があり、一部はIARCがグループ2Bに分類した根拠データであった。したがって区分2とした。

特定標的臓器毒性（反復ばく露）：ヒトに関する情報はない。実験動物では、ラット、マウス、ハムスターに二酸化チタンナノ粒子（粒子径21nm、アナターゼ80%/ルチル20%）を13週間（6時間/日、5日/週）吸入ばく露を行い、ばく露終了後4、13、26および52週間（ハムスターでは49週）後に肺の反応を測定した試験において、区分1相当である10mg/m^3（0.007mg/l）で気管支肺胞洗浄液（BALF）中の総細胞数、その分画である好中球数、マクロファージ数、リンパ球数、乳酸脱水素酵素（LDH）、タンパク濃度の有意な増加がみられ、ラット、マウスでは肺内クリアランスが遅延し、二酸化チタンの過負荷が起きていることが示されている。また、ラットに二酸化チタンの微粒子（粒子径250nm、アナターゼ型）または二酸化チタンのナノ粒子（粒子径21nm、アナターゼ型）23mg/m^{3}を12週間（6時間/日、5日/週）吸入毒性試験において、区分1相当である23mg/m^3（ガイダンス値換算：0.015mg/l）で肺の炎症反応はナノ粒子群でより強く現れるが、64週後に対照群と同程度となり回復性を示すとの報告がある。したがって、区分1（呼吸器）とした。

水生環境有害性：分類できない。

・**アルキド樹脂（固形）**（多価アルコールと多価カルボン酸との重縮合により製造される熱硬化性樹脂、ほとんど塗料原料、付着性、耐久性などに優れる）

危険性および有害性は区分に該当しない。

・**メラミン樹脂(固形)**（メラミンとホルムアルデヒドとの重縮合により製造される熱硬化性樹脂、耐熱性、不燃性などに優れる）

危険性および有害性は区分に該当しない。

・**その他の添加剤**

有害性は分類できない。

メラミンアルキド樹脂塗料（黄色）の成分ごとの有害性区分

成分名	含有率（重量%）	有害性および区分
ピグメントイエロー74	6.0	分類できない
ピグメントイエロー151	2.4	分類できない
キシレン混合物	22.4	急性毒性（経皮）区分4、急性毒性（吸入：蒸気）区分4、皮膚腐食性／刺激性区分2、眼に対する重篤な損傷性／眼刺激性区分2、生殖毒性区分1B、特定標的臓器毒性（単回ばく露）区分1（中枢神経系、呼吸器、肝臓、腎臓）、区分3(麻酔作用)、特定標的臓器毒性(反復ばく露）区分1（神経系、呼吸器）、誤えん有害性区分1、水生環境有害性区分急性2、水生環境有害性区分慢性2
イソブタノール	4.8	急性毒性（吸入：蒸気）区分4、皮膚腐食性／刺激性区分2、眼に対する重篤な損傷性／眼刺激性区分1、特定標的臓器毒性（単回ばく露）区分3（気道刺激性、麻酔作用）
ミネラルスピリット（ミネラルシンナー、ペトロリウムスピリット、ホワイトスピリットおよびミネラルターペンを含む）	5.0	皮膚腐食性／刺激性区分2、特定標的臓器毒性（単回ばく露）区分3（気道刺激性、麻酔作用）、特定標的臓器毒性（反復ばく露）区分2（肝臓、精巣）、誤えん有害性区分1、水生環境有害性区分急性1、水生環境有害性区分慢性1

成分名	含有率 （重量%）	有害性および区分
メチルエチルケトン	4.0	急性毒性（吸入：蒸気）区分4、皮膚腐食性／刺激性区分2、眼に対する重篤な損傷性／眼刺激性区分2A、特定標的臓器毒性（単回ばく露）区分2（腎臓）、区分3（気道刺激性、麻酔作用）、特定標的臓器毒性（反復ばく露）区分1（神経系）
酸化チタン（ナノ粒子）	9.5	発がん性区分2、特定標的臓器毒性（反復ばく露）区分1（呼吸器）
アルキド樹脂（固形）	14.3	区分に該当しない
メラミン樹脂（固形）	27.4	区分に該当しない
その他の添加剤	4.2	分類できない

上の表を参考にメラミンアルキド樹脂塗料（黄色）としての分類区分を決定する。

<u>物理化学的危険性</u>：

引火点：19.5℃、初留点：130～230℃からメラミンアルキド樹脂塗料（黄色）の引火性液体の分類は区分2となる。

<u>健康有害性</u>：

・急性毒性：

経口：キシレン混合物、イソブタノール、ミネラルスピリット、メチルエチルケトン、酸化チタン、アルキド樹脂、メラミン樹脂（計87.4%）が区分に該当しないことから、区分に該当しない。

経皮：キシレン混合物（22.4%）（LD_{50}：1,700mg/kg）が区分4であるが、イソブタノール、メチルエチルケトン、アルキド樹脂、メラミン樹脂は区分に該当せず、ミネラルスピリット（5.0%）、酸化チタン（9.5%）、ピグメントイエロー74（6.0%）、ピグメントイエロー151（2.4%）、その他の添加剤（4.2%）は分類できない（不明）ので、ATE_{mix}を計算すると以下のようになる。

ATE_{mix}=（100－（5.0+9.5+6.0+2.4+4.2））/（22.4/1,700）=5,535mg/kg

これは区分に該当しない。

吸入（蒸気）：キシレン混合物（22.4 %）（LC_{50}：6,350ppm）、イソブタノール（4.8%）（LC_{50}：6,336ppm）、メチルエチルケトン（4.0%）（LC_{50}：11,700ppm）は区分4であり、アルキド樹脂、メラミン樹脂は区分に該当せず、酸化チタンは分類対象外（区分に該当しないと仮定）、ミネラルスピリット（5.0%）、ピグメントイエロー74（6.0%）、ピグメントイエロー151（2.4%）、その他の添加剤（4.2%）は分類できない（不明）ので、ATE_{mix}を計算すると以下のようになる。

ATE_{mix}=（100－（5.0+6.0+2.4+4.2））/（22.4/6,350+4.8/6,336+4.0/11,700）=17,808ppm

これは区分4に分類される。

・皮膚腐食性／刺激性

区分2：キシレン混合物（22.4%）、イソブタノール（4.8%）、ミネラルスピリッツ（5.0%）、メチルエチルケトン（4.0%）

メラミンアルキド樹脂塗料（黄色）は、区分2の成分を36.2%（10%以上）含むので、GHS文書表3.2.3から、区分2に分類される。

・眼に対する重篤な損傷性／眼刺激性

区分1：イソブタノール (4.8%)、区分2A：メチルエチルケトン (4.0%)

区分2：キシレン混合物 (22.4%)

メラミンアルキド樹脂塗料（黄色）は、区分1の成分を3%以上含むので、GHS文書表3.3.3から、区分1に分類される。

・発がん性

区分2：酸化チタン (9.5%)

区分2のカットオフ値／濃度限界を≧1.0%とした場合；

メラミンアルキド樹脂塗料（黄色）は、区分2を9.5%（1.0%以上）含むので、区分2に分類される。

＊区分2のカットオフ値／濃度限界を≧0.1%とした場合も、同様に区分2に分類される。

・生殖毒性

区分1B：キシレン混合物 (22.4%)

区分1Bのカットオフ値／濃度限界を≧0.3%とした場合；

メラミンアルキド樹脂塗料（黄色）は、区分1Bの成分を（0.3%以上）含むので、区分1Bに分類される。

＊区分1Bのカットオフ値／濃度限界を≧0.1%とした場合；同様に区分1Bに分類される。

・特定標的臓器毒性 (単回ばく露)

区分1：キシレン混合物 (22.4%)（中枢神経系、呼吸器系、肝臓、腎臓）

区分2：メチルエチルケトン (4.0%)（腎臓）

区分3 (気道刺激性)：イソブタノール (4.8%)、ミネラルスピリット (5.0%)、メチルエチルケトン (4.0%)

区分3 (麻酔作用)：キシレン混合物 (22.4%)、イソブタノール (4.8%)、ミネラルスピリット (5.0%)、メチルエチルケトン (4.0%)

区分1、区分1および2の分類のカットオフ値／濃度限界を≧10%とした場合；

メラミンアルキド樹脂塗料(黄色)は、区分1の成分を10%以上含むので、区分1(中枢神経系、呼吸器系、肝臓、腎臓) に分類される。区分2の成分を4.0%含むが、10%未満なので、区分2に該当しない。また区分3（気道刺激性）の成分の合計（13.8%）はカットオフ値の20%を超えないので区分3 (気道刺激性) には該当しない。区分3 (麻酔作用) の成分の合計 (36.2%) はカットオフ値の20%を超えるので区分3 (麻酔作用) に分類される。

＊区分1および区分2のカットオフ値／濃度限界を≧1%とした場合；メチルエチルケトンに由来する区分2で腎臓が含まれることになるが、区分1に包含される。

・特定標的臓器毒性 (反復ばく露)

区分1：キシレン混合物 (22.4%)（神経系、呼吸器)、メチルエチルケトン (4.0%)（神経系)、酸化チタン (9.5%)（呼吸器）

区分2：ミネラルスピリット（5.0%）（肝臓、精巣）

区分1および2の分類のカットオフ値／濃度限界を≧10%とした場合；
メラミンアルキド樹脂塗料（黄色）は、キシレン混合物の区分1がカットオフ値の10%以上であるので、区分1（神経系、呼吸器）に分類される。メチルエチルケトンおよび酸化チタンの区分1がカットオフ値の1–10%であるので、区分2（神経系、呼吸器）に該当するが、神経系および呼吸器は区分1に包含される。ミネラルスピリット（5.0%）はカットオフ値に達していないので、当該臓器は採用されない。この結果、混合物は区分1（神経系、呼吸器）に分類される。

＊区分1および2の分類のカットオフ値／濃度限界を≧1.0%とした場合；
メラミンアルキド樹脂塗料（黄色）は、区分1および区分2の成分をそれぞれ1%以上含むので、区分1（神経系、呼吸器）、区分2（肝臓、精巣）に分類される。

・誤えん有害性
区分1：キシレン混合物（22.4%）、ミネラルスピリット（5.0%）
メラミンアルキド樹脂塗料（黄色）は、区分1の成分の合計（27.4%）が1%以上であり、しかも40℃動粘性率（14mm²/s以下）が20.5mm²/s以下であることから、区分1に分類される。

環境有害性：

・水生環境有害性（急性）
短期（急性）

成分名	CAS RN	含有率（重量%）	魚類 LC_{50} (mg/l)	甲殻類 EC_{50} (mg/l)	藻類 ErC_{50} (mg/l)	水生環境有害性分類
ピグメントイエロー74	6358-31-2	6.0	-	-	-	分類できない
ピグメントイエロー151	31837-42-0	2.4	-	-	-	分類できない
キシレン混合物	1330-20-7	22.4	3.3	7.4	-	急性2
イソブタノール	78-83-1	4.8	1,330	1,250	2,300	区分に該当しない
ミネラルスピリット	8052-41-3	5.0	-	0.42	-	急性1
メチルエチルケトン	78-93-3	4.0	>100	>1,000	>1,200	区分に該当しない
酸化チタン	13463-67-7	9.5	-	-	-	分類できない
アルキド樹脂（固形）	-	14.3	-	-	-	分類できない
メラミン樹脂（固形）	-	27.4	-	-	-	分類できない
その他の添加剤	-	4.2	-	-	-	分類できない

<方法1>

魚類、甲殻類、藻類のそれぞれにおいて毒性値が得られている成分のデータを考慮して、分類群ごとにGHS 文書4.1.3.5.2 項の加算式を適用する。
加算式

$$\frac{\sum C_i}{L(E)C_{50m}} = \sum_n \frac{C_i}{L(E)C_{50i}}$$

急性毒性：

藻類

急性に該当しないデータのみ

甲殻類

EC_{50m} = (22.4%+4.8%+5.0%+4.0%) / (22.4%/7.4mg/l+5.0%/0.42mg/l)

EC_{50m} = 2.42mg/l (急性2)

魚類

LC_{50m} = (22.4%+4.8%+4.0%) / (22.4%/3.3mg/l)

LC_{50m} = 4.60mg/l (急性2)

これらの結果から、甲殻類、魚類のそれぞれにおいて急性2となる。

方法1による分類結果：水生環境有害性区分　急性2

<方法2>

キシレン混合物、イソブタノール、ミネラルスピリット、メチルエチルケトンに対して最も感受性が高い(毒性が強い)生物種のデータを用いて4.1.3.5.2の加算式を適用する。

$$\frac{\sum C_i}{L(E)C_{50m}} = \sum_n \frac{C_i}{L(E)C_{50i}}$$

$L(E)C_{50m}$= (22.4+4.8+5.0+4.0) / ((22.4/3.3mg/l) + (5.0/0.42mg/l)) =1.93mg/l

キシレン混合物、イソブタノール、ミネラルスピリット、メチルエチルケトンを毒性値既知成分とみなすと毒性既知成分は急性2と分類される。

毒性値既知成分36.2%分が急性2であるので、これを加算法で考慮するとメラミンアルキド樹脂塗料(黄色)は急性2となる。

方法2による分類結果：水生環境有害性区分　急性2

<方法3>

加算法のみを適用する。

区分急性1の成分はミネラルスピリットで合計5.0%であり、25%未満であるからメラミンアルキド樹脂塗料(黄色)は急性1には該当しない。

区分急性1の成分×毒性乗率×10と急性2の成分の含有率をすべて足すと、1×10×5+22.4 = 72.4%であり、25%以上であるから混合物は急性2に分類される。

方法3による分類結果：水生環境有害性区分　急性2

方法1から3のいずれを用いた場合も水生環境有害性区分急性2に分類された。したがって、

分類結果：水生環境有害性区分　急性2

・水生環境有害性（慢性）
長期（慢性）

成分名	CAS RN	含有率（重量%）	魚類（mg/l）	甲殻類（mg/l）	藻類（mg/l）	急速分解性	水生環境有害性分類
ピグメントイエロー74	6358-31-2	6.0	-	-	-	-	分類できない
ピグメントイエロー151	31837-42-0	2.4	-	-	-	-	分類できない
キシレン混合物	1330-20-7	22.4	NOEC 1.3	96時間 LC_{50} 7.4	-	なし	慢性2
イソブタノール	78-83-1	4.8	-	21日間 NOEC 4.0	EC10 900	-	区分に該当しない
ミネラルスピリット	8052-41-3	5.0	-	-	-	なし	慢性1
メチルエチルケトン	78-93-3	4.0	-	-	72時間 NOEC93	あり	区分に該当しない
酸化チタン	13463-67-7	9.5	-	-	-	-	分類できない
アルキド樹脂（固形）	-	14.3	-	-	-	-	分類できない
メラミン樹脂（固形）	-	27.4	-	-	-	-	分類できない
その他の添加剤	-	4.2	-	-	-	-	分類できない

慢性毒性：

＜方法1＞

慢性毒性値のNOECの値が求められている成分のすべてにおいて、その値が1mg/l以上であることから、加算式は適用しない。

＜方法2＞

加算法のみを適用する。
慢性1の成分はミネラルスピリットで5%であり、25%未満であるからメラミンアルキド樹脂塗料（黄色）は慢性1には該当しない。
慢性1の成分×毒性乗率×10と慢性2の成分の含有率をすべて足すと、5×1×10+22.4 = 72.4%であり、25%以上であるからメラミンアルキド樹脂塗料（黄色）は慢性2に分類される。

方法2による分類結果：水生環境有害性区分　慢性2

分類結果：水生環境有害性区分　慢性2

以上の分類作業結果（クラス、区分）および該当するシンボル、注意喚起語、危険有害性情報をまとめると次のようになる。

メラミンアルキド樹脂塗料（黄色）混合物の危険性・有害性のまとめ

クラス	区分	シンボル	注意喚起語	危険有害性情報
引火性液体	2	炎	危険	引火性の高い液体および蒸気
急性毒性（吸入：蒸気）	4	感嘆符	警告	吸入すると有害
皮膚腐食性／刺激性	2	感嘆符	警告	皮膚刺激

眼に対する重篤な損傷性／眼刺激性	1	腐食性	危険	重篤な眼の損傷
発がん性	2	健康有害性	警告	発がんのおそれの疑い
生殖毒性	1B	健康有害性	危険	生殖能または胎児への悪影響のおそれ
特定標的臓器毒性(単回ばく露)カットオフ値≧10%	1、3	健康有害性	危険	中枢神経系、呼吸器、肝臓、腎臓の障害、呼吸器への刺激のおそれ、眠気またはめまいのおそれ
特定標的臓器毒性(単回ばく露)カットオフ値≧1.0%	1、3	健康有害性	危険	中枢神経系、呼吸器、肝臓、腎臓の障害、呼吸器への刺激のおそれ、眠気またはめまいのおそれ
特定標的臓器毒性(反復ばく露) カットオフ値≧10%	1	健康有害性	危険	長期にわたる、または反復ばく露による神経系、呼吸器の障害
特定標的臓器毒性(反復ばく露)カットオフ値≧1.0%	1、2	健康有害性	危険	長期にわたる、または反復ばく露による神経系、呼吸器の障害、長期にわたる、または反復ばく露による肝臓、精巣の障害のおそれ
誤えん有害性	1	健康有害性	危険	飲み込んで気道に侵入すると生命に危険のおそれ
水生環境有害性短期 (急性)	2	なし	なし	水生生物に毒性
水生環境有害性長期(慢性)	2	環境	なし	長期継続的影響により水生生物に毒性

第６部　分類ソフトによる混合物の分類

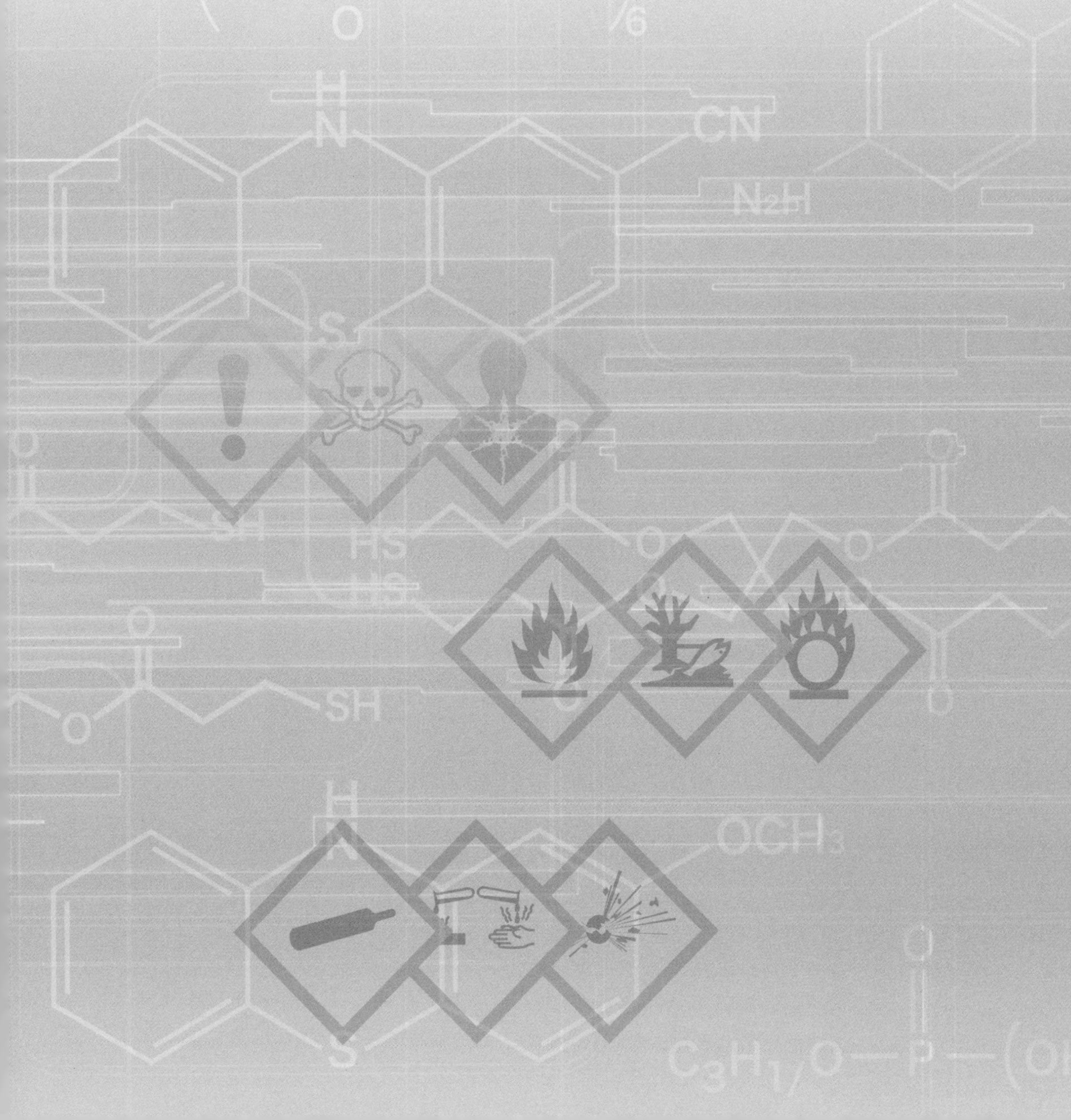

経済産業省で開発した、GHSに基づいた混合物の分類ソフトによる分類作業を紹介する。まず、経済産業省のホームページにある「GHS混合物分類判定システム」にアクセスする。
http://www.meti.go.jp/policy/chemical_management/int/ghs_auto_classification_tool_ver4.html
(2019年9月1日現在)

＊これ以降、記載している操作説明、システム画面に表示されている内容については本書独自のものであり、経済産業省が関与するものではない。

この画面をスクロールして下方にある「GHS混合物分類判定システム（ver.4)」をダウンロードする（フルパッケージ版（インストーラー等も含む)、またはダウンロード版)。インストールマニュアルも同時にダウンロードする。(ソフトウェアのインストールに関する詳細はインストールマニュアルを参照すること)。

「GHS_system_Ver2014-4.0FP」WinZipファイルを解凍し、「GHS Tools Setup」をクリックすると、パソコン画面に「GHS混合物分類判定システム」のアイコンが現れる。

これをクリックすると「免責事項確認」の画面が現れるので 同意する をクリックする。そうすると「GHS混合物分類判定システムメニュー」の画面が現れる。これでGHS混合物分類判定システムの使用準備は整った。

これから第5部で分類演習を行ったメラミンアルキド樹脂塗料の分類を「GHS混合物分類判定システム」を用いて行う手順を説明する。

「GHS混合物分類判定システムメニュー」のアイコンをクリックすると、以下の画面が現れる。

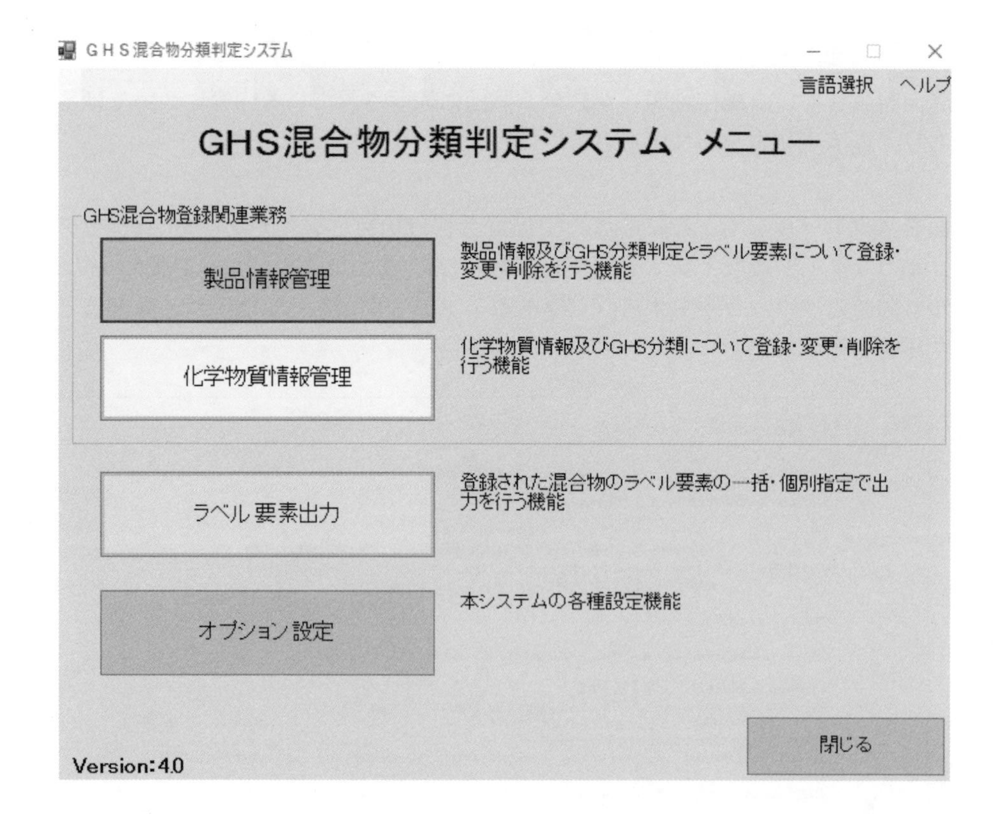

この「GHS混合物分類判定システム」には独立行政法人製品評価技術基盤機構（NITE）で公開している政府によるGHS分類結果が搭載（平成28年度分まで）されており、この分類の対象となっている物質の分類結果をそのまま使用することができる。

一方、政府分類の対象となっていない物質については、このシステムを使用する者がそのデータを入力しなければ混合物としての分類を実行することができない。

以下の表にメラミンアルキド樹脂塗料の成分を示したが、ここには「その他の添加剤」をはじめとして政府分類の対象となっていない物質がいくつか含まれる。

メラミンアルキド樹脂塗料（黄色）の成分

成分名	含有率（重量%）	CAS RN
ピグメントイエロー74（粉体）	6.0	6358-31-2
ピグメントイエロー151（粉体）	2.4	31837-42-0
キシレン	22.4	1330-20-7
イソブタノール（イソブチルアルコール）	4.8	78-83-1
ミネラルスピリット	5.0	8052-41-3
メチルエチルケトン	4.0	78-93-3
酸化チタン（粉体）	9.5	13463-67-7
アルキド樹脂（固形）	14.3	-
メラミン樹脂（固形）	27.4	-
その他の添加剤（液体）	4.2	-

政府分類の対象となっているかどうかはNITEの「GHS関連情報　物質検索（CHRIPへ）」でCAS番号（前章まではRN）や名称で検索ができる（本章では省略する）。

メラミンアルキド樹脂塗料の成分のうち、ピグメントイエロー74、ピグメントイエロー151、アルキド樹脂（固形）、メラミン樹脂（固形）、その他の添加剤は政府分類には含まれていないので、これらについてデータを入力する必要があり、その方法を以下に示す。

【GHS混合物分類判定システム　メニュー】画面の オプション設定 をクリックする。

【オプション設定】画面が現れたら、ここに必要事項（会社名：ここでは慈英知恵巣株式会社）を記入する。ここで重要なことは表中にあるGHS分類情報の欄に追加を行うことである。つまりデータ情報源として政府分類以外のものを追加する必要がある。この画面では出典「慈英知恵巣」（任意でファイル名称をつけることができる）を追加している。

ＧＨＳ混合物分類判定システム
言語選択　ヘルプ
オプション設定
会社情報
会社名　慈英知恵巣株式会社
郵便番号　101-0002　※半角英数字　ハイフンも入力
住所　千代田区神田駿河台
電話番号　03-3259-0000　※半角英数字　ハイフンも入力
FAX番号　03-3259-0000　※半角英数字　ハイフンも入力
GHS分類情報
追加

	表示順	出典	説明		
削除	1	NITE		△	▽
削除	2	慈英知恵巣		△	▽

☑同じ物質番号において成分の分類結果が「分類できない」または「データなし」の場合、下位の出典を採用する
☑特定標的臓器毒性の分類判定において、臓器種の名称を統合する
ラベル要素情報
デフォルト注意書き絞り込み　レベル4
メニュー　適用

ここで画面右下の 適用 をクリックし、同意する。これで追加の情報源「慈英知恵巣」が登録された。

そしてこの「慈英知恵巣」情報源の中に、ピグメントイエロー74、ピグメントイエロー151、アルキド樹脂（固形）、メラミン樹脂（固形）、その他の添加剤の情報を入力していく。

画面左下の メニュー をクリックして、メニューから 化学物質情報管理 をクリックする。

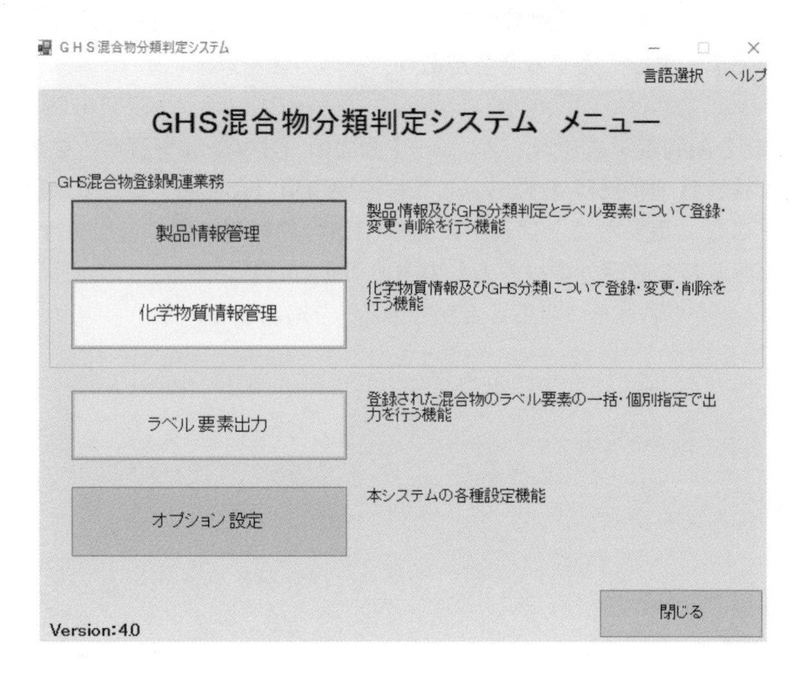

【化学物質情報一覧】の画面が現れる。

CAS RN（ソフト上では番号）「6358-31-2」、化学物質名称に「ピグメントイエロー74」、さらに該当する情報があれば入力する。

ここで重要な点は出典を新たなファイル名の「慈英知恵巣」を選択することである。

画面下部の 新規登録 をクリックする。

【化学物質基本情報】の画面が現れる。

物質番号（00000003044）これは政府分類対象物質および他の登録物質に続く番号としてつけられたもので、自動で入力される。さらにCAS RNおよび化学物質名称を再度入力する。

画面右下の 化学物質GHS分類情報 をクリックする。

【化学物質GHS分類情報】の画面が現れる。

最初に 物理化学的危険性 のタブが現れる。

ここで、それぞれの項目（危険性）について分類結果タブから該当項目を選択する。ピグメントイエローは粉体なので、ガスや液体は「分類対象外」を選択し、データがないものについては「分類できない」を選択する。17項目すべてについて選択する。

以下に爆発物から自己発熱性化学品までの入力例を示す。なお「可燃性又は引火性ガス（不安定なガスを含む）」はGHS改訂8版（邦訳）では「可燃性ガス」、「自然発火性ガス」は「化学的に不安定なガス」となっている。

GHS混合物分類判定システム
ヘルプ
化学物質GHS分類情報
物質番号 0000003044
CAS番号 6358-31-2
化学物質名称 ピグメントイエロー74
出典 慈英知恵巣
物理化学的危険性　健康有害性　環境有害性

項目	分類結果	根拠
爆発物	分類できない	分類根拠
可燃性又は引火性ガス（化学的に不安定なガスを含む）	分類対象外	分類根拠
エアゾール		分類根拠
支燃性又は酸化性ガス		分類根拠
高圧ガス		分類根拠
引火性液体		分類根拠
可燃性固体		分類根拠
自己反応性化学品	分類できない	分類根拠
自然発火性液体	分類できない	分類根拠
自然発火性固体	分類できない	分類根拠
自己発熱性化学品	分類できない	分類根拠

分類できない
分類対象外
区分1
区分2
区分A
区分B
区分外

化学物質基本情報　登録　キャンセル

同様に 健康有害性 （10項目）、および 環境有害性 （2項目）のタブを選択し、分類結果を入力する。なお健康有害性の「吸引性呼吸器有害性」はGHS改訂7版（邦訳）以降では「誤えん有害性」となっている。

健康有害性は「分類対象外」あるいは「分類できない」と、また環境有害性の分類結果はすべて「分類できない」とした。

健康有害性の急性毒性（経口）から生殖細胞変異原性の入力例を示す。

GＨＳ混合物分類判定システム

ヘルプ

化学物質GHS分類情報

物質番号　0000008044
CAS番号　6358-31-2
化学物質名称　ピグメントイエロー74
出典　慈英知恵巣

物理化学的危険性　健康有害性　環境有害性

項目	分類結果	毒性値		根拠
急性毒性(経口)	分類できない		(mg/kg)	分類根拠
急性毒性(経皮)	分類できない		(mg/kg)	分類根拠
急性毒性(吸入：気体)	分類対象外		(ppm)	分類根拠
急性毒性(吸入：蒸気)	分類対象外		(ppm)	分類根拠
			(mg/L)	
急性毒性(吸入：粉じん、ミスト)	分類できない		(mg/L)	分類根拠
皮膚腐食性及び皮膚刺激性	分類できない			分類根拠
眼に対する重篤な損傷性又は眼刺激性	分類できない			分類根拠
呼吸器感作性	分類できない			分類根拠
皮膚感作性	分類できない			分類根拠
生殖細胞変異原性	分類できない			分類根拠

化学物質基本情報　登録　キャンセル

環境有害性の水生環境有害性（長期）とオゾン層への有害性の入力例（分類できない）を示す。

GＨＳ混合物分類判定システム

ヘルプ

化学物質GHS分類情報

物質番号　0000008044
CAS番号　6358-31-2
化学物質名称　ピグメントイエロー74
出典　慈英知恵巣

物理化学的危険性　健康有害性　環境有害性

項目 分類結果	毒性値			根拠
水生環境有害性(急性) 分類できない	LC50(魚類)		(mg/L)	分類根拠
	EC50(甲殻類)		(mg/L)	
	EC50(藻類)		(mg/L)	
	毒性乗率			
水生環境有害性(長期間) 分類できない	NOEC(魚類)		(mg/L)	分類根拠
	NOEC(甲殻類)		(mg/L)	
	NOEC(藻類)		(mg/L)	
	急速分解性	不明		
	毒性乗率			

化学物質基本情報　登録　キャンセル

データの入力が終了したところで、画面右下の 登録 をクリックする。以下の画面が出るので、「はい」を選択する。

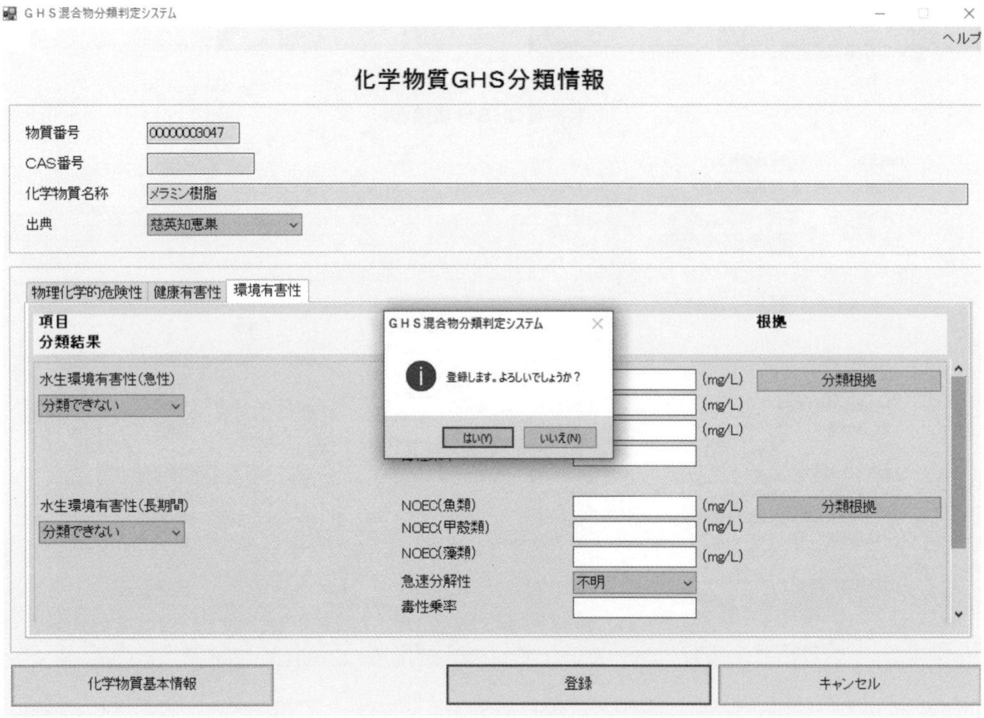

ＧＨＳ混合物分類判定システム

ヘルプ

化学物質GHS分類情報

物質番号 0000003047

CAS番号

化学物質名称 メラミン樹脂

出典 慈英知恵巣

物理化学的危険性 健康有害性 環境有害性

項目
分類結果

根拠

水生環境有害性(急性)
分類できない

(mg/L) (mg/L) (mg/L)

分類根拠

ＧＨＳ混合物分類判定システム

登録します。よろしいでしょうか？

はい(Y) いいえ(N)

水生環境有害性(長期間)
分類できない

NOEC(魚類) (mg/L)
NOEC(甲殻類) (mg/L)
NOEC(藻類) (mg/L)
急速分解性 不明
毒性乗率

分類根拠

化学物質基本情報 登録 キャンセル

これでピグメントイエロー74のデータ（GHS分類）が混合物の分類に使用される。

画面は【化学物質情報一覧】に戻るので、新規登録 から同様に、ピグメントイエロー151（粉体）、アルキド樹脂（固形）、メラミン樹脂（固形）、その他の添加剤（液体）についても、（メニュー画面 化学物質情報管理）➡【化学物質情報一覧】➡【化学物質基本情報】➡【化学物質のGHS分類情報】の順にそれぞれの画面で必要事項およびデータを入力し、登録する。これらの物質の危険性・有害性は「分類できない」あるいは「分類対象外」とした（表示画面は省略する）。

これらと分類判定システムに搭載されている政府分類対象物質も含めて、混合物のすべての成分についてGHS分類の結果がそろったことになる。

【GHS混合物分類判定システム　メニュー】に戻る。

化学物質情報管理 をクリックし、「化学物質情報一覧」の出典から 慈英知恵巣 を選択すると以下のように､登録された物質一覧が表出される。ピグメントイエロー74､ピグメントイエロー151、アルキド樹脂、メラミン樹脂、その他の添加剤が本例題で入力したものである。

画面の選択にチェックし、詳細のボタンを押すと入力されたデータの確認ができる。

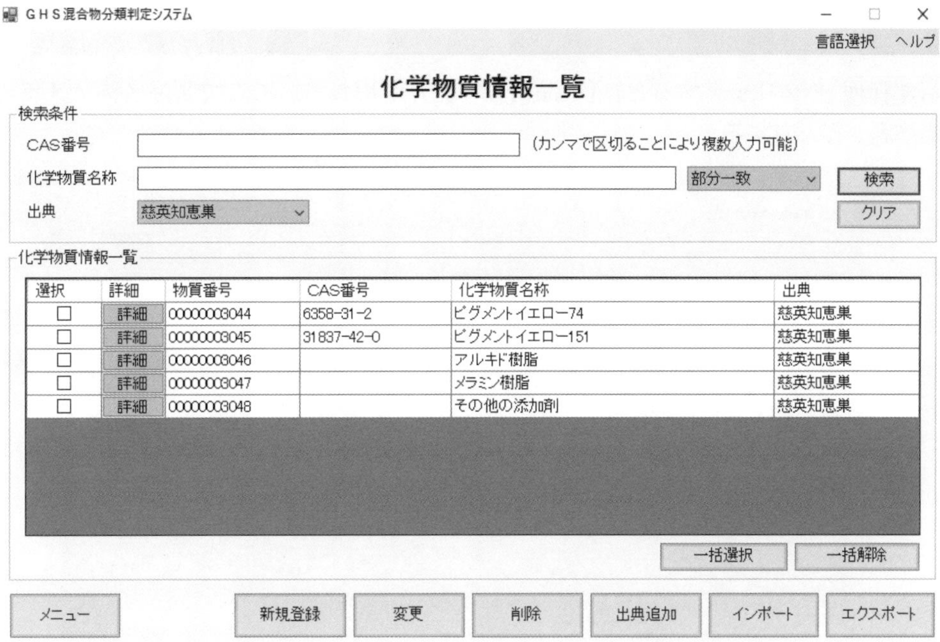

ＧＨＳ混合物分類判定システム

言語選択　ヘルプ

化学物質情報一覧

検索条件

CAS番号　（カンマで区切ることにより複数入力可能）

化学物質名称　部分一致　検索

出典　慈英知恵巣　クリア

化学物質情報一覧

選択	詳細	物質番号	CAS番号	化学物質名称	出典
☐	詳細	00000003044	6358-31-2	ピグメントイエロー74	慈英知恵巣
☐	詳細	00000003045	31837-42-0	ピグメントイエロー151	慈英知恵巣
☐	詳細	00000003046		アルキド樹脂	慈英知恵巣
☐	詳細	00000003047		メラミン樹脂	慈英知恵巣
☐	詳細	00000003048		その他の添加剤	慈英知恵巣

一括選択　一括解除

メニュー　新規登録　変更　削除　出典追加　インポート　エクスポート

ここで再び、【GHS混合物分類判定システム　メニュー】に戻る。

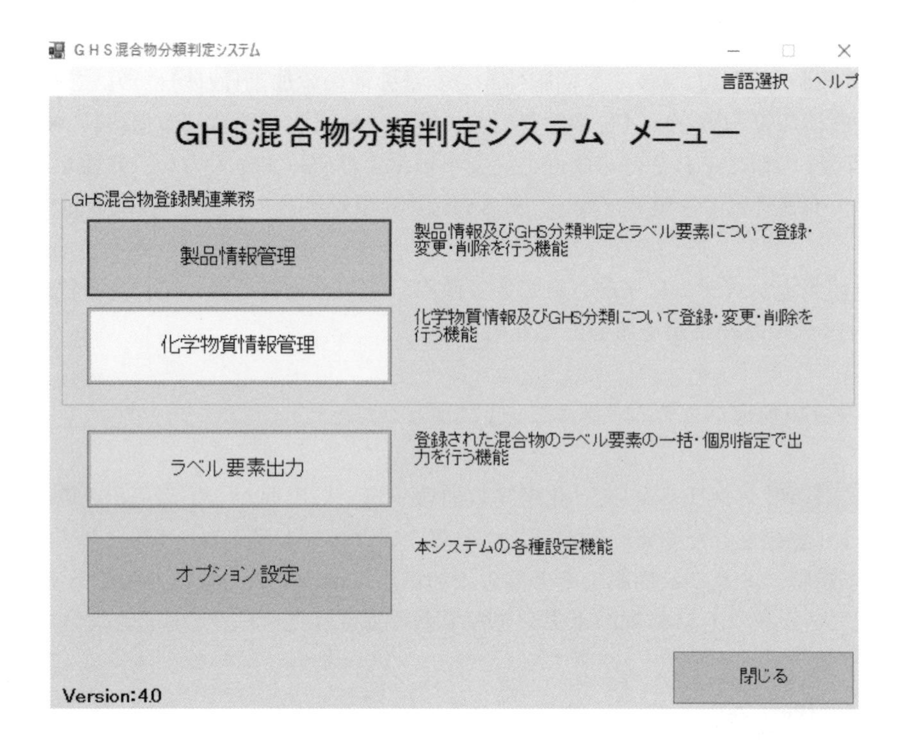

製品情報管理 をクリックすると、【製品情報一覧】が現れる。ここで製品名称「メラミンアルキド樹脂塗料」と入力する。

ＧＨＳ混合物分類判定システム
言語選択　ヘルプ
製品情報一覧
検索条件
製品番号　ユーザ管理番号
製品名称　メラミンアルキド樹脂塗料　部分一致　検索
CAS番号　含有率(%)　以下　クリア
(カンマで区切ることにより複数入力可能)
製品情報一覧

選択	詳細	製品番号	ユーザ管理番号	製品名称

一括選択　一括解除
メニュー　新規登録　変更　削除　コピー　インポート　エクスポート

新規登録 をクリックすると、【製品基本情報】の画面が現れる。

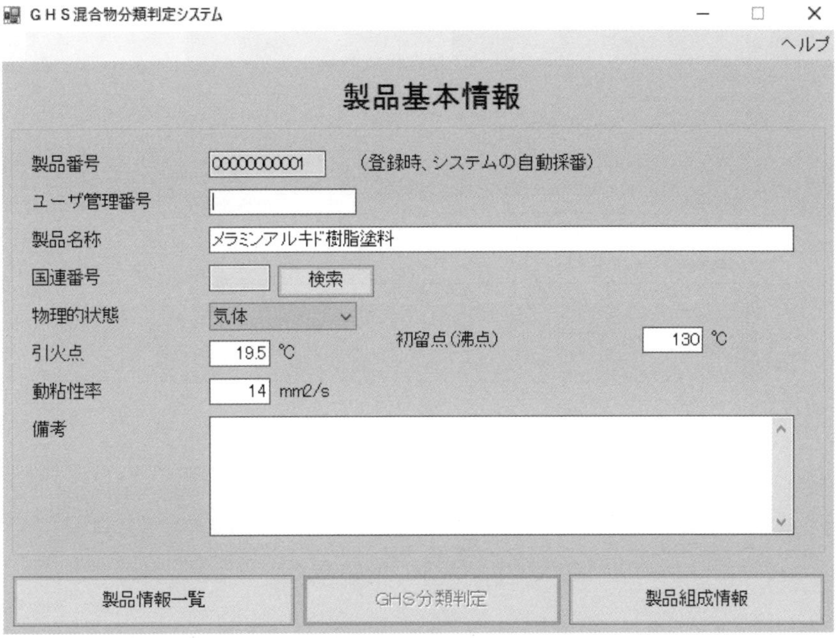

GHS混合物分類判定システム
ヘルプ
製品基本情報
製品番号 00000000001 （登録時、システムの自動採番）
ユーザ管理番号
製品名称 メラミンアルキド樹脂塗料
国連番号 検索
物理的状態 気体
初留点（沸点） 130 ℃
引火点 19.5 ℃
動粘性率 14 mm2/s
備考
製品情報一覧 GHS分類判定 製品組成情報

混合物（メラミンアルキド樹脂塗料）として判明している事項、データなどを入力する。

製品番号は自動的に登録された順に割り振られるが、ここでは「1」となっている（実際には自動的に11桁の番号として入る）。

製品名称は「メラミンアルキド樹脂塗料」、物理的状態の「液体」、引火点「19.5℃」、初留点「130℃」動粘性率の「14mm^2/s」を入力する（国連番号が付与されている場合には、国連番号の検索ボタンをクリックし、国連番号の4ケタの数字を入力する。入力欄の横の検索ボタンをクリックすると、品名や容器等級が表示されるので、最もふさわしいものにチェックを入れる。最後に確定ボタンを押す。本例題においては国連番号の入力は行わない）。

次に画面右下の 製品組成情報 をクリックする。
【製品組成情報】の画面が現れる。

最初の成分を入力する。

CAS RNは「6358-31-2」、化学物質名称は「ピグメントイエロー74」、出典は「慈英知恵巣」を入力し、検索ボタンをクリックすると、「化学物質情報一覧」の欄に、物質番号「00000003044」、CAS RNは「6358-31-2」、化学物質名称は「ピグメントイエロー74」が自動的に記載される。

次に、「化学物質情報一覧」に記載されたピグメントイエロー74の 選択 ボタンをクリックし、欄の下にある ↓追加 をクリックすると、この物質が組成一覧に移動する。

製品組成情報

製品番号 00000000001

製品名称 メラミンアルキド樹脂塗料

検索条件

CAS番号 6358-31-2 （カンマで区切ることにより複数入力可能）

化学物質名称 ピグメントイエロー74 部分一致 検索

出典 慈英知恵巣 クリア

化学物質情報一覧

選択	物質番号	CAS番号	化学物質名称	出典

↓追加

組成一覧

100%換算 クリア

	物質番号	CAS番号	化学物質名称	出典	含有率(%)	換算含有率(%)
削除	00000003044	6358-31-2	ピグメントイエロー74	慈英知…	0	

化学物質の追加 合計 0 % 0 %

製品基本情報 GHS分類判定

ピグメントイエロー74の含有率（%）に「6.0（実際には6と表示される。）」を挿入。同様に同じ画面で、ピグメントイエロー151、アルキド樹脂、メラミン樹脂、その他の添加剤については、出典を「慈英知恵巣」とし、またキシレン混合物、イソブタノール（イソブチルアルコール）、ミネラルスピリット、メチルエチルケトン、酸化チタン（ナノ粒子以外）については出典を「NITE」として、それぞれの物質を、ピグメントイエロー74の場合と同様に、【製品組成情報】の画面で「化学物質情報一覧」の欄から「組成一覧」に ↓追加 する。CAS RNをカンマで区切り複数入力することも可能であるが、この場合には出典が同じ（例えばNITEのみ）でなければならない。

またそれぞれの成分の含有率も入力する（含有率はすべての物質を追加した後でまとめて入力してもよい）。また、含有率の合計は100%でなければならない。100%にならない場合には「換算含有率」を用いて100%になるようにする。

化学物質名称がNITEデータベースと異なる場合には、検索がうまくいかない場合がある。この場合にはCAS RNのみで検索し、名称は後で確認してもよい。

次項画面の組成一覧ではピグメントイエロー151、キシレン、イソブチルアルコール、ミネラルスピリットのみ示されており、他の成分は隠れている。

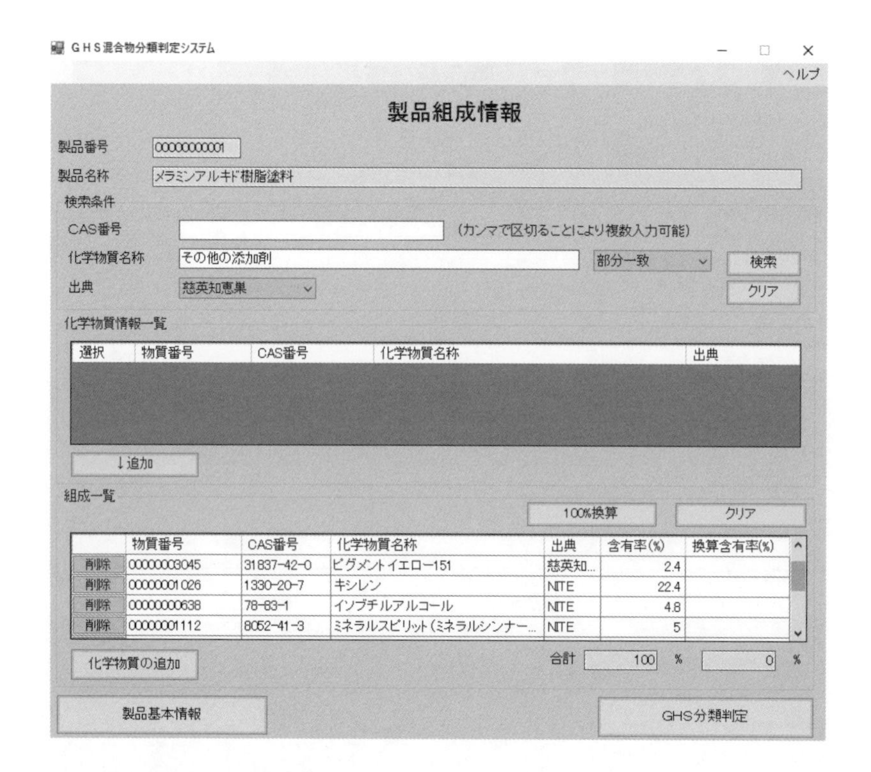

これで分類に必要なデータの入力はすべて終了した。

ここで、画面右下の GHS分類判定 をクリックする。しばらくして【GHS分類判定】の画面が現れる。ここで 分類実行 をクリックする。

物理化学的危険性については分類ができないというメッセージが出るので、はい をクリックする。メラミンアルキド樹脂塗料は、引火点19℃、初留点130℃であることから、引火性液体区分2と分類される。この分類結果を分類実行の前あるいは後で入力しておく必要がある。

「しばらくお待ちください」……の後、物理化学的危険性、健康有害性、環境有害性のすべてのクラスについての分類結果が現れる。

以下の画面は物理化学的危険性の分類結果：

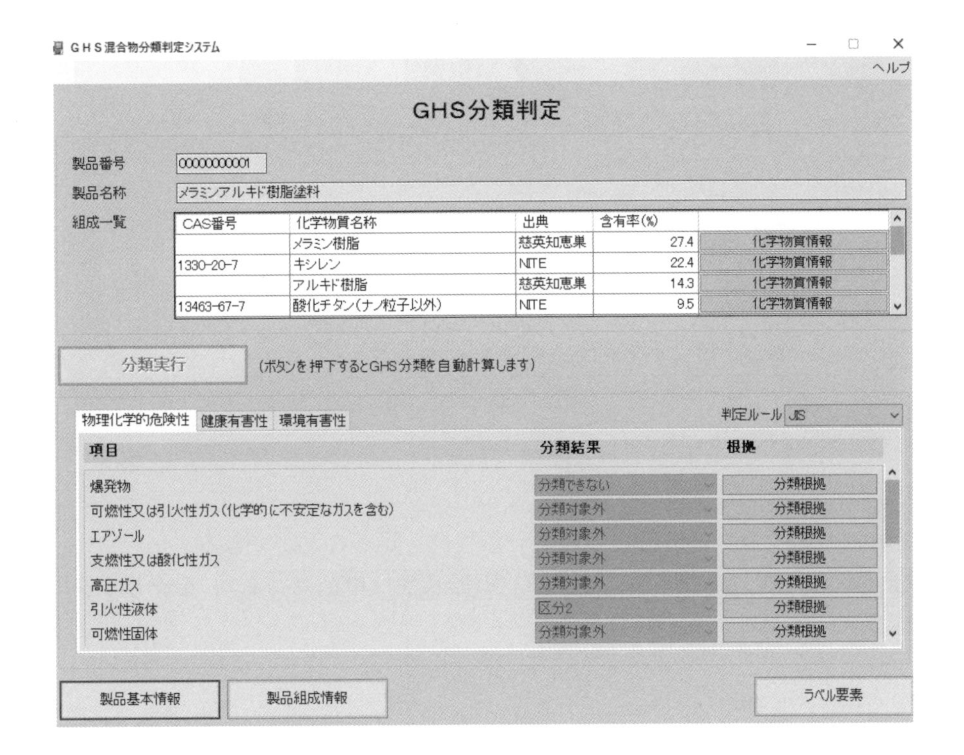

以下の画面は健康有害性の分類結果：

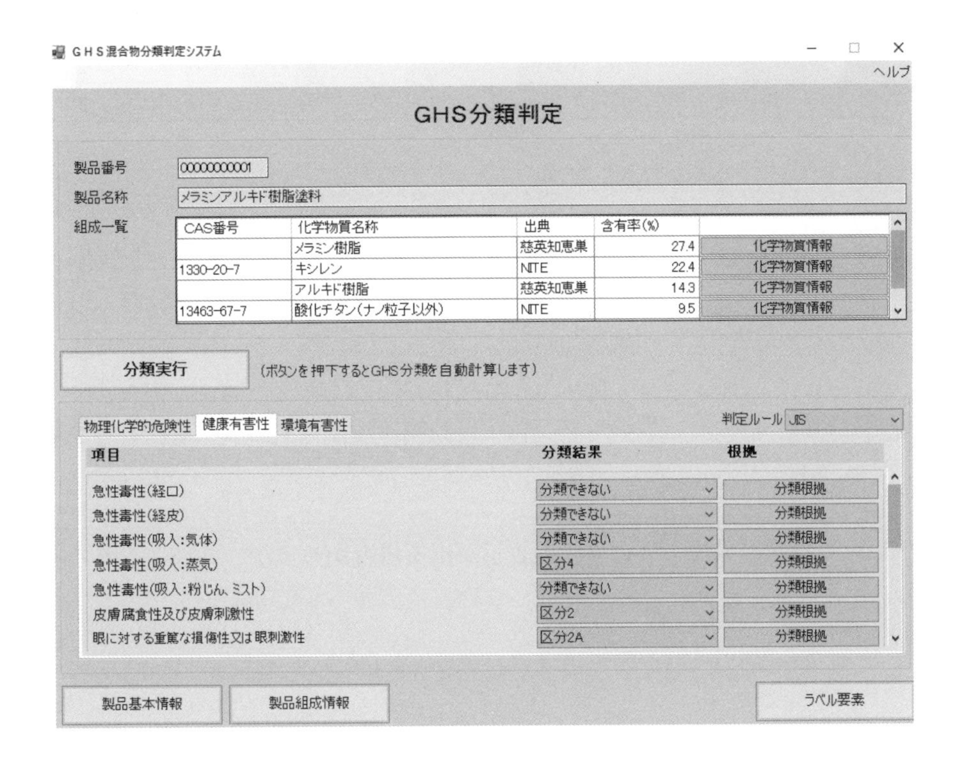

ここで、例えば「皮膚腐食性及び皮膚刺激性」の 分類根拠 をクリックすると、以下の画面が現れる。

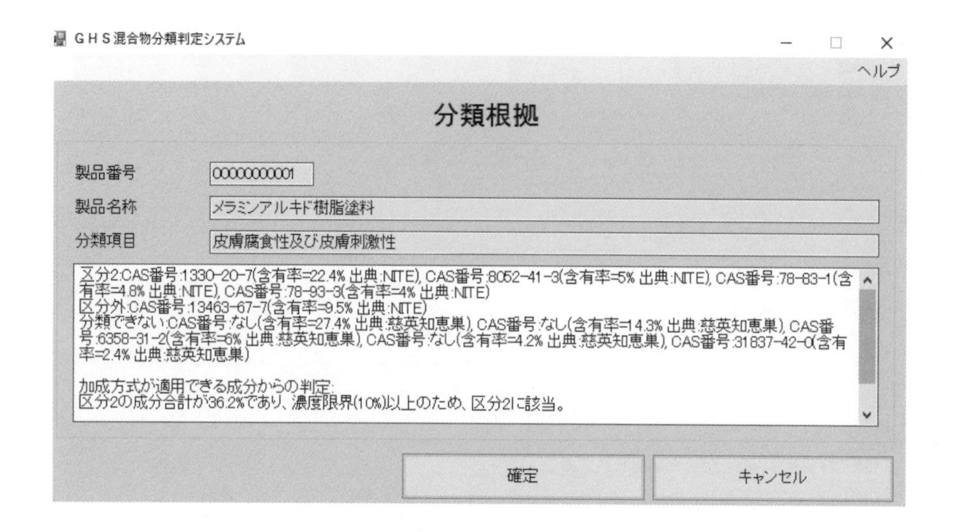

すなわちそれぞれのクラスの区分について分類根拠を見ることができる。

また、健康有害性 のタブに戻り 特定標的臓器毒性（単回ばく露） をクリックすると以下の画面が現れる。

ＧＨＳ混合物分類判定システム

ヘルプ

特定標的臓器毒性(単回ばく露)

製品番号　00000000001

製品名称　メラミンアルキド樹脂塗料

追加

	区分	臓器	ばく露経路
削除	区分3	麻酔作用	−
削除	区分1	中枢神経系	−
削除	区分1	呼吸器	−
削除	区分1	肝臓	−
削除	区分1	腎臓	−

確定　キャンセル

これらの分類根拠は、健康有害性のタブ、特定標的臓器毒性（単回ばく露）の 分類根拠 から得られる。

分類ソフトによる分類結果に「区分外」の表示が出る場合があるが、これは本書で用いた「区分に該当しない」と同義である。

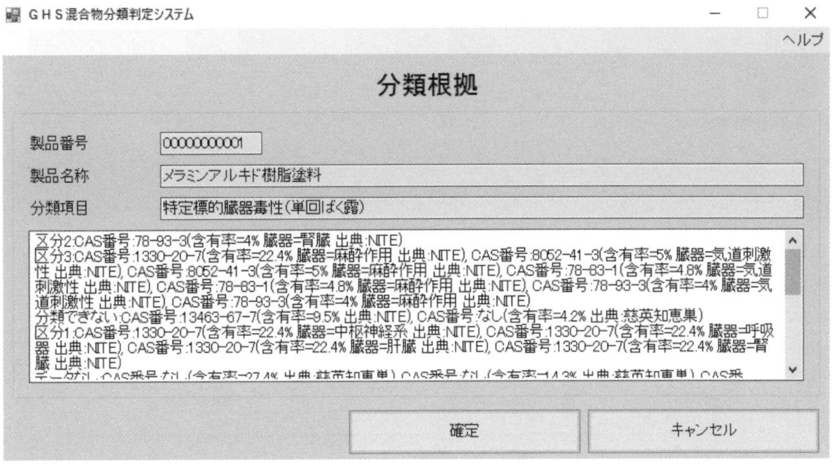

GHS混合物分類判定システム
ヘルプ

分類根拠

製品番号 00000000001
製品名称 メラミンアルキド樹脂塗料
分類項目 特定標的臓器毒性(単回ばく露)

区分2:CAS番号:78-93-3(含有率=4% 臓器=腎臓 出典:NITE)
区分3:CAS番号:1330-20-7(含有率=22.4% 臓器=麻酔作用 出典:NITE), CAS番号:8052-41-3(含有率=5% 臓器=気道刺激性 出典:NITE), CAS番号:8052-41-3(含有率=5% 臓器=麻酔作用 出典:NITE), CAS番号:78-83-1(含有率=4.8% 臓器=気道刺激性 出典:NITE), CAS番号:78-83-1(含有率=4.8% 臓器=麻酔作用 出典:NITE), CAS番号:78-93-3(含有率=4% 臓器=気道刺激性 出典:NITE), CAS番号:78-93-3(含有率=4% 臓器=麻酔作用 出典:NITE)
分類できない:CAS番号:13463-67-7(含有率=9.5% 出典:NITE), CAS番号:なし(含有率=4.2% 出典:慈英知恵巣)
区分1:CAS番号:1330-20-7(含有率=22.4% 臓器=中枢神経系 出典:NITE), CAS番号:1330-20-7(含有率=22.4% 臓器=呼吸器 出典:NITE), CAS番号:1330-20-7(含有率=22.4% 臓器=肝臓 出典:NITE), CAS番号:1330-20-7(含有率=22.4% 臓器=腎臓 出典:NITE)

確定 キャンセル

以下の画面は環境有害性の分類結果：

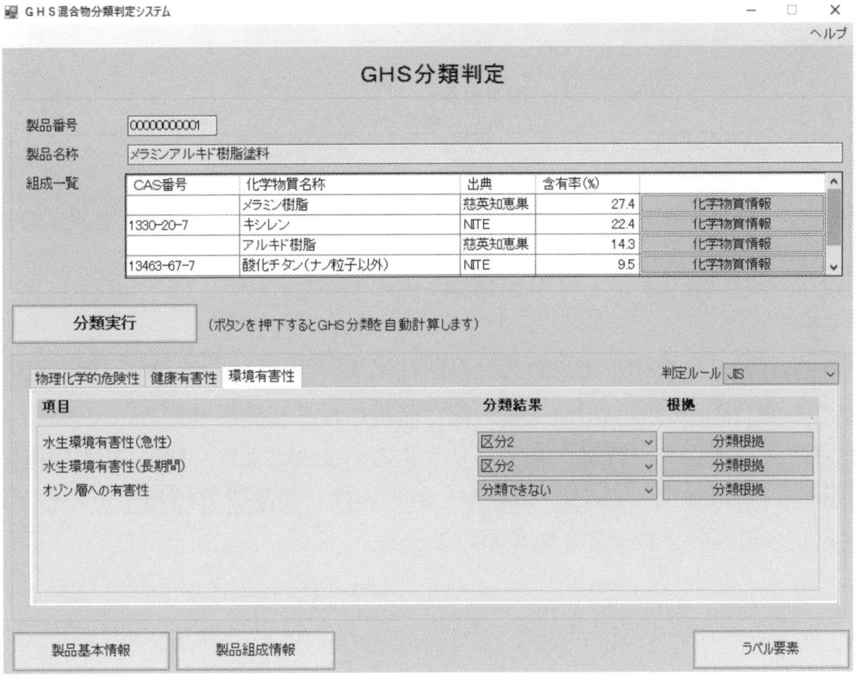

GHS混合物分類判定システム
ヘルプ

GHS分類判定

製品番号 00000000001
製品名称 メラミンアルキド樹脂塗料
組成一覧

CAS番号	化学物質名称	出典	含有率(%)	
	メラミン樹脂	慈英知恵巣	27.4	化学物質情報
1330-20-7	キシレン	NITE	22.4	化学物質情報
	アルキド樹脂	慈英知恵巣	14.3	化学物質情報
13463-67-7	酸化チタン(ナノ粒子以外)	NITE	9.5	化学物質情報

分類実行 (ボタンを押下するとGHS分類を自動計算します)

物理化学的危険性 健康有害性 環境有害性　　判定ルール JIS

項目	分類結果	根拠
水生環境有害性(急性)	区分2	分類根拠
水生環境有害性(長期間)	区分2	分類根拠
オゾン層への有害性	分類できない	分類根拠

製品基本情報 製品組成情報 ラベル要素

GHS分類判定の画面中央右端に「判定ルール」の窓があるが、これは搭載されているデータを国連勧告GHSに基づいて分類するか、またはJISに基づいて分類するかを選択するものである。今回はJISに基づいた結果である。

これで分類作業は完了した。

【GHS分類判定】の画面に戻って、画面右下の ラベル要素 をクリックすると、【ラベル要素】の画面が現れる。

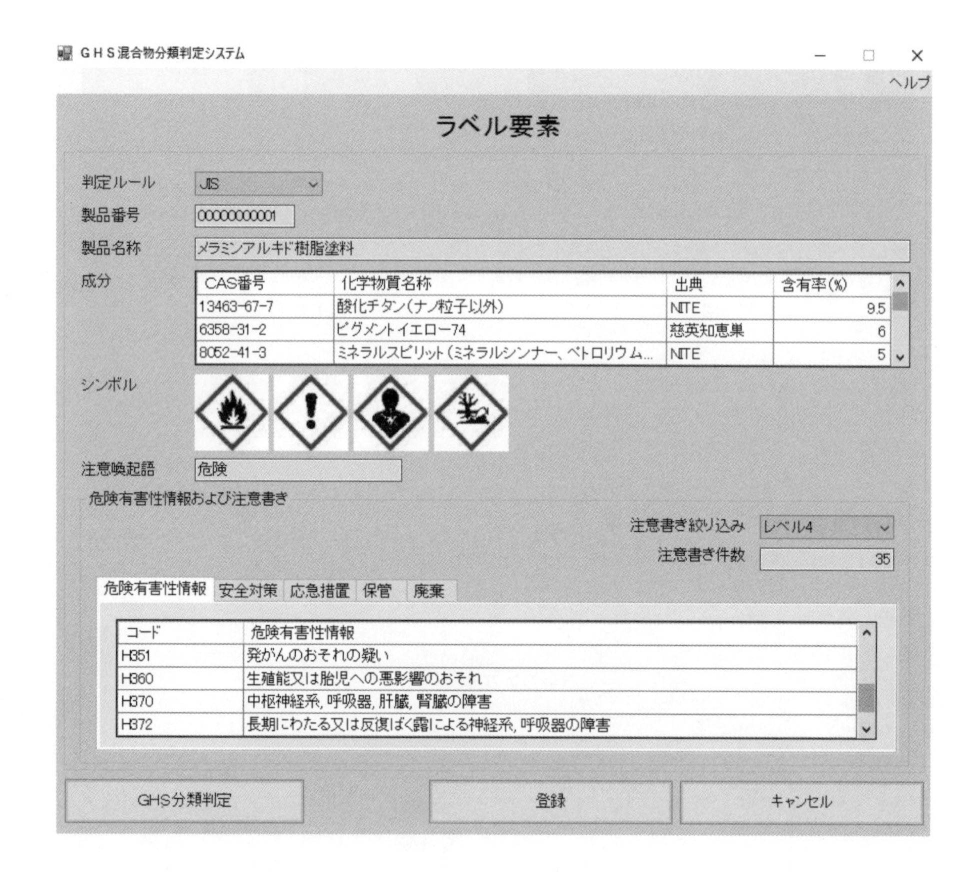

登録 をクリックし、はい として分類結果を確定させる。

分類判定を行い登録した情報を再度見る場合には メニュー から 製品情報管理 をクリックし【製品情報一覧】画面の製品情報一覧の欄に記載される製品番号あるいは製品名称を確認して 選択 にチェックをいれ、詳細 をクリックする。これにより【製品基本情報】画面が現れる。この画面の下部にある GHS分類判定 あるいは 製品成分情報 から必要な情報を得る（詳細は判定システムのマニュアルを参照のこと）。

以上からGHS混合物分類判定システムによる分類結果は次表のようになる。

メラミンアルキド樹脂塗料の分類ソフトによる結果

危険性・有害性	分類ソフト区分
引火性液体	2
急性毒性（吸入）	4
皮膚腐食性／刺激性	2
眼に対する重篤な損傷性／眼刺激性	2A
発がん性	2
生殖毒性	1B
特定標的臓器毒性（単回ばく露） 区分1－中枢神経系、呼吸器系、肝臓、 腎臓、区分3－麻酔作用	1、3
特定標的臓器毒性（反復ばく露） 区分1－神経系、呼吸器	1
誤えん有害性	1
水生環境有害性短期（急性）	2
水生環境有害性長期（慢性）	2

以上、「GHS混合物分類判定システム」を使用した最小限の操作を説明した。

詳細なシステムの操作は「GHS混合物分類判定システムの操作説明書（Ver.4.0）（日本語版）」に記載されている。これはシステムのダウンロードと同様に下記サイトにある。

http://www.meti.go.jp/policy/chemical_management/int/ghs_auto_classification_tool_ver4.html

実際の分類作業にかかわる場合には、データの変更や保存さらに確認などさまざまな操作が必要になるが、これらの操作は本書の演習では説明しなかった。各自試行錯誤してマスターすることを勧める。

分類ソフトによる分類と第5部で行った「マニュアル分類の区分」（有害性）を比較すると以下の表のようになる。

メラミンアルキド樹脂塗料の分類ソフトおよびマニュアル分類による結果の比較

有害性	分類ソフト区分	マニュアル分類区分
急性毒性（吸入）	4	4
皮膚腐食性／刺激性	2	2
眼に対する重篤な損傷性／眼刺激性	2A	1
発がん性	2	2
生殖毒性	1B	1B
特定標的臓器毒性（単回ばく露）	1、3	1、3
特定標的臓器毒性（反復ばく露）	1	1
誤えん有害性	1	1
水生環境有害性短期（急性）	2	2
水生環境有害性長期（慢性）	2	2

マニュアル分類（第5部）による区分と分類ソフトによる区分は、眼に対する重篤な損傷性／眼刺激性で異なっている。これはイソブタノールの分類根拠となったデータが異なることによる。マニュアル分類で使用したデータは2018年8月時点でNITEのホームページに公表されていたものであり、分類ソフトに搭載されているデータは2018年5月時点のものである。
これらの分類根拠の違いを以下に示す。

イソブタノールの眼に対する重篤な損傷性／眼刺激性に関する分類根拠の違い

マニュアル分類で使用したデータ （2018年8月時点）	ソフト分類で使用したデータ （2018年5月時点）
液体をヒトに適用した例はないが、本物質及び酢酸ブチルを含む被覆剤を製造していた工場労働者8人に、重度の結膜刺激の後に角膜上皮における空胞形成で視覚障害を生じたとの報告や、ウサギを用いた眼刺激性試験で、軽度から中等度の角膜損傷、虹彩炎、重度の結膜刺激を生じ、適用後21日目でも軽度の結膜発赤がみられたとの記述から、区分1とした	ヒトへの蒸気ばく露で眼刺激性および角膜の変化が見られた。ウサギを用いた試験で21日後も軽度な結膜発赤が見られた。以上から区分2とした

国、機関、企業、分類者による分類結果の違いはよくあるものと考えなければならない。その原因としては情報源の違い、調査・実験結果の解釈の違い、カットオフ値／濃度限界への対応の違いなどさまざまであり、分類結果に絶対的な正解はないともいえる。
分類および表示において重要なことは分類根拠であり、分類および表示のプロセスを明確に示すことができるようにしておくことである。

＜分類ソフトに関する注意点＞

- 物理化学的危険性については、基本的にツールではできない。ただし、国連番号が入力されていれば、それを元に物理化学的危険性の分類結果が表示されるケースもあるので、利用者の責任において物理化学的危険性の分類結果を確認し、必要に応じて修正する。
  例）国連番号 0495（クラス1）　→　爆発物 等級1.3
  　　国連番号3114（クラス5.2）　→　有機過酸化物 タイプC
- 健康／環境有害性については、国連番号が入力されていても分類には一切使われない。製品データもしくは成分情報で分類した結果が表示される。
  例）国連番号2810（クラス6.1）容器等級Ⅲ　→　急性毒性区分3になるとは限らない
- 急性毒性と水生環境有害性における加算式では、「区分に該当しない」とされた物質の毒性値は加算式の右辺には組み込まれない（使われない）。ただし、未知成分ではないため、左辺では 区分に該当しない物質の％も加算している。

【分類ソフトによる混合物の練習問題】
分類ソフトを用いてポリウレタン樹脂塗料主剤について分類しなさい。
物理化学的性状：白色の有機溶剤臭のある液体、比重1.20、引火点12.0℃、初留点77～156℃、40℃動粘性率20.5mm²/s以下

ポリウレタン樹脂塗料主剤の成分表

成分名	含有率（重量%）	CAS RN
アクリル樹脂（固形）	30.0	9003-01-4
酸化チタン	20.0	13463-67-7
トルエン	10.0	108-88-3
酢酸ブチル	15.0	123-86-4
酢酸エチル	8.0	141-78-6
メチルイソブチルケトン	10.0	108-10-1
エチレングリコールモノエチルエーテルアセテート	5.0	111-15-9
その他の添加剤（液体）（有害性は分類できない）	2.0	-

＜解答は218頁＞

練習問題・解答

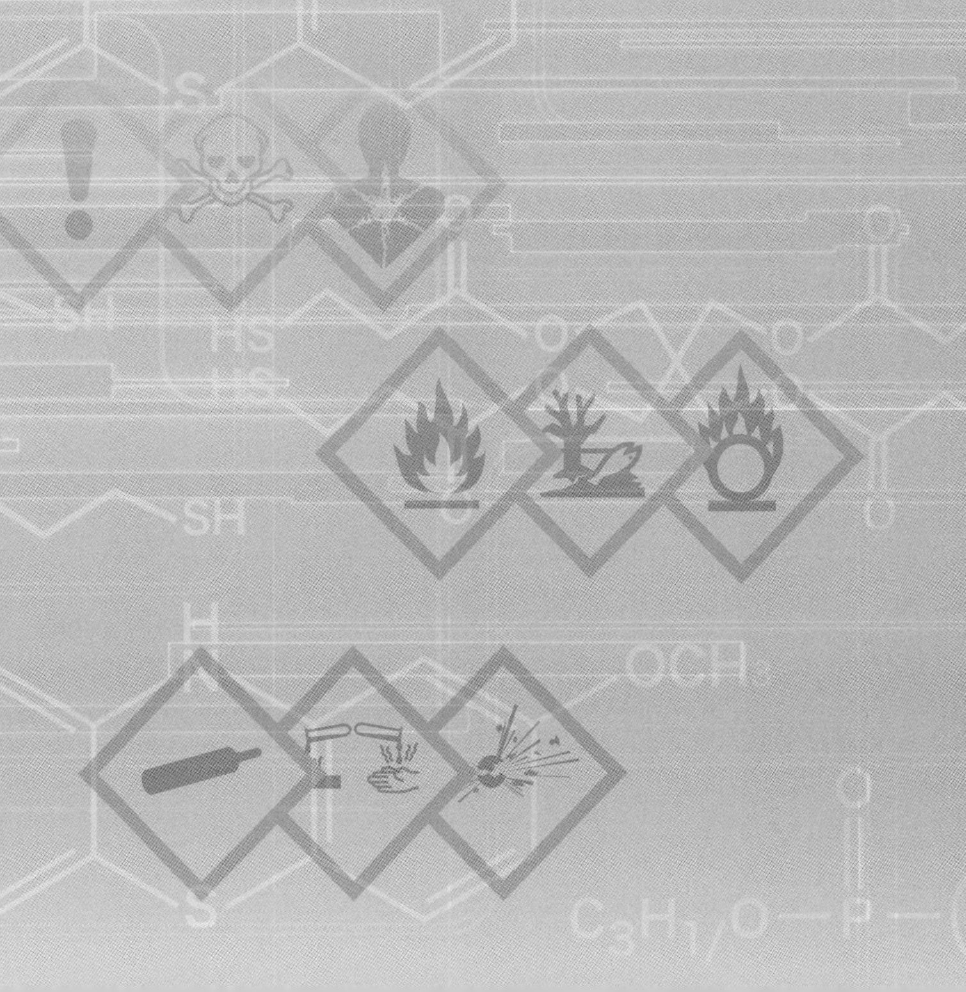

練習問題・解答

【可燃性ガスの練習問題】

あるガスの試験データは次のとおりである。GHSの判定基準にしたがって分類しなさい。

試験結果：

沸点：－42℃

燃焼範囲：空気中2.2 ～ 11％（20℃、101.3 kPa）

〈解答〉

- 当該物質はガスである。
- ガスの常温・常圧での空気中での燃焼範囲（2.2 ～ 11％）は13％以下であるので、区分1Aの基準を満たす。
- 燃焼範囲の下限が6％を超えておらず、燃焼速度も不明であるので、区分1Bには該当しない。

分類結果：可燃性ガス　区分1A

【高圧ガスの演習問題】

酸素：　CAS RN 7782-44-7、国連番号1072（圧縮されているもの）
国連番号1073（深冷液化されているもの）

データ・判定根拠：

物理化学的性状：無臭・無色の気体、沸点－182.96℃、臨界温度－118.95℃

オレンジブックのリストでは1072・1073とも“クラスまたは区分”の項に“2.1”、“副次危険”の項に“5.1”と記載されている。品名が参考にできる。

〈解答〉

分類結果

【UN1072】の場合

- －50℃で完全にガス、臨界温度－50℃以下。高圧ガス容器に圧縮された状態で封入されている。品名に（圧縮）と書かれている。

分類結果：圧縮ガス

【UN1073】の場合

- 深冷液化ガス用の容器に充填した酸素が、低温のために部分的に液体（液体酸素）である。品名に（深冷液化）と書かれている

分類結果：深冷液化ガス

【引火性液体の練習問題】

ある液体の試験データは次のとおりである。GHSの判定基準にしたがって分類しなさい。

試験結果：

融点：－95℃

常圧での初留点：56℃
引火点：－18℃

Ⓐ〈解答〉
・引火点が23℃未満、初留点が35℃超である。
分類結果：引火性液体　区分2

【可燃性固体の練習問題】
ある固体（有機物）の試験データは次のとおりである。GHSの判定基準にしたがって分類しなさい。
試験結果：
スクリーニング試験：火炎により2分未満で燃焼、陽性
N.1 試験結果：
燃焼時間（6回）：44秒、40秒、49秒、45秒、37秒、41秒
湿潤部分で燃焼は停止

Ⓐ〈解答〉
・スクリーニング試験で陽性結果。
・燃焼時間6回の平均は43秒で45秒以未満（金属粉末以外の物質）であり、燃焼が湿潤部分で止まった。
分類結果：可燃性固体　区分2

【自然発火性液体の練習問題】
ある液体の試験データは次のとおりである。GHSの判定基準にしたがって分類しなさい。
N.3 試験結果：
不活性担体での試験：室温で試料を6回シリカゲル上で5分間空気に接触させたが、一度も発火しなかった。
ろ紙による試験：3回試験を行ったが、一度も発火しなかった。

Ⓐ〈解答〉
・N.3試験結果が陰性なので、
分類結果：自然発火性液体　区分に該当しない

【自然発火性固体の練習問題】
ある固体の試験データは次のとおりである。GHSの判定基準にしたがって分類しなさい。
N.2 試験結果：
試料を5回落下させ、5分間空気と接触させた。最初の4回は5分以内には発火しなかった。しかし5回目の落下で粉末は4分45秒後に発火した。

〈解答〉

・N.2試験結果が陽性なので、自然発火性固体の区分1

分類結果：自然発火性固体　区分1

【水反応可燃性物質および混合物の練習問題】

ある物質の試験データは次のとおりである。GHSの判定基準にしたがって分類しなさい。

N.5試験結果：

試料を、室温で7時間、水と接触させた。可燃性ガスの発生は最大で1時間、1kg当たり15リットルであった。このガスは自然発火しなかった。

〈解答〉

・発生したガスが自然発火性ではないこと、および、どの1分間をとっても10 l/kgの発生ではないことから、区分1には該当しない。

・可燃性ガスの発生が20 l/kg/hrに達していないことから、区分2には該当しない。

・可燃性ガスの発生が10 l/kg/hrを超えていることから、水反応可燃性物質および混合物区分3

分類結果：水反応可燃性物質　区分3

【酸化性液体の練習問題】

ある液体の試験データは次のとおりである。GHSの判定基準にしたがって分類しなさい。

O.2試験結果：

試料の液体2.5gをセルロース2.5gと混合した。混合物を熱して、圧力が690kPaから2070kPaに上昇する時間を測定したところ、5回の試行の平均時間は4,210秒であった。
硝酸65％水溶液とセルロースの標準試料の平均昇圧時間の5回平均は4,767秒である。
塩素酸ナトリウム40％水溶液とセルロースの標準試料の平均昇圧時間の5回平均は4,050秒である。

〈解答〉

・O.2試験結果から、区分2の判定基準には該当せず、区分3の判定基準に該当する。

分類結果：酸化性液体　区分3

【急性毒性の練習問題1】

ある芳香族アミンの毒性データは次のとおりである。GHSの判定基準にしたがって分類しなさい。

試験結果：

動物試験データ：LD_{50}（ラット経皮）＞2,000mg/kg体重

ヒトでの経験：比較的低用量での経皮ばく露で多くの致命的毒性報告（200～1,000mg/kg体重）

〈解答〉

・ヒトのデータが動物実験データより優先される。

分類結果：急性毒性（経皮）区分3

【急性毒性の練習問題2】

ある物質（固体）の毒性データは次のとおりである。GHSの判定基準にしたがって分類しなさい。

試験結果：

・ラットでの吸入ばく露試験データ（OECD403）：1時間ばく露（粉じん）でのデータLC_{50} 3mg/l

〈解答〉

・急性吸入毒性区分（粉じん）は基本的に4時間のばく露を基準としているので、得られたデータを4時間ばく露に換算する。

・LC_{50}（4時間）＝LC_{50}（1時間）/4；（3mg/l）/4＝0.75mg/l

分類結果：急性毒性（粉じん）区分3

【皮膚腐食性／刺激性の練習問題】

ある物質の毒性データは次のとおりである。GHSの判定基準にしたがって分類しなさい。

試験結果：

・試験物質が1時間3分ウサギに適用された後、瘢痕および他の不可逆的影響は見られなかった

・3羽のウサギにおける4時間適用後のスコアは以下のとおりであった。

紅斑／痂疲：2.7、3、0.66

浮腫：1.7、2、1

〈解答〉

・皮膚組織の壊死等はみられなかった。

・3羽のうち2羽で紅斑／痂疲の平均スコアが2.3を超えていた。

分類結果：皮膚刺激性　区分2

【眼に対する重篤な損傷性／眼刺激性の練習問題1】

ある物質の毒性データは次のとおりである。GHSの判定基準にしたがって分類しなさい。

試験結果：

・OECDテストガイドライン405にしたがって、3羽のウサギの眼に試験物質を適用し、試験物質滴下後24、48および72時間におけるそれぞれの病変の、平均スコア計算値がそれぞれ以下のようであった。

角膜の混濁：2、2、1.3

虹彩炎：1、1、1
結膜発赤：2、1、1
結膜浮腫：3、1.7、2.3
可逆性：影響は可逆的

Ⓐ〈解答〉

- 角膜の混濁 ≥1（全ウサギ）
- 虹彩炎 ≥1（全ウサギ）
- 結膜発赤 ≥2（1羽のウサギ）
- 結膜浮腫 ≥2（2羽のウサギ）
- 上記すべての影響が可逆的であった。

分類結果：眼刺激性　区分2

【眼に対する重篤な損傷性／眼刺激性の練習問題2】

ある物質は脂肪族第二級アミンで、試験結果等は以下のとおりである。GHSの判定基準にしたがって分類しなさい。

試験結果等：

- 試験データはない。
- 当該物質は、皮膚腐食性のある同様の構造を持つ物質と構造活性相関（SAR）があると専門家判断がなされている。

Ⓐ〈解答〉

- SARを勘案した専門家判断を採用して区分1とした。

分類結果：重篤な眼に対する損傷性　区分1

【皮膚感作性の練習問題】

ある物質の動物試験結果は以下のとおりである。GHSの判定基準にしたがって分類しなさい。

試験結果：

局所リンパ節検査：EC（刺激指標）3値＝0.5％
モルモットマキシマイゼーション試験：皮内投与量0.375％で70％の陽性反応

Ⓐ〈解答〉

- 「局所リンパ節検査：EC3値＝0.5％」は細区分1Aの「EC3値 ≦2%」の基準を満たす。
- 「モルモットマキシマイゼーション試験：皮内投与量0.375％で70％の陽性反応」は細区分1Aの「皮内投与量 >0.1 %、≦1%で、≧60% の反応」の基準を満たす。

分類結果：皮膚感作性　区分1（細区分1A）

【水生環境有害性の練習問題】

1,1-ジクロロエタン（CAS RN 75-34-3）の水生環境有害性に関するデータは以下のとおりである。GHSの判定基準にしたがって分類しなさい。

構造式：$C_2H_4Cl_2$

物理科学的性状：特徴的な臭気（クロロホルム類似）を持つ無色の液体、融点－97.6℃、沸点 57.4℃、n-オクタノール／水分配係数 logKow 1.79

試験結果：

・急速分解性はない（ハロゲン化脂肪族炭化水素は一般的に生分解しにくいと考えられており、異性体である1,2-ジクロロエタンのBODによる分解度は0%とある）。
・難水溶性ではない（水溶解度=5,040mg/l）
・甲殻類（オオミジンコ）の48時間EC_{50} = 34.3mg/l
・甲殻類（オオミジンコ）の21日間NOEC = 0.525mg/l
・魚類（メダカ）の96時間LC_{50} >112mg/l

Ⓐ〈解答〉

分類結果：水生環境有害性区分　急性3、慢性2

【分類ソフトによる混合物の練習問題】

分類結果：

・物理化学的危険性
　引火性液体　区分2
・健康に対する有害性
　急性毒性（吸入）　区分4
　皮膚刺激性　区分2
　眼に対する刺激性　区分2B
　発がん性　区分2
　生殖毒性　区分1A、授乳に対するまたは授乳を介した影響
　特定標的臓器毒性（単回ばく露）（カットオフ値／濃度限界を10%とした場合）
　　区分1（中枢神経系）、区分2（血液系）、区分3（気道刺激性、麻酔作用）
　特定標的臓器毒性（反復ばく露）（カットオフ値／濃度限界を10%とした場合）
　　区分1（中枢神経系、腎臓）、区分2（血液系、精巣）
　誤えん有害性　区分1
・環境有害性
　水生環境有害性区分　急性3

資料

定義および略語（GHS改訂8版　第1.2章）

分類および表示のまとめ（GHS改訂8版　附属書1）

分類に結び付かない他の危険有害性に関する手引書
（GHS改訂8版　附属書11）

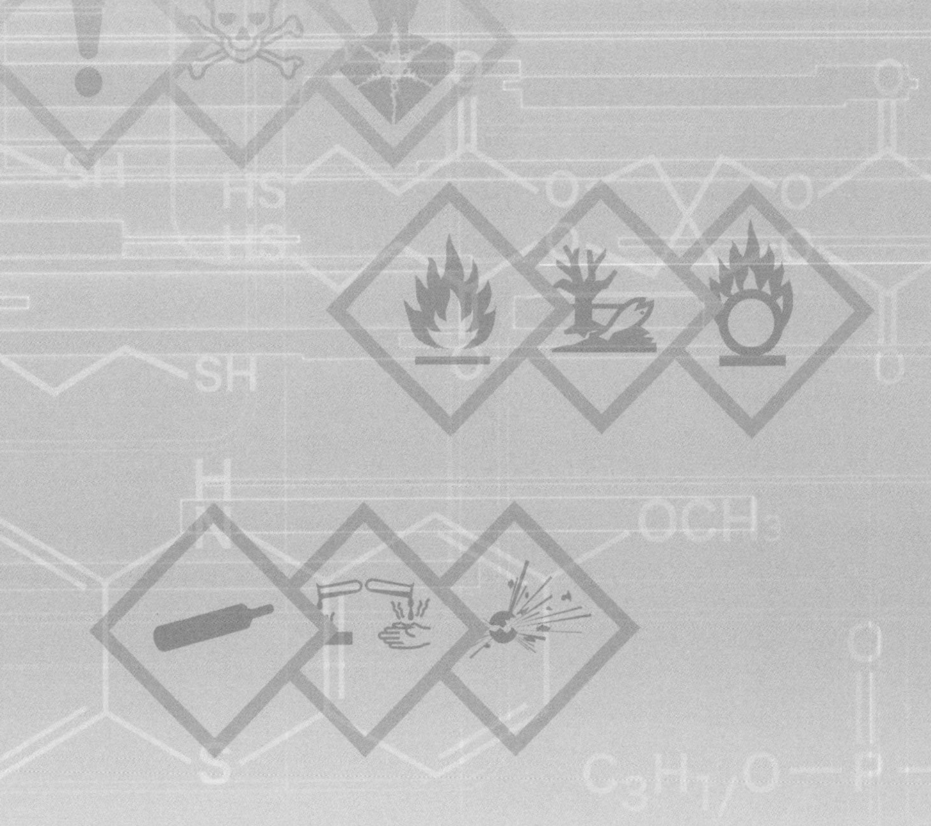

化学品の分類および表示に関する世界調和システム（GHS）抜粋

用語の定義

第1部　序
第1.2章
定義および略語（抜粋）

GHSの目的のため：

ADRとは、道路での危険物の国際輸送に関する欧州協定（European Agreement Concerning the International Carriage of Dangerous Goods by Road）改訂版をいう。

合金（Alloy）とは、機械的手段で容易に分離できないように結合した二つ以上の元素から成る巨視的にみて均質な金属体をいう。合金は、GHSによる分類では混合物とみなされる。

誤えん（Aspiration）とは、液体または固体の化学品が口または鼻腔から直接、または嘔吐によって間接的に、気管および下気道へ侵入することをいう。

ASTMとは、「米国材料試験協会」（American Society of Testing and Material）をいう。

BCFとは、「生物濃縮係数」（Bioconcentration factor）をいう。

BOD/CODとは、「生物化学的酸素要求量／化学的酸素要求量」（Biochemical oxygen demand/chemical oxygen demand）をいう。

CAとは、所管官庁（Competent authority）をいう。

発がん性物質（Carcinogen）とは、がんを誘発し、またはその発生頻度を増大させる物質または混合物をいう。

CASとは、「ケミカル・アブストラクツ・サービス」（Chemical Abstract Service）をいう。

CBIとは、「営業秘密情報」（Confidential business information）をいう。

化学的特定名（Chemical identity）とは、化学品を一義的に識別する名称をいう。これは、国際純正応用化学連合（IUPAC）またはケミカル・アブストラクツ・サービス（CAS）の命名法にしたがう名称、あるいは専門名を用いることができる。

化学的に不安定なガス（Chemically unstable gas）とは、空気や酸素がない状態でも爆発的に反応しうる可燃性／引火性ガスをいう。

所管官庁（Competent authority）とは、化学品の分類および表示に関する世界調和システム（GHS）に関連して、所管機関として指定または認定された国家機関、またはその他の機関をいう。

圧縮ガス（Compressed gas）とは、加圧充填によって－50℃で完全にガス状であるガスをいう。これには、臨界温度が－50℃以下のすべてのガスも含まれる。

金属腐食性（Corrosive to metal）とは、化学反応によって金属を実質的に損傷、または破壊する物質または混合物をいう。

臨界温度（Critical temperature）とは、その温度を超えると圧縮の程度に関係なく、純粋なガスを液化できない温度をいう。

鈍性化爆発物（Desensitized explosives）とは、大量爆発や非常に急速な燃焼をしないように、爆発性を抑制するために鈍性化され、したがって危険性クラス「爆発物」から除外されている、固体または液体の爆発性物質あるいは混合物をいう（2.1章を参照；パラグラフ2.1.2.2の注記2

も参照)。

溶解ガス（Dissolved gas）とは、加圧充填によって液相溶媒中に溶解しているガスをいう。

粉塵（Dust）とは、ガス（通常空気）の中に浮遊する物質または混合物の固体の粒子をいう。

EC_{50}とは、ある反応を最大時の50%に減少させる物質の濃度をいう。

EC番号または（ECN）とは、特に、EINECSに登録された危険有害物質を特定するために、欧州委員会により用いられる参照番号をいう。

ECOSOCとは、国連経済社会理事会(Economic and Social Council of the United Nations)をいう。

ECxとは、x%の反応を示す濃度をいう。

EINECSとは、「欧州既存商業化学物質インベントリー」(European Inventory of Existing Commercial Chemical Substances）をいう。

ErC_{50}とは、生長阻害の観点からみたEC_{50}をいう。

EUとは、「欧州連合」（European Union）をいう。

爆発性物品（Explosive article）とは、単一または複数の爆発性物質を含む物品をいう。

爆発性物質（Explosive substance）とは、それ自体が化学反応によって周囲に被害を与えるような温度、圧力、速度を伴うガスを発生しうる固体または液体の物質（もしくは混合物）をいう。火工物質は、ガスを発生しない場合であってもこれに含まれる。

可燃性ガス（Flammable gas）とは、20℃、標準気圧101.3kPaにおいて空気との混合気が燃焼範囲（爆発範囲）を有するガスをいう。

引火性液体（Flammable liquid）とは、引火点が93℃以下の液体をいう。

可燃性固体（Flammable solid）とは、容易に燃焼するかまたは摩擦によって発火もしくは発火を誘発する固体をいう。

引火点（Flash point）とは、一定の試験条件の下で任意の液体の蒸気が発火源により発火する最低温度をいう（標準気圧101.3kPaでの温度に換算）。

FAOとは、国連食糧農業機関（Food and Agriculture Organization of the United Nations）をいう。

ガス（Gas）とは、(i) 50℃で300kPa（絶対圧）を超える蒸気圧を有する物質、または (ii) 101.3kPaの標準気圧、20℃において完全にガス状である物質をいう。

GESAMPとは、IMO/FAO/UNESCO/WMO/WHO/IAEA/UN/UNEPの「海洋環境保護の科学的事項に関する専門家合同グループ」(Joint Group of Experts on the Scientific Aspects of Marine Environmental Protection of IMO/FAO/UNESCO/WMO/WHO/IAEA/UN/UNEP）をいう。

GHSとは、「化学品の分類および表示に関する世界調和システム」（Globally Harmonized System of Classification and Labelling of Chemicals）をいう。

危険有害性区分(Hazard category)とは、各危険有害性クラス内の判定基準の区分をいう。例えば、経口急性毒性には五つの有害性区分があり、引火性液体には四つの危険性区分がある。これらの区分は危険有害性クラス内で危険有害性の強度により相対的に区分されるもので、より一般的な危険有害性区分の比較とみなすべきでない。

危険有害性クラス（Hazard class）とは、可燃性固体、発がん性物質、経口急性毒性のような、物理化学的危険性、健康または環境有害性の種類をいう。

危険有害性情報（Hazard statement）とは、危険有害性クラスおよび危険有害性区分に割り当てられた文言であって、危険有害な製品の危険有害性の性質を、該当する程度も含めて記述する

文言をいう。

IAEA とは、「国際原子力機関」(International Atomic Energy Agency) をいう。

IARC とは、「国際がん研究機関」(International Agency for the Research on Cancer) をいう。

ILO とは、「国際労働機関」(International Labour Organization) をいう。

IMO とは、「国際海事機関」(International Maritime Organization) をいう。

初留点 (Initial boiling point) とは、ある液体の蒸気圧が標準気圧 (101.3kPa) に等しくなる、すなわち最初にガスの泡が発生する時点での液体の温度をいう。

IOMC とは、「化学品の適正な管理に関する国際機関間プログラム」(Inter-organization Programme on the Sound Management of Chemicals) をいう。

IPCS とは、「国際化学品安全性計画」(International Programme on Chemical Safety) をいう。

ISO とは、「国際標準化機構」(International Organization for Standardization) をいう。

IUPAC とは、「国際純正応用化学連合」(International Union of Pure and Applied Chemistry) をいう。

ラベル (Label) とは、危険有害な製品に関する書面、印刷またはグラフィックによる情報要素のまとまりであって、目的とする部門に対して関連するものが選択されており、危険有害性のある物質の容器に直接、あるいはその外部梱包に貼付、印刷または添付されるものをいう。

ラベル要素 (Label element) とは、ラベル中で使用するために国際的に調和されている情報、例えば、絵表示や注意喚起語をいう。

LC_{50} (50% 致死濃度) とは、試験動物の50%を死亡させる大気中または水中における試験物質濃度をいう。

LD_{50} とは、一度に投与した場合、試験動物の50%を死亡させる化学品の量をいう。

L (E) C_{50} とは、LC_{50} または EC_{50} をいう。

液化ガス (Liquefied gas) とは、加圧充填された場合に温度－50℃以上において一部が液状であるようなガスをいう。以下の両者については区別をする。

(i)　高圧液化ガス：－50℃以上+65℃以下の臨界温度を有するガス

(ii)　低圧液化ガス：＋65℃を超える臨界温度を有するガス

液体 (Liquid) とは、50℃において300kPa (3bar) 以下の蒸気圧を有し、20℃、標準気圧101.3kPaでは完全にガス状ではなく、かつ、標準気圧101.3kPaにおいて融点または融解が始まる温度が20℃以下の物質をいう。固有の融点が特定できない粘性の大きい物質または混合物は、ASTMのD4359－90試験を行うか、または危険物の国際道路輸送に関する欧州協定 (ADR) の附属文書Aの2.3.4節に定められている流動性特定のための (針入度計) 試験を行わなければならない。

試験方法および判定基準に関するマニュアル (Manual of Tests and Criteria) とは、このタイトルを持つ国際連合の出版物の最新改訂版および公表されたこれへの修正をいう。

MARPOL とは、「船舶による汚染の防止のための国際条約」(International Convention for the Prevention of Pollution from Ships) をいう。

ミスト (Mist) とは、ガス (通常空気) の中に浮遊する物質または混合物の液滴をいう。

混合物 (Mixture) とは、複数の物質で構成される反応を起こさない混合物または溶液をいう。

モントリオール議定書 (Montreal Protocol) とは、議定書の締約国によって調整または修正された、オゾン層破壊物質に関するモントリオール議定書をいう。

変異原性物質 (Mutagen) とは、細胞の集団または生物体に突然変異を発生する頻度を増大させ

る物質をいう。

突然変異（Mutation）とは、細胞内の遺伝物質の量または構造における恒久的な変化をいう。

NGOとは、「非政府組織」（non-governmental organization）をいう。

NOEC「無影響濃度」（no observed effect concentration）とは、統計的に有意な悪影響を示す最低の試験濃度直下の試験濃度をいう。NOECでは対照区と比べて有意な悪影響は見られない。

OECDとは、「経済協力開発機構」（Organization for Economic Cooperation and Development）をいう。

有機過酸化物（Organic peroxide）とは、二価の－O－O－構造を持ち、1個または2個の水素原子が有機ラジカルによって置換された過酸化水素の誘導体とみなすことができる液体または固体の有機物質をいう。また、有機過酸化物組成物（混合物）も含む。

酸化性ガス（Oxidizing gas）とは、一般に酸素を供給することによって、空気以上に他の物質の燃焼を引き起こし、またはその一因となるガスをいう。

注記：「空気以上に他の物質の燃焼を引き起こし、またはその一因となるガス」とは、ISO 10156：2010により定められる方法によって決定された23.5％以上の酸化能力を持つ純粋ガスあるいは混合ガスをいう。

酸化性液体（Oxidizing liquid）とは、それ自体は必ずしも燃焼性はないが、一般に酸素を供給することによって他の物質の燃焼を引き起こし、またはその一因となる液体をいう。

酸化性固体（Oxidizing solid）とは、それ自体は必ずしも燃焼性はないが、一般に酸素を供給することによって他の物質の燃焼を引き起こし、またはその一因となる固体をいう。

オゾン層破壊係数（ODP）とは、ハロカーボンによって見込まれる成層圏オゾンの破壊の程度を、CFC-11に対して質量ベースで相対的に表した積算量であり、ハロカーボンの種類ごとに異なるものである。ODP の正式な定義は、等量のCFC-11 排出量を基準にした、特定の化合物の排出に伴う総オゾンの擾乱量の積算値の比の値である。

QSARとは、「定量的構造活性相関」（Quantitative structure-activity relationship）を意味する。

絵表示（Pictogram）とは、特定の情報を伝達することを意図したシンボルと境界線、背景のパターンまたは色のような図的要素から構成されるものをいう。

注意書き（Precautionary statement）とは、危険有害性のある製品へのばく露あるいは危険有害性のある製品の不適切な貯蔵または取扱いから生じる有害影響を最小にするため、または予防するために取るべき推奨措置を記述した文言（または絵表示）をいう。

製品特定名（Product identifier）とは、ラベルまたはSDSにおいて危険有害性のある製品に使用される名称または番号をいう。これは、製品使用者が特定の使用状況、例えば輸送、消費者、あるいは作業場の中で物質または混合物を確認することができる一義的な手段となる。

自然発火性ガス（Pyrophoric gas）とは、54℃以下の空気中で自然発火しやすいような可燃性／引火性ガスをいう。

自然発火性液体（Pyrophoric liquid）とは、少量であっても、空気との接触後5分以内に発火する液体をいう。

自然発火性固体（Pyrophoric solid）とは、少量であっても、空気との接触後5分以内に発火する固体をいう。

火工品（Pyrotechnic article）とは、単一または複数の火工物質を内蔵する物品をいう。

火工物質（Pyrotechnic substance）とは、非爆轟性で、自己持続性の発熱反応により生じる熱、光、音、気体、煙またはそれらの組み合わせによって一定の効果を生み出せるようにつくられた物

質または物質の混合物をいう。

易燃性固体（Readily combustible solid）とは、燃えているマッチなどのような点火源との短時間の接触によって容易に発火したり、急速に火勢が拡大するような危険性のある粉末、顆粒、またはペースト状の物質をいう。

危険物輸送に関する勧告、試験方法及び判定基準のマニュアル（Recommendations on the Transport of Dangerous Goods, Manual of Test and Criteria）とは、この表題の国連刊行物として出版された最新版およびそれに対するすべての改訂出版物をいう。

危険物輸送に関する勧告・モデル規則（Recommendations on the Transport of Dangerous Goods, Model Regulations）とは、この表題で出版された国連刊行物の最新版およびそれに対するすべての改訂出版物をいう。

深冷液化ガス（Refrigerated liquefied gas）とは、低温によって充填時に一部液状となるガスをいう。

呼吸器感作性物質（Respiratory sensitizer）とは、物質または混合物の吸入後に起きる気道の過敏反応を誘発する物質または混合物をいう。

RIDとは、鉄道による危険物の国際輸送に関する規則（The Regulations concerning the International Carriage of Dangerous Goods by Rail）をいう。[COTIF（鉄道による国際輸送に関する条約）の付録B附属書1（鉄道による貨物の国際輸送に関する統一規則）（CIM）]

SARとは、「構造活性相関」（Structure Activity Relationship）をいう。

SDSとは、「安全データシート」（Safety Data Sheet）をいう。

自己加速分解温度（SADT；Self-Accelerating Decomposition Temperature）とは、密封状態において物質に自己加速分解が起こる最低温度をいう。

自己発熱性物質（Self-heating substance）とは、自然発火性物質以外で、空気との反応によってエネルギーの供給なしに自己発熱する固体または液体をいう。この物質は、大量（キログラム単位）に存在し、かつ長時間（数時間から数日間）経過した後にのみ発火する点で自然発火物質とは異なる。

自己反応性物質（Self-reactive substance）とは、酸素（空気）なしでも非常に強力な発熱性分解をする熱的に不安定な液体または固体をいう。この定義には、GHSにおいて爆発性物質、有機過酸化物または酸化剤として分類される物質または混合物は含まれない。

注意喚起語（Signal Word）とは、ラベル上で危険有害性の重大さの相対レベルを示し、利用者に潜在的な危険有害性を警告するために用いられる言葉をいう。GHSでは、「危険（Danger）」や「警告（Warning）」を注意喚起語として用いている。

皮膚感作性物質（Skin sensitizer）とは、皮膚への接触によりアレルギー反応を誘発する物質または混合物をいう。

固体（Solid）とは、液体または気体の定義に当てはまらない物質または混合物をいう。

物質（Substance）とは、自然状態にあるか、または任意の製造過程において得られる化学元素およびその化合物をいう。製品の安定性を保つ上で必要な添加物や用いられる工程に由来する不純物も含むが、当該物質の安定性に影響せず、またその組成を変化させることなく分離することが可能な溶媒は除く。

水反応可燃性物質（Substance which, in contact with water, emits flammable gases）とは、水との相互作用によって自然発火性となり、または危険な量の可燃性／引火性ガスを放出する固体、液体または混合物をいう。

補助的ラベル要素（Supplemental label element）とは、危険有害性のある製品の容器に付される情報であって、GHSにおいて要求または指定されていない追加情報をいう。こうした情報は、他の所管官庁による要求事項であることもあれば、製造業者／流通業者の自由裁量で提供される追加情報のこともある。

シンボル（Symbol）とは、情報を簡潔に伝達するように意図された画像要素をいう。

専門名（Technical name）とは、IUPACまたはCAS名以外の名称であって、物質または混合物を特定するために商業、法規制、規格等で一般に使用され科学者・専門家に認められた名称をいう。専門名の例には、複雑な混合物（例：石油留分や天然産物）、農薬（例：ISOやANSIシステム）、染料（カラーインデックスシステム）、鉱物などに使用されるものがある。

UNCEDとは、「国連環境開発会議」（United Nations Conference on Environment and Development）をいう。

UNCETDG/GHSとは、「国連危険物輸送ならびに化学品の分類および表示に関する世界調和システムに関する専門家委員会」（United Nations Committee of Experts on the Transport of Dangerous Goods and on the Globally Harmonized System of Classification and Labelling of Chemicals）をいう。

UNとは、「国際連合」（United Nations）をいう。

UNEPとは、「国連環境計画」（United Nations Environment Programme）をいう。

UNESCOとは、「国連教育科学文化機構」（United Nations Educational, Scientific and Cultural Organization）をいう。

UNITARとは、「国連訓練調査研究所」（United Nations Institute for Training and Research）をいう。

UNSCEGHSとは、「国連化学品の分類および表示に関する世界調和システムに関する専門家小委員会」（United Nations Sub-Committee of Experts on the Globally Harmonized System of Classification and Labelling of Chemicals）をいう。

UNSCETDGとは、「国連危険物輸送に関する専門家小委員会」（United Nations Sub-Committee of Experts on the Transport of Dangerous Goods）をいう。

蒸気（Vapour）とは、液体または固体の状態から放出されたガス状の物質または混合物をいう。

WHOとは、「世界保健機関」（World Health Organization）をいう。

WMOとは、「世界気象機関」（World Meteorological Organization）をいう。

附属書1　分類および表示のまとめ

注記：*危険有害性情報のコードについては附属書3（第1節）でさらに説明されている。危険有害性情報のコードは参照の目的だけに使用される。これらは危険有害性情報の一部ではないし、その代わりに用いるべきではない。*

A1.1　爆発物（判定基準は第2.1章を参照のこと）

分類		表示				危険有害性情報コード
危険有害性クラス	区分	絵表示		注意喚起語	危険有害性情報	
		GHS	国連モデル規則[a]			
爆発物	不安定爆発物		*(輸送では不許可)*	危険	不安定爆発物	H200
	区分 1.1				爆発物：大量爆発危険性	H201
	区分 1.2				爆発物：激しい飛散危険性	H202
	区分 1.3				爆発物；火災、爆風または飛散危険性	H203
	区分 1.4			警告	火災または飛散危険性	H204
	区分 1.5	*絵表示なし*		危険	火災時に大量爆発のおそれ	H205
	区分 1.6	*絵表示なし*		*注意喚起語なし*	*危険有害性情報なし*	*なし*

[a] *(*) 隔離区分番号*
区分1.1、1.2および1.3に対する絵表示は副次危険性を持つ物質にも割り当てられるが、区分番号および隔離番号は示さない（「自己反応性物質および混合物」および「有機過酸化物」も参照のこと）。

A1.2 可燃性ガス（判定基準は第2.2章を参照のこと）

<table>
<tr><th colspan="4">分類</th><th colspan="4">表示</th><th rowspan="3">危険有害性情報コード</th></tr>
<tr><th rowspan="2">危険有害性クラス</th><th rowspan="2" colspan="3">区分</th><th colspan="2">絵表示</th><th rowspan="2">注意喚起語</th><th rowspan="2">危険有害性情報</th></tr>
<tr><th>GHS</th><th>国連モデル規則[a]</th></tr>
<tr><td rowspan="6">可燃性ガス</td><td rowspan="4">1A</td><td colspan="2">可燃性ガス</td><td></td><td></td><td>危険</td><td>極めて可燃性の高いガス</td><td>H220</td></tr>
<tr><td colspan="2">自然発火性ガス</td><td></td><td></td><td>危険</td><td>極めて可燃性の高いガス
空気に触れると自然発火するおそれ</td><td>H220
H232</td></tr>
<tr><td rowspan="2">化学的に不安定なガス</td><td>A</td><td></td><td></td><td>危険</td><td>極めて可燃性の高いガス
空気が無くても爆発的に反応するおそれ</td><td>H220
H230</td></tr>
<tr><td>B</td><td></td><td></td><td>危険</td><td>極めて可燃性の高いガス
圧力および／または温度が上昇した場合、空気が無くても爆発的に反応するおそれ</td><td>H220
H231</td></tr>
<tr><td colspan="3">1B</td><td></td><td></td><td>危険</td><td>可燃性ガス</td><td>H221</td></tr>
<tr><td colspan="3">2</td><td>*絵表示なし*</td><td>*要求されない*</td><td>警告</td><td>可燃性ガス</td><td>H221</td></tr>
</table>

[a] *危険物輸送に関する国連勧告・モデル規則では、シンボル、番号、および境界線は白でなく黒でもよい。背景色は両者とも赤のままである。*

A1.3　エアゾールおよび加圧下化学品（判定基準は第2.3章を参照のこと）

分類		表示				危険有害性情報コード
危険有害性クラス	区分	絵表示		注意喚起語	危険有害性情報	
		GHS	国連モデル規則[a]			
エアゾール（2.3.1）	1			危険	極めて可燃性の高いエアゾール 高圧容器：熱すると破裂のおそれ	H222 H229
	2			警告	可燃性エアゾール 高圧容器：熱すると破裂のおそれ	H223 H229
	3	*絵表示なし*		警告	高圧容器：熱すると破裂のおそれ	H229
加圧下化学品（2.3.2）	1	 		危険	極めて可燃性の高い加圧下化学品：熱すると爆発のおそれ	H282
	2	 		警告	可燃性の加圧下化学品：熱すると爆発のおそれ	H283
	3			警告	加圧下化学品：熱すると爆発のおそれ	H284

[a] *危険物輸送に関する国連勧告・モデル規則では、シンボル、番号、および境界線は黒または白で示す。背景色は区分1および2は赤、区分3は緑である。*

A1.4　酸化性ガス（判定基準は第2.4章を参照のこと）

分類		表示				危険有害性情報コード
危険有害性クラス	区分	絵表示		注意喚起語	危険有害性情報	
		GHS	国連モデル規則			
酸化性ガス	1		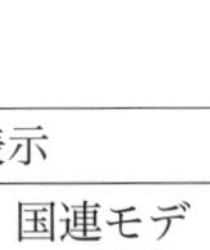	危険	発火または火炎助長のおそれ；酸化性物質	H270

A1.5 高圧ガス（判定基準は第 2.5 章を参照のこと）

分類		表示				危険有害性情報コード
危険有害性クラス	区分	絵表示		注意喚起語	危険有害性情報	
		GHS	国連モデル規則[a]			
高圧ガス	圧縮ガス			警告	高圧ガス；熱すると爆発のおそれ	H280
	液化ガス			警告	高圧ガス；熱すると爆発のおそれ	H280
	深冷液化ガス			警告	深冷液化ガス；凍傷または傷害のおそれ	H281
	溶解ガス			警告	高圧ガス；熱すると爆発のおそれ	H280

[a] *危険物輸送に関する国連勧告・モデル規則では、シンボル、番号、および境界線は黒でなく白でもよい。背景色は両者とも緑のままである。この絵表示は毒性または可燃性ガスには要求されない（表A1.17およびA1.2の「a」も参照のこと）。*

A1.6 引火性液体（判定基準は第 2.6 章を参照のこと）

分類		表示				危険有害性情報コード
危険有害性クラス	区分	絵表示		注意喚起語	危険有害性情報	
		GHS	国連モデル規則[a]			
引火性液体	1			危険	極めて引火性の高い液体および蒸気	H224
	2			危険	引火性の高い液体および蒸気	H225
	3			警告	引火性液体および蒸気	H226
	4	*絵表示なし*	*要求されない*	警告	可燃性液体	H227

[a] *危険物輸送に関する国連勧告・モデル規則では、シンボル、番号、および境界線は白でなく黒でもよい。背景色は両者とも赤のままである。*

A1.7 可燃性固体（判定基準は第2.7章を参照のこと）

分類		表示				危険有害性情報コード
危険有害性クラス	区分	絵表示 GHS	絵表示 国連モデル規則	注意喚起語	危険有害性情報	
可燃性固体	1			危険	可燃性固体	H228
	2			警告	可燃性固体	H228

A1.8 自己反応性物質および混合物（判定基準は第2.8章を参照のこと）

分類		表示				危険有害性情報コード
危険有害性クラス	区分	絵表示 GHS	絵表示 国連モデル規則[a]	注意喚起語	危険有害性情報	
自己反応性化学品	タイプA		*(輸送が許可されないであろう)*[b]	危険	熱すると爆発のおそれ	H240
	タイプB			危険	熱すると火災または爆発のおそれ	H241
	タイプCとD			危険	熱すると火災のおそれ	H242
	タイプEとF			警告	熱すると火災のおそれ	H242
	タイプG	*絵表示なし*	*要求されない*	*注意喚起語なし*	危険有害性情報なし	なし

[a] *タイプBについては、危険物輸送に関する国連勧告・モデル規則に基づく特別規則181条が適用される（所管官庁の許可による爆発物ラベル適用除外。詳細は国連モデル規則の第3.3章を参照のこと）。*

[b] *試験された包装容器での輸送は許可されないであろう（モデル規則の第2.5章2.5.3.2.2を参照のこと）。*

A1.9 自然発火性液体（判定基準は第2.9章を参照のこと）

分類		表示				危険有害性情報コード
		絵表示		注意喚起語	危険有害性情報	
危険有害性クラス	区分	GHS	国連モデル規則			
自然発火性液体	1			危険	空気に触れると自然発火	H250

A1.10 自然発火性固体（判定基準は第2.10章を参照のこと）

分類		表示				危険有害性情報コード
		絵表示		注意喚起語	危険有害性情報	
危険有害性クラス	区分	GHS	国連モデル規則			
自然発火性固体	1			危険	空気に触れると自然発火	H250

A1.11 自己発熱性物質および混合物（判定基準は第2.11章を参照のこと）

分類		表示				危険有害性情報コード
		絵表示		注意喚起語	危険有害性情報	
危険有害性クラス	区分	GHS	国連モデル規則			
自己発熱性物質および混合物	1			危険	自己発熱；火災のおそれ	H251
	2			警告	大量の場合 自己発熱；火災のおそれ	H252

A1.12　水反応可燃性物質および混合物（判定基準は第2.12章を参照のこと）

分類		表示				危険有害性情報コード
危険有害性クラス	区分	絵表示		注意喚起語	危険有害性情報	
		GHS	国連モデル規則[a]			
水反応可燃性物質および混合物	1		4	危険	水に触れると自然発火するおそれのある可燃性／引火性ガスを発生	H260
	2		4	危険	水に触れると可燃性／引火性ガスを発生	H261
	3		4	警告	水に触れると可燃性／引火性ガスを発生	H261

[a] *危険物輸送に関する国連勧告・モデル規則では、シンボル、番号、および境界線は白でなく黒でもよい。背景色は両者とも青のままである。*

A1.13　酸化性液体（判定基準は第2.13章を参照のこと）

分類		表示				危険有害性情報コード
危険有害性クラス	区分	絵表示		注意喚起語	危険有害性情報	
		GHS	国連モデル規則			
酸化性液体	1		5.1	危険	火災または爆発のおそれ；強酸化性物質	H271
	2		5.1	危険	火災助長のおそれ；酸化性物質	H272
	3		5.1	警告	火災助長のおそれ；酸化性物質	H272

A1.14　酸化性固体（判定基準は第2.14章を参照のこと）

分類		表示				危険有害性情報コード
危険有害性クラス	区分	絵表示		注意喚起語	危険有害性情報	
		GHS	国連モデル規則			
酸化性固体	1			危険	火災または爆発のおそれ；強酸化性物質	H271
	2			危険	火災助長のおそれ；酸化性物質	H272
	3			警告	火災助長のおそれ；酸化性物質	H272

A1.15　有機過酸化物（判定基準は第2.15章を参照のこと）

分類		表示				危険有害性情報コード
危険有害性クラス	区分	絵表示		注意喚起語	危険有害性情報	
		GHS	国連モデル規則[a]			
有機過酸化物	タイプA		*（輸送が許可されないであろう）*[b]	危険	熱すると爆発のおそれ	H240
	タイプB			危険	熱すると火災または爆発のおそれ	H241
	タイプCとD			危険	熱すると火災のおそれ	H242
	タイプEとF			警告	熱すると火災のおそれ	H242
	タイプG	*絵表示なし*	*要求されない*	*注意喚起語なし*	*危険有害性情報なし*	*なし*

[a] *タイプBについては、危険物輸送に関する国連勧告・モデル規則に基づく特別規則181条が適用される（所管官庁の許可による爆発物ラベル適用除外。詳細は国連モデル規則の第3.3章を参照のこと）。*

[b] *試験された包装容器での輸送は許可されないであろう（モデル規則の第2.5章2.5.3.2.2を参照のこと）。*

A1.16 金属腐食性物質および混合物（判定基準は第2.16章を参照のこと）

分類		表示				危険有害性情報コード
危険有害性クラス	区分	絵表示		注意喚起語	危険有害性情報	
		GHS	国連モデル規則			
金属腐食性	1			警告	金属腐食のおそれ	H290

A1.17 鈍性化爆発物（判定基準は第2.17章を参照のこと）

分類		表示				危険有害性情報コード
危険有害性クラス	区分	絵表示		注意喚起語	危険有害性情報	
		GHS	国連モデル規則[a]			
鈍性化爆発物	1		*適用なし*	危険	火災、爆風または飛散危険性；鈍性化剤が減少した場合には爆発の危険性の増加	H206
	2		*適用なし*	危険	火災または飛散危険性；鈍性化剤が減少した場合には爆発の危険性の増加	H207
	3		*適用なし*	警告	火災または飛散危険性；鈍性化剤が減少した場合には爆発の危険性の増加	H207
	4		*適用なし*	警告	火災の危険性；鈍性化剤が減少した場合には爆発の危険性の増加	H208

[a] *輸送における鈍性化爆発物の分類および表示は異なる方法による。輸送では、固体の鈍性化爆発物は区分4.1（可燃性固体）に分類され区分4.1のラベルが貼付されなければならない（危険物輸送に関する国連勧告、モデル規則の第2.4章2.4.2.4節を参照）。輸送目的では、液体の鈍性化爆発物はクラス3（可燃性液体）に分類され、クラス3のラベルが貼付されなければならない（モデル規則、第2.3章、2.3.1.4を参照）。*

A1.18 急性毒性（判定基準は第3.1章を参照のこと）

分類			表示				危険有害性情報コード
危険有害性クラス	区分		絵表示		注意喚起語	危険有害性情報	
			GHS	国連モデル規則[a]			
急性毒性	1	経口			危険	飲み込むと生命に危険	H300
		経皮				皮膚に接触すると生命に危険	H310
		吸入				吸入すると生命に危険	H330
	2	経口			危険	飲み込むと生命に危険	H300
		経皮				皮膚に接触すると生命に危険	H310
		吸入				吸入すると生命に危険	H330
	3	経口			危険	飲み込むと有毒	H301
		経皮				皮膚に接触すると有毒	H311
		吸入				吸入すると有毒	H331
	4	経口		*要求されない*	警告	飲み込むと有害	H302
		経皮				皮膚に接触すると有害	H312
		吸入				吸入すると有害	H332
	5	経口	*絵表示なし*	*要求されない*	警告	飲み込むと有害のおそれ	H303
		経皮				皮膚に接触すると有害のおそれ	H313
		吸入				吸入すると有害のおそれ	H333

[a] *危険物輸送に関する国連勧告・モデル規則に基づくガスについては、絵表示下隅の番号6を2に置き換える。*

A1.19 皮膚腐食性／刺激性（判定基準は第3.2章を参照のこと）

分類		表示				危険有害性情報コード
危険有害性クラス	区分	絵表示		注意喚起語	危険有害性情報	
		GHS	国連モデル規則			
皮膚腐食性／刺激性	1 1A,1B,1C[a]			危険	重篤な皮膚の薬傷・眼の損傷	H314
	2		*要求されない*	警告	皮膚刺激	H315
	3[b]	*絵表示なし*	*要求されない*	警告	軽度の皮膚刺激	H316

[a] *十分なデータがあり、かつ所管官庁に要求されている場合には細区分を適用してもよい。*
[b] *必要とする所管官庁がある。*

A1.20 眼に対する重篤な損傷性／眼刺激性（判定基準は第3.3章を参照のこと）

分類		表示				危険有害性情報コード
危険有害性クラス	区分	絵表示		注意喚起語	危険有害性情報	
		GHS	国連モデル規則			
眼に対する重篤な損傷性／眼刺激性	1		*要求されない*	危険	重篤な眼の損傷	H318
	2／2A		*要求されない*	警告	強い眼刺激	H319
	2B	*絵表示なし*	*要求されない*	警告	眼刺激	H320

A1.21 呼吸器感作性（判定基準は第3.4章を参照のこと）

分類		表示				危険有害性情報コード
危険有害性クラス	区分	絵表示		注意喚起語	危険有害性情報	
		GHS	国連モデル規則			
呼吸器感作性	1		*要求されない*	危険	吸入するとアレルギー、喘息または呼吸困難を起こすおそれ	H334
	1A[a]		*要求されない*	危険	吸入するとアレルギー、喘息または呼吸困難を起こすおそれ	H334
	1B[a]		*要求されない*	危険	吸入するとアレルギー、喘息または呼吸困難を起こすおそれ	H334

[a] *細区分はデータが十分にあり、所管官庁によって要求されている場合に適用される。*

A1.22 皮膚感作性（判定基準は第3.4章を参照のこと）

分類		表示				危険有害性情報コード
危険有害性クラス	区分	絵表示 GHS	絵表示 国連モデル規則	注意喚起語	危険有害性情報	
皮膚感作性	1		*要求されない*	警告	アレルギー性皮膚反応を起こすおそれ	H317
	1A[a]		*要求されない*	警告	アレルギー性皮膚反応を起こすおそれ	H317
	1B[a]		*要求されない*	警告	アレルギー性皮膚反応を起こすおそれ	H317

[a] *細区分はデータが十分にあり、所管官庁によって要求されている場合に適用される。*

A1.23 生殖細胞変異原性（判定基準は第3.5章を参照のこと）

分類		表示				危険有害性情報コード
危険有害性クラス	区分	絵表示 GHS	絵表示 国連モデル規則	注意喚起語	危険有害性情報	
生殖細胞変異原性	1,1A,1B		*要求されない*	危険	*遺伝性疾患のおそれ（他の経路からのばく露が有害でないことが決定的に証明されている場合、有害なばく露経路を記載）*	H340
	2		*要求されない*	警告	*遺伝性疾患のおそれの疑い（他の経路からのばく露が有害でないことが決定的に証明されている場合、有害なばく露経路を記載）*	H341

A1.24 発がん性（判定基準は第3.6章を参照のこと）

分類		表示				危険有害性情報コード
危険有害性クラス	区分	絵表示 GHS	絵表示 国連モデル規則	注意喚起語	危険有害性情報	
発がん性	1,1A,1B		*要求されない*	危険	*発がんのおそれ（他の経路からのばく露が有害でないことが決定的に証明されている場合、有害なばく露経路を記載）*	H350
	2		*要求されない*	警告	*発がんのおそれの疑い（他の経路からのばく露が有害でないことが決定的に証明されている場合、有害なばく露経路を記載）*	H351

A1.25　生殖毒性（判定基準は第3.7章を参照のこと）

分類		表示				危険有害性情報コード
危険有害性クラス	区分	絵表示		注意喚起語	危険有害性情報	
		GHS	国連モデル規則			
生殖毒性	1,1A,1B		要求されない	危険	生殖能または胎児への悪影響のおそれ（もし判れば影響の内容を記載する）（他の経路からのばく露が有害でないことが決定的に証明されている場合、有害なばく露経路を記載）	H360
	2		要求されない	警告	生殖能または胎児への悪影響のおそれの疑い（もし判れば影響の内容を記載する）（他の経路からのばく露が有害でないことが決定的に証明されている場合、有害なばく露経路を記載）	H361
	授乳に対するまたは授乳を介した影響	絵表示なし	要求されない	注意喚起語なし	授乳中の子に害を及ぼすおそれ	H362

A1.26　特定標的臓器毒性－単回ばく露（判定基準は第3.8章を参照のこと）

分類		表示				危険有害性情報コード
危険有害性クラス	区分	絵表示		注意喚起語	危険有害性情報	
		GHS	国連モデル規則			
特定標的臓器毒性－単回ばく露	1		要求されない	危険	＜.....＞の障害（もし判れば影響を受けるすべての臓器を記載する）（他の経路からのばく露が有害でないことが決定的に証明されている場合、有害なばく露経路を記載）	H370
	2		要求されない	警告	＜.....＞の障害のおそれ（もし判れば影響を受けるすべての臓器を記載する）（他の経路からのばく露が有害でないことが決定的に証明されている場合、有害なばく露経路を記載）	H371
	3		要求されない	警告	呼吸器への刺激のおそれ または 眠気またはめまいのおそれ	H335 H336

A1.27　特定標的臓器毒性－反復ばく露（判定基準は第3.9章を参照のこと）

分類		表示				危険有害性情報コード
危険有害性クラス	区分	絵表示		注意喚起語	危険有害性情報	
		GHS	国連モデル規則			
特定標的臓器毒性－反復ばく露	1		*要求されない*	危険	*長期にわたる、または反復ばく露による＜.....＞の障害（もし判れば影響を受けるすべての臓器を記載する）（他の経路からのばく露が有害でないことが決定的に証明されている場合、有害なばく露経路を記載）*	H372
	2		*要求されない*	警告	*長期にわたる、または反復ばく露による＜.....＞の障害のおそれ（もし判れば影響を受けるすべての臓器を記載する）（他の経路からのばく露が有害でないことが決定的に証明されている場合、有害なばく露経路を記載）*	H373

A1.28　誤えん有害性（判定基準は第3.10章を参照のこと）

分類		表示				危険有害性情報コード
危険有害性クラス	区分	絵表示		注意喚起語	危険有害性情報	
		GHS	国連モデル規則			
誤えん有害性	1		*要求されない*	危険	飲み込んで気道に侵入すると生命に危険のおそれ	H304
	2		*要求されない*	警告	飲み込んで気道に侵入すると有害のおそれ	H305

A1.29 (a)　水生環境有害性　短期（急性）（判定基準は第4.1章を参照のこと）

分類		表示				危険有害性情報コード
		絵表示		注意喚起語	危険有害性情報	
危険有害性クラス	区分	GHS	国連モデル規則[a]			
水生環境有害性、短期間（急性）	急性 1			警告	水生生物に非常に強い毒性	H400
	急性 2	絵表示なし	要求されない	注意喚起語なし	水生生物に毒性	H401
	急性 3	絵表示なし	要求されない	注意喚起語なし	水生生物に有害	H402

[a] *危険物輸送に関する国連勧告・モデル規則では、区分1に関して、当該物質がモデル規則でカバーする他の危険有害性がある場合には、この絵表示は必要ない。他の危険有害性がない場合には、モデル規則クラス9のラベルと共にこの絵表示が必要とされる。*

A1.29 (b)　水生環境有害性　長期（慢性）（判定基準は第4.1章を参照のこと）

分類		表示				危険有害性情報コード
		絵表示		注意喚起語	危険有害性情報	
危険有害性クラス	区分	GHS	国連モデル規則[a]			
水生環境有害性、長期間（慢性）	慢性 1			警告	長期継続的影響により水生生物に非常に強い毒性	H410
	慢性 2			注意喚起語なし	長期継続的影響により水生生物に毒性	H411
	慢性 3	絵表示なし	要求されない	注意喚起語なし	長期継続的影響により水生生物に有害	H412
	慢性 4	絵表示なし	要求されない	注意喚起語なし	長期継続的影響により水生生物に有害のおそれ	H413

[a] *危険物輸送に関する国連勧告・モデル規則では、区分1および2に関して、当該物質がモデル規則でカバーする他の危険有害性がある場合には、この絵表示は必要ない。他の危険有害性がない場合には、モデル規則クラス9のラベルと共にこの絵表示が必要とされる。*

A1.30 オゾン層への有害性（判定基準は第4.2章を参照のこと）

<table>
<tr><th colspan="2">分類</th><th colspan="4">表示</th><th rowspan="3">危険有害性情報コード</th></tr>
<tr><th rowspan="2">危険有害性クラス</th><th rowspan="2">区分</th><th colspan="2">絵表示</th><th rowspan="2">注意喚起語</th><th rowspan="2">危険有害性情報</th></tr>
<tr><th>GHS</th><th>国連モデル規則</th></tr>
<tr><td>オゾン層への有害性</td><td>1</td><td></td><td>要求されない</td><td>警告</td><td>オゾン層を破壊し、健康および環境に有害</td><td>H420</td></tr>
</table>

附属書11　分類に結び付かない他の危険有害性に関する手引書

粉じん爆発に関する手引書

GHS 改訂 8 版では新たに「附属書 11　分類に結び付かない他の危険有害性に関する手引書」を設け、この中で粉じん爆発に寄与する要因、危険性の確認およびリスクアセスメント、防止、軽減及び情報伝達について手引きとしてまとめている。粉じん爆発は GHS で分類をしなければならない危険性としては位置づけられていないものの、今後 SDS 等で情報提供が要求されることが予想されるので、ここで補足的に取り上げた。なお紙面の都合上、分類に関する主な事項のみ取り上げたので、情報伝達やリスクアセスメント等に関する詳細な内容は GHS 文書を参考にされたい。

A11.1　序

この手引きは、分類には結び付かないが評価され情報提供される必要がありうる、危険有害性の同定を支援するための情報提供を目的としている。

A11.2　粉じん爆発

この節では、粉じん爆発に寄与する要因に関して、さらに危険性の確認およびリスクアセスメント、防止、軽減および情報伝達に関する手引きを提供している。

A11.2.1　*範囲及び適用*

A11.2.1.1　可燃性であるいかなる固体の物質または混合物も、空気のような酸化性雰囲気において微小粒子になった場合には、粉じん爆発のリスクをもたらす。第 2.7 章にしたがって可燃性固体として分類されたものだけではなく、多くの物質、混合物または固体材料に関してはリスクアセスメントが必要であろう。さらに粉じんは、物質 / 混合物 / 固体材料（例えば農業製品、木材製品、薬品、染料、石炭、金属、プラスチック）の輸送または移動、または設備内での取り扱いまたは機械的な処理（例えば製粉、粉砕）で（意図されてまたは意図されずに）形成されるであろう。それゆえ小さな粒子の形成に関する可能性およびそれらの潜在的な蓄積も評価されなければならない。粉じん爆発のリスクが明らかにされた場合には、効果的な予防的および防護的対策が、国の法律、規則または基準として施行されなければならない。

A11.2.1.2　この手引きは、いつ可燃性の粉じんが存在し、そしていつ粉じん爆発のリスクが検討されなければならないかを明らかにする。本手引きでは：

(a)　可燃性粉じんの可能性を確認するためにカギとなるステップを明示するフローチャートを示している；

(b)　粉じん爆発に寄与する要因を明らかにしている；

(c)　危険性およびリスクマネジメントの原則を提示している、さらに

(d)　専門家の知識が必要とされるところを示している。

A11.2.2　*定義*

本附属書では、粉じん爆発の危険性およびリスクに特有な、以下の用語が使用されている：

可燃性粉じん：空気中または他の酸化性媒体において散乱した場合に、発火または着火により爆発しやすくなる物質または混合物の細かい固体粒子；
燃焼：可燃性物質 / 混合物 / 固体材料の（または、を伴った）エネルギー放出（発熱）酸化反応；
分散：雲状の細かい粉じん粒子の分布；
粉じん爆燃指数（K_{st}）：粉じん爆発の重大性に関連した安全特性。K_{st} の値が大きくなるほど、爆発は激しくなる。K_{st} は粉じんに特有で容量には無関係であり、立法式を用いて計算される：

$$(dp/dt)_{\max} \cdot V^{1/3} = \text{const.} = K_{st}$$

ここで、

$(dp/dt)_{\max}$ = 圧力上昇の最大速度

V = テストチャンバー容量

粉じんは、K_{st} の値にしたがって粉じん爆発のクラスに分類される：

St 1: $0 < K_{st} < 200$ bar m s^{-1}

St 2: $200 < K_{st} < 300$ bar m s^{-1}

St 3: >300 bar m s^{-1}

K_{st} 値および最大爆発圧力は適当な安全対策（例えば圧抜きベント）を設計するために使用される。
爆発性粉じん雰囲気：着火後、自己持続的火炎伝搬が起きる可燃性粉じんの空気中への分散；
爆発：温度、圧力、または両方同時の上昇を生じる急激な酸化または分解反応；[1]
限界酸素濃度（LOC）：可燃性粉じんおよび空気および不活性ガスの混合物における、爆発が起きない、最大酸素濃度、特定の試験条件下で決定される；
最大爆発圧力：最適濃度における、密閉容器での粉じん爆発に関して記録される最大圧力；
最小爆発濃度（MEC）/ 爆発下限（LEL）：爆発を起こすであろう単位容積当たりの質量で測定された空気中に分散している可燃性粉じんの最小濃度；
最小着火エネルギー（MIE）：特定の試験条件下で最も感度が高い粉じん / 空気の混合物に着火するのに十分な最小の電気的エネルギー、電気は蓄電池に蓄えられ、これが放電される；
紛じん雲の最低着火温度（MIT）：特定の試験条件下で、空気と粉じんの最も着火しやすい混合物が着火する熱表面の最低温度；
粒子サイズ：　最適の方向性がある場合、粒子が通る最も小さなふるいの開口部；[2]

A11.2.3　可燃性粉じんの同定

A11.2.3.1　この節の目的は、可燃性粉じんが存在するかどうかを同定することである。もし物質または混合物が可燃性粉じんであるかそうでないかという（A11.2.3.2.10 の検討を参照）結論を裏付ける、認められ検証されている試験方法からのデータがある場合には、図 A11.2.1 の適用なしに決定を下すことができる。他の場合には、図 A11.2.1 に物質または混合物が可燃性粉じんか

---

[1] *爆発は、それらの伝搬が音速以下（爆燃）かまたは超音速（爆轟）かによって、爆燃と爆轟に分けられる。空気中に分散し着火した可燃性粉じんの反応は通常音速以下で、すなわち爆燃として、伝搬する。爆発性物質（「爆発物」、第2章参照）が高エネルギー分解の潜在的な能力を有して濃縮された状態で反応するのに対して、可燃性粉じんは、爆発性粉じんの雰囲気を作り出す酸化性雰囲気（一般には酸素）の中で分散している必要がある。*

[2] *粒子サイズに関するさらなる情報はA11.2.4.1 参照。*

図A11.2.1　可燃性粉じんの決定に関するフローチャート

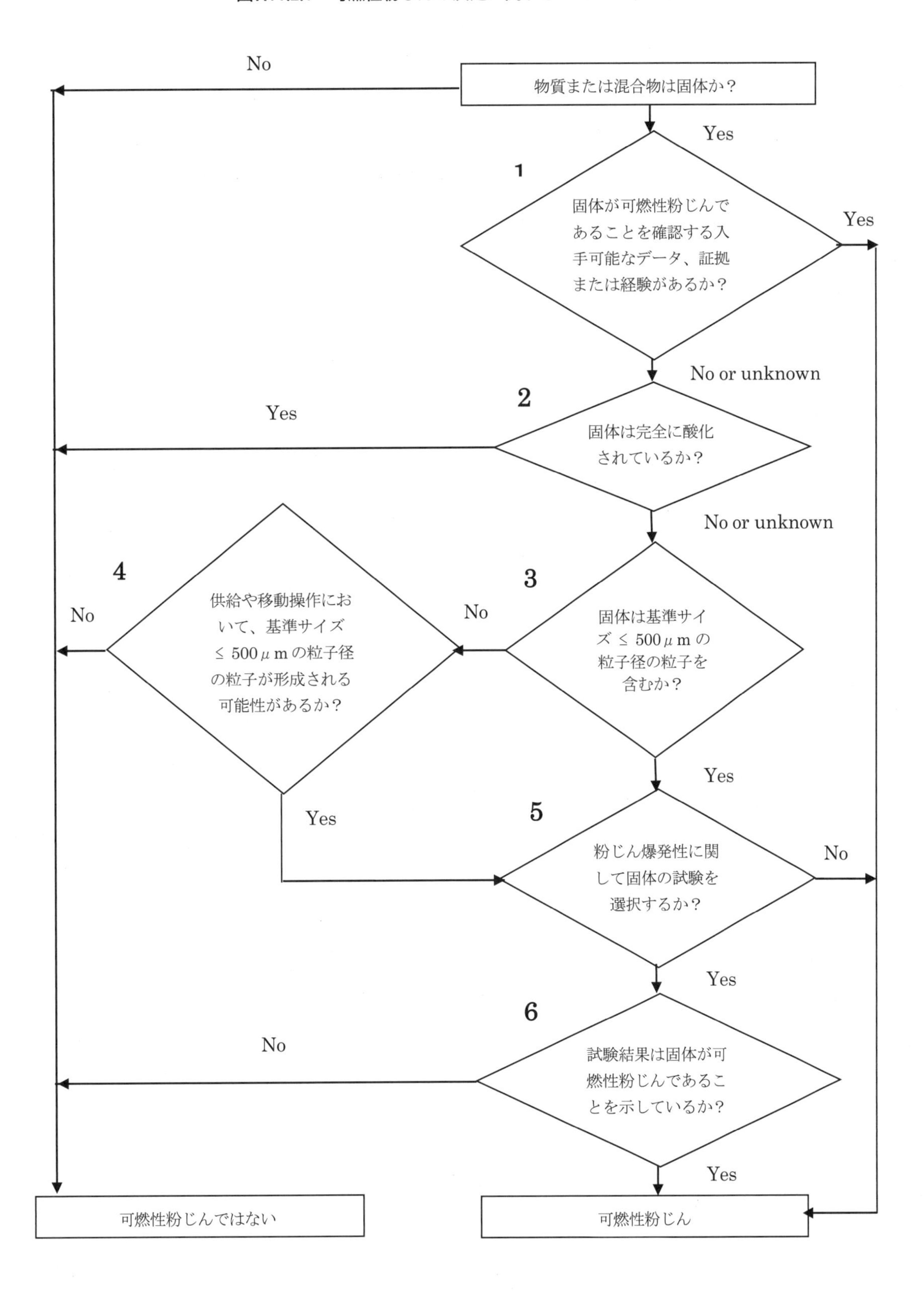

どうか、そして粉じん爆発のリスクが評価されるべきかどうかの確認を支援するフローチャートが示されている。A11.2.3.2 に、フローチャートで使用されているそれぞれのボックスに関する詳細な説明と手引きが含まれる。

A11.2.3.2　*図 A11.2.1 の説明*

A11.2.3.2.1　可燃性ガスの挙動は、粒子サイズ、湿度などのような条件に非常に敏感なので、入手可能なデータを使用する際には注意をしなければならない。入手可能なデータがとられた条件が、不明または検討している物質、混合物または固体材料には適用できない場合には、そのデータは適当ではないかもしれない、またフローチャートを進む場合には保守的なアプローチを勧める。

ボックス 1：　固体が可燃性粉じんであることを確認する入手可能なデータ、証拠または経験があるか？

A11.2.3.2.2　可燃性粉じんに関する明らかな証拠が、問題となっている物質、混合物または固体材料に関連する公表され入手可能な事故報告から得られるかもしれない。同様に、経験から物質、混合物または固体材料が粉体で可燃性であることがわかっていれば、粉じん爆発のリスクが考えられる。物質、混合物または固体材料が可燃性と分類されていない場合でも、爆発性粉じん－空気混合物を形成する可能性はある。特に、粉体で扱われるまたは工程中に粉体が形成されるいかなる有機物または金属材料も、明確な反対の証拠が得られない限りは、可燃性粉じんとされるべきである。

A11.2.3.2.3　以下は、可燃性粉じんを示す入手可能なデータの例である；

(a)　物質または混合物の成分の一つが自然発火性または可燃性固体として分類されている。
(b)　MIE、K_{st} 値、可燃限界、着火温度のような関連する情報が入手可能である。
(c)　スクリーニング試験（VDI 2263 にしたがった Burning index、ISO IEC 80079-20-2 にしたがった Hartmann tube）の結果がある。

A11.2.3.2.4　データがない場合、可燃性データの存在を仮定して、適当なリスクマネジメント対策を適用するのが一般的な方法である（A11.2.6 参照）。

ボックス 2：　固体は完全に酸化されているか？

A11.2.3.2.5　固体物質または混合物が完全に酸化されている場合、例えば二酸化ケイ素などでは、それ以上の燃焼は起きないであろう。結果として、着火源にさらされたとしても、固体物質または混合物は着火しないであろう。しかし、固体物質または混合物が完全に酸化されていない場合には、固体物質または混合物は、着火源にさらされた場合、燃焼の可能性がある。

ボックス 3：　固体は基準サイズ ≤ 500 μm の粒子を含むか？

A11.2.3.2.6　ボックス3に関係する物質を評価する際、利用者は固体が通常のまたは予期しうる使用状態において放出されるかもしれない細粒子を含むかどうか検討するべきである。

A11.2.3.2.7　粉じん爆発のリスクに関して粒子サイズを評価する場合、全サンプルの中央粒子サイズが500 μm 超であったとしても、サイズ ≤ 500 μm の粒子だけが関連する。それゆえ、粗いおよび細かい粒子の混合物ではなく、粉じんの画分だけが、爆発性粉じんの雰囲気を形成するリスクを評価するために検討されなければならない。とはいえ、そのようなリスクに結びつかない固体中の粉じん粒子に関する濃度下限（例えば重量%）は定義することができないし、細粒子の小さい画分は同様に直接的に関連している。さらなる説明は A11.2.4.1 を参照すること。

ボックス4：　供給や移動操作において、基準サイズ ≤ 500 μm の粒子が形成される可能性があるか？

A11.2.3.2.8　フローチャートにおけるこの段階で、記述されているように、固体は500 μm 未満の粒子を含んでいない。この形状は可燃性粉じんではない。とはいえ完全に酸化されておらず、供給や移動操作の間に細粒子が形成されることがある。したがって、特に細粒子の形成に結び付く予測可能な影響に関して、例えば移動または移動操作中の摩耗のような機械的な力または湿った材料の乾燥など、そのような条件は詳細に注意深く検討されなければならない。そのような影響が排除できない場合には、専門家の意見を求めるべきである。操作および工程中の細粒子の産生に関する検討は A11.2.6.2.1 を参照する。

ボックス5　粉じんの爆発性に関して固体の試験を選択するか？

A11.2.3.2.9　粉じんの爆発性に関する試験を実行する場合、試験は A11.2.8.1 に記載されているような、認知され検証されている試験基準にしたがって行われるべきである。固体が試験される場合、現状の固体が500 μm 以下の粒子を含まない場合、粉じんの爆発性に関する試験を行うためには、固体はすりつぶされなければならない。

ボックス6　試験結果は固体が可燃性粉じんであることを示しているか？

A11.2.3.2.10　粒子サイズ、化学的性質、水分量、形状および表面の改質（例えば、酸化、コーディング、活性化、非活性化）のような性質が爆発特性に影響する。標準的な試験が、粉じんが実際に空気と爆発性混合物を形成することができるかどうかを決定する。

A11.2.4　*粉じん爆発に寄与する因子*

粉じん爆発は、可燃性粉じん、空気、または他の酸化性雰囲気、着火源があり、さらに空気や酸化性雰囲気中に散乱している可燃性粉じんの濃度が最小爆発濃度を超えると起きるであろう。これらの因子の関係は複雑である。以下の節では、粉じん爆発危険性に寄与する特有の因子に関するさらなる情報を伝える。ケースによっては、専門家のアドバイスが必要であろう。

A11.2.4.1　*粒子の性質（サイズおよび形状）*

A11.2.4.1.1　500 μm サイズの基準は、一般により大きなサイズの粒子は、爆燃危険性をもたらすには小さすぎる表面 / 体積比になるという事実に基づいている。しかしこの基準は注意して使用されるべきである。径に比べて大きな長さを持つ、平板状粒子、薄片、繊維は通常 500 μm のふるいは通らないが､爆燃危険性の原因となりうる。さらに多くの粒子は取扱い中に静電気を蓄え、互いに引きつけあい塊を形成する。しばしば塊は大きな粒子のようにふるまい、さらに散乱した際には重大な危険性を示す。そのようなケースでは、保守的なアプローチが推薦され、材料は可燃性粉じんとして扱われるべきである。

A11.2.4.1.2　粒子サイズは、着火の感度と同様に爆発の重大性にも影響する。粒子サイズが減少すると紛じん雲の MIE および MIT は低くなる傾向があり、一方、最大爆発圧力および K_{st} 値は上昇する。

A11.2.4.1.3　粉じん爆発に結び付かない可燃性固体物質または混合物における小さい粉じん粒子の分画に関する濃度限界（例えば重量%）を定義することはできない、なぜなら：

(a)　少しの粉じん量で爆発性粉じん－空気混合物を形成するのに十分である。可燃性粉じんの爆発下限を 30g/m^3 と仮定すると、10 リットルの空気中に 0.3g の量の散乱で危険な爆発粉じん雰囲気を形成するのに十分である。したがって 10 リットル容積の（可燃性）紛じん雲は、閉じ込められていない状態であっても、危険であると考えなければならない。

(b)　粉じんは物質または混合物中に均等に分布してはおらず、溜まりおよび / または分散しているであろう。

A11.2.4.2　*可燃性粉じんの濃度*

A11.2.4.2.1　空気中に分散している可燃性粉じんの濃度が最小値 MEC/LEV に達した場合に、粉じん爆発が起きるかもしれない。この値はそれぞれの粉じんに特有である。

A11.2.4.2.2　多くの材料の MEC/LEV が測定されており、10 から約 500g/m^3 まで変化する。ほとんどの可燃性粉じんについて、30g/m^3 が MEC/LEV であると考えられる（空気 1m^3 に 30g の分散は非常に濃い霧のようであると考えてよい)。

A11.2.4.3　*空気または他の酸化性雰囲気*

一般に粉じん爆発においては空気が酸化剤であるが、可燃性粉じんが他の酸化性ガスまたはガス混合物の中で扱われた場合にも粉じん爆発は起きるかもしれない。

A11.2.4.4　*着火源*

A11.2.4.4.1　効果的な着火源が爆発性粉じん－空気混合物（爆発性雰囲気）の中にあれば、粉じん爆発は起きるであろう。潜在的着火源の効力は爆発性雰囲気を着火する能力である。これは着火源のエネルギーのみならず爆発可能雰囲気との相互作用にもよる。

A11.2.4.4.2　着火源の評価は2段階で行う：最初に可能性のある着火源特定する。第2段階でそれぞれの可能性のある着火源を爆発性雰囲気に着火する能力に関して評価する。この過程で効力があると特定された着火源には、爆発防護策（A11.2.6参照）の中の適当な防止対策が必要となる。

A11.2.4.4.3　潜在的な着火源を以下に示す：

(a)　高温表面；
(b)　炎および高温ガス；
(c)　機械的に発生したスパーク；
(d)　電気機器；
(e)　迷走電流および陰極腐食防護；
(f)　雷；
(g)　静電気；
(h)　ラジオ波帯域の電磁波（10^4 Hz － 3×10^{12} Hz）；
(i)　電磁波（3×10^{11} Hz － 3×10^{15} Hz）；
(j)　電離放射線：
(k)　超音波；
(l)　断熱圧縮および衝撃波；
(m)　発熱反応、以下を含む、粉じんの自己発火、くん焼/白熱した粒子または粉じん、およびテルミット反応（例えばアルミニウムとさびた鋼）

A11.2.5　*粉じん爆発の重大性に影響を与える他の要因*

A11.2.4で説明されている因子に加えて、他の条件もまた粉じん爆発がどのように激烈になるかに影響を与える。より重要なものは環境因子および閉じ込めであり、これらは以下で説明されている。この節で示されている因子のリストは完全ではないので、ある状況におけるリスクの評価においては、適切に専門家のアドバイスが求められるべきである。

A11.2.5.1　*温度、圧力、酸素の有無および湿度の影響*

A11.2.5.1.1　安全に関連するデータはしばしば大気の状態が暗黙の了解になっており、それらは通常下記の範囲（「標準大気状態」）があてはまる：

(a)　温度－20℃から+60℃；
(b)　圧力80kPa (0.8bar) から110kPa (1.1bar)；
(c)　標準酸素濃度（21% v/v）の空気。

A11.2.5.1.2　温度の上昇は、MECおよびMIEの減少、すなわち粉じん爆発の可能性の増加、のような複合的な効果があるかもしれない。

A11.2.5.1.3　圧力の増加は、最大爆発圧力を上げる一方、紛じん雲のMIEおよびMITを下げる傾向がある。この効果は感度を上げ、粉じん爆発の可能性や重大性を増加させる。

A11.2.5.1.4　より高い酸素含有は、爆発性雰囲気の感度およびより高い爆発圧力により爆発の重大性を増大させることができる。同時により低い酸素濃度は爆発のリスクを減少させることができる。LEL もまた上昇するであろう。そのような状況は、非活性雰囲気の下で行われたプロセスでも起こりうる。

A11.2.5.1.5　低いまたは高い湿度（空気、ガス状態の）は静電気放電の回数に影響するかもしれない。

A11.2.5.1.6　それゆえ、非標準状態での粉じん爆発のリスクおよび重大性は、実際のプロセスでの条件を専門家が考慮して評価されるべきである。

A11.2.5.2　*閉じ込め*

閉じ込めとは、粉じんが封入されているまたは限られた空間にあることを意味する。可燃性粉じん（上記の定義による）は閉じ込められなくてもまたは閉じ込められても反応する。閉じ込めは圧力の上昇を可能にするため、閉じ込められた場合の爆発圧力は、閉じ込められていない場合に比べてより高くなり、爆発の重大性を増大させる。適当なサイズで配置された爆発開放器の使用は、粉じん爆発の燃焼粉じん雲および高温生成物を閉じ込め空間外部の安全な場所に排出し、圧力の上昇を低下させ、爆発の重大可能性を制限する。物質、混合物または固体材料の物理的および化学的性質さらに潜在的な健康有害性 / 物理的危険性に基づいた、爆発開放用ベントの適用やデザインに関して、専門家のアドバイスが必要かもしれない。

A11.2.6　*危険防止、リスクアセスメントおよび軽減*

A11.2.6.1　*粉じんに関する一般的な爆発防護の考え方*

A11.2.6.1.1　表 A11.2.1 に爆発防護の原則を示した。表では防止および軽減対策を提示し、提案された対策に対してどの安全特性が最も適しているかを明らかにしている。安全特性に関する手引きは、附属書 4、表 A4.3.9.3 を参照すること。
A11.2.6.1.2　最優先として、「可燃性粉じんの回避」欄に示されているように、可能であれば可燃性粉じんの存在を回避するため、無粉じん工程への代替および適用のような予防的対策を含むべきである。

A11.2.6.1.3　可燃性粉じんの存在が避けられない場合には、可燃性粉じんの濃度が爆発可能範囲に達するのを防ぐために、排気装置のような対策がとられるべきである；「爆発可能範囲への到達回避」欄を参照する。適切な整理整頓の実践は、粉じん雲の形成の防止またはーこれが達成されない場合にはー装置または封入容器の内部での最初の爆発からの圧力および火球の伝搬、作業場への散乱および粉じん堆積物への着火を防止するために重要である。そのような二次爆発はしばしば一次爆発よりも破壊的である。優先順位の高い場所に対する強調も含み、過剰な粉じんレベルに関する定期的な検査を伴った、記載された整理整頓計画は強く推薦される。整理整頓は操作とともに並行して実施されるべきである。

A11.2.6.1.4　爆発性粉じん雰囲気を回避するまたは削減するための対策をとることができない場合、可能であれば着火源が評価され、避けられるべきである（A11.2.4.4 および表 A11.2.2 参照）。着火源には、機械装置の摩擦エネルギーによる火および熱も含まれる。照明、モーターおよび配線のような不適切な電気機器の故障または使用によって生じる熱やアークもまた着火源として同定されている。溶接や切断装置の不適切な使用も因子になりうる。定期的な検査、潤滑および装置の調整は爆発につながる着火を防ぐ主な手段となりうる。着火源を評価する際に考慮すべき事項の追加例は、「着火源の回避」欄にある。

A11.2.6.1.5　爆発性粉じん雰囲気の着火が排除できない場合、防護対策により影響は軽減されるべきである。閉じ込めがリスクを削減する方法として使用される、すなわち粉じんが封じ込められた場合、防爆仕様または開放ベントが検討されるべきである。既知の可燃性粉じんがある装置および建物は、爆発を防止し、伝搬を最小にしまたはそれによるダメージを制限するためにデザインされた機器またはシステムを備えているべきである。爆発開放ベントは、爆発圧力を低減するためにとられる最もよく知られた方法の一つである。他の軽減対策の例は「粉じん爆発の影響の最小化」欄に示されている。

A11.2.6.1.6　A11.2.8.2 は、爆発防止システムおよび爆燃ベントの使用に関する検討を含む、粉じん爆発の防止および軽減に関する規則および手引きのリストを含む。

A11.2.6.1.7　粉じん爆発の可能性のあるすべての施設は安全プログラムおよび確立された緊急行動計画を持つべきである。緊急事態があり、リスクにさらされた時に、プラントにいる全員に知らせるための情報伝達システムが必要とされる。中央警告システム、呼び出しシステムおよび警笛は非難の必要性を伝えるために使用することができる。すべての労働者は粉じん爆発、爆発のリスク、および適切な防止対策について訓練されるべきである。

（以下省略）

参考文献：

・化学品の分類および表示に関する世界調和システム（GHS）改訂8版、化学工業日報社

・日本産業規格JIS Z 7252：2019（GHSに基づく化学品の分類方法）

・日本産業規格JIS Z 7253：2019（GHSに基づく化学品の危険有害性情報の伝達方法－ラベル、作業場内の表示及び安全データシート（SDS））

・GHS分類ガイダンス　経済産業省ホームページ（2019年9月現在）
http://www.meti.go.jp/policy/chemical_management/int/ghs_tool_01GHSmanual.html

著者略歴

濵田　高志（はまだ・たかし）

〈一般社団法人日本海事検定協会　安全技術室〉1990年社団法人日本海事検定協会（当時）入会後、海上貨物の輸出入に係る検査業務に従事。1994年社団法人日本海難防止協会に出向し海洋汚染物質の国際・国内輸送規制に関する調査に従事。1996年国際海事機関（IMO）海上安全部に出向、海上安全及び海洋環境保護に関する国際条約の策定及び関連会議の運営に従事。2001年社団法人日本海事検定協会安全技術室復職後、危険物及び海洋汚染物質の海上輸送規制に関するIMO小委員会及び作業部会に日本代表のメンバーとして参加。2007年から国連危険物輸送専門家小委員会及び分類調和小委員会に出席し、2009年に危険物輸送専門家小委員会日本代表委員に就任。現在に至る。

奈良　志ほり（なら・しほり）

〈一般財団法人化学物質評価研究機構 安全性評価技術研究所〉財団法人化学物質評価研究機構（当時）入構後、化学物質の有害性評価、リスク評価、法規制関連調査に関する業務に従事。環境省、経済産業省、厚生労働省等のGHS分類関連事業にも携わり、2014年4月に丸善出版より出版された「化学品の安全管理と情報伝達SDSとGHSがわかる本」の一部執筆を担当。

中村　るりこ（なかむら・るりこ）

〈独立行政法人製品評価技術基盤機構〉東京理科大学大学院理工学研究科修了後、（株）環境管理センター入社。2006年退社までの間に、広島大学大学院にて博士（医学）を取得。2006年より独立行政法人製品評価技術基盤機構化学物質管理センターにて化審法のスクリーニング評価・リスク評価スキームの構築（特に有害性評価）等に従事。2013年よりGHSを担当し、関係省庁が実施した分類結果の公表、分類根拠文の英訳等に従事。2014年より国連GHS専門家小委員会に出席。

角田　博代（つのだ・ひろよ）

〈株式会社三菱ケミカルリサーチ〉1987年九州大学理学部化学科卒。（1987～2000年）中学校理科教諭 、（2001～2005年）公的機関、化学メーカー等にて化学法規制調査やSDSに関する業務に従事。（2006～2017年）日本ケミカルデータベース（株）にて化学品のGHS分類、国内法規制調査、SDS作成を行う。GHS動向調査やGHS/SDSセミナー講師を担当。平成25年度 経産省の GHS分類ツールのロジック担当としてツール開発に関わる。（2018年～）（株）三菱ケミカルリサーチにて、化学物質の危険有害性調査、GHS分類関連業務を行っている。

城内　博（じょうない・ひろし）

〈日本大学理工学部〉1985年労働省産業医学総合研究所入省。1994年から国連環境開発会議アジェンダ21のプログラムの一つ「化学品の分類、表示および安全データシートの統一的な世界調和システムの開発」を実行するための作業グループ（IOMC CG/HCCS）に参加し、GHSの策定にかかわる。2001年の国連GHS専門家小委員会発足以降はこれに日本代表として出席している。2002年には労働省を辞職し、以来、日本大学理工学部に奉職、2017年4月より特任教授。労働政策審議会安全衛生分科会会長、GHS関連JIS原案作成委員会委員長などを務める。

GHS分類演習[改訂版]

―GHS分類ができる人材育成へ―

GHS分類演習研究会　編

2019年 1 月22日　初　版 1 刷発行
2019年10月29日　改訂版 1 刷発行

発行者　織 田 島　　修
発行所　化学工業日報社

〠103-8485 東京都中央区日本橋浜町 3 -16- 8
電話　03(3663)7935(編集)
　　　03(3663)7932(販売)
振替　00190-2-93916
支社　大阪　**支局**　名古屋　シンガポール　上海　バンコク
HPアドレス　https://www.chemicaldaily.co.jp/

(印刷・製本：ミツバ綜合印刷)

ISBN978-4-87326-714-2　C2043